国家职业教育工业机器人技术专业
教学资源库配套教材

icve 智慧职教
高等职业教育电类课程
新形态一体化规划教材

工业机器人现场编程

（川崎）

▶主　编　沈鑫刚
▶副主编　孙千里　刘　萍

高等教育出版社·北京

内容提要

本书是国家职业教育工业机器人技术专业教学资源库配套教材。全书以10个项目，基于川崎R系列工业机器人，介绍工业机器人本体的操作与编程、工业机器人的参数设置与维护、工业机器人与配套设备协同工作系统等内容。在讲解机器人工程应用的过程中，注重对产品生产工艺以及工作过程进行详细的分析。

本书以“纸质教材+数字课程”的方式，配有数字化课程网站与教、学、做一体化设计的专业教学资源库，内容丰富，功能完善。书中的知识点与相应学习资源直接对应，扫描二维码即可观看，激发学生主动学习的兴趣，帮助学生提高学习效率。线上学习资源大幅扩展教材容量，并可根据实际需要及时更新，体现新技术、新方法，巩固教材内容的先进性。本书配套的数字化教学资源包括教学课件、指导视频、微课、图片、习题答案等，扫描封面二维码，可获取本书配套学习资源清单。资源的具体获取方式详见本书“智慧职教服务指南”。

本书适合作为高等职业院校工业机器人技术专业以及装备制造类、自动化类相关专业的教材，也可作为从事工业机器人编程与操作应用的工程技术人员的参考资料和培训用书。

图书在版编目（CIP）数据

工业机器人现场编程：川崎/沈鑫刚主编. --北京：高等教育出版社，2018. 1
ISBN 978-7-04-048776-3

Ⅰ. ①工… Ⅱ. ①沈… Ⅲ. ①工业机器人-程序设计-高等职业教育-教材 Ⅳ. ①TP242. 2

中国版本图书馆 CIP 数据核字（2017）第 260411 号

策划编辑 郭 晶　　责任编辑 郑期彤　　封面设计 赵 阳　　版式设计 童 丹
插图绘制 杜晓丹　　责任校对 刘 莉　　责任印制 田 甜

出版发行 高等教育出版社
社　　址 北京市西城区德外大街4号
邮政编码 100120
印　　刷 北京铭传印刷有限公司
开　　本 850mm×1168mm 1/16
印　　张 16. 5
字　　数 400千字
购书热线 010-58581118
咨询电话 400-810-0598

网　　址 http://www.hep.edu.cn
　　　　 http://www.hep.com.cn
网上订购 http://www.hepmall.com.cn
　　　　 http://www.hepmall.com
　　　　 http://www.hepmall.cn
版　　次 2018年1月第1版
印　　次 2018年1月第1次印刷
定　　价 37. 50元

物 料 号 48776-00

国家职业教育工业机器人技术专业教学资源库配套教材编审委员会

序

《中国制造2025》明确提出，重点发展“高档数控机床和机器人等十大产业”。预计到2025年，我国工业机器人应用技术人才需求将达到30万人。工业机器人技术专业面向工业机器人本体制造企业、工业机器人系统集成企业、工业机器人应用企业需要，培养工业机器人系统安装、调试、集成、运行、维护等工业机器人应用技术技能型人才。

国家职业教育工业机器人技术专业教学资源库项目建设工作于2014年正式启动。项目主持单位常州机电职业技术学院，联合成都航空职业技术学院、湖南铁道职业技术学院、南宁职业技术学院、宁波职业技术学院、青岛职业技术学院、长沙民政职业技术学院、安徽职业技术学院、金华职业技术学院、柳州职业技术学院、温州职业技术学院、浙江机电职业技术学院、安徽机电职业技术学院、广东交通职业技术学院、黄冈职业技术学院、秦皇岛职业技术学院、常州纺织服装职业技术学院、常州轻工职业技术学院、广州工程技术职业学院、湖南汽车工程职业学院、苏州工业职业技术学院、四川信息职业技术学院等21所国内知名院校和上海ABB工程有限公司等16家行业企业共同开展建设工作。

工业机器人技术专业教学资源库项目组按照教育部“一体化设计、结构化课程、颗粒化资源”的资源库建设理念，系统规划专业知识技能树，设计每个知识技能点的教学资源，开展资源库的建设工作。项目启动以来，项目组广泛调研了行业动态、人才培养、专业建设、课程改革、校企合作等方面的情况，多次开展全国各地院校参与的研讨工作，反复论证并制订工业机器人技术专业建设整体方案，不断优化资源库结构，持续投入项目建设。资源建设工作历时两年，建成了以一个平台（图1）、三级资源（图2）、五个模块（图3）为核心内容的工业机器人技术专业教学资源库。

图1　工业机器人技术专业教学资源库首页

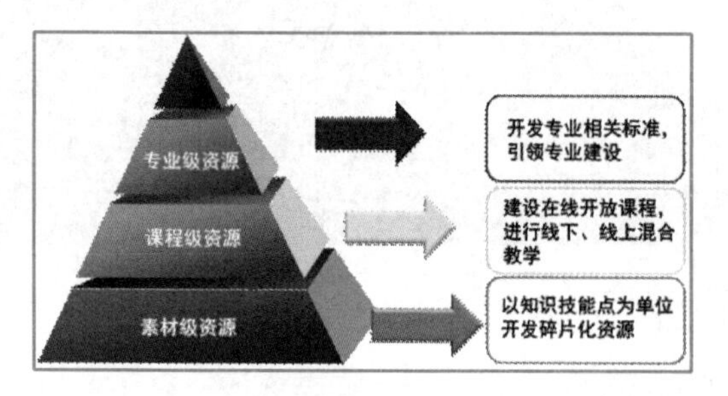

图 2 资源库三级资源

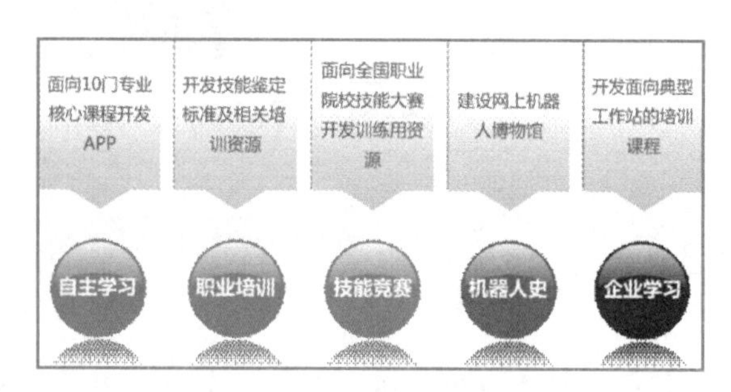

图 3 资源库五个模块

本套教材是资源库项目建设重要成果之一。为贯彻《国务院关于加快发展现代职业教育的决定》，在“互联网+”时代背景下，以线上线下混合教学模式推动信息技术与教育教学深度融合，助力专业人才培养目标的实现，项目主持院校与联合建设院校深入调研企业人才需求，研究专业课程体系，梳理知识技能点，充分结合资源库数字化内容，编写了这套新形态一体化教材，形成了以下鲜明特色。

第一，从工业机器人应用相关核心岗位出发，根据典型技术构建专业教材体系。项目组根据专业建设核心需求，选取了10门专业课程进行建设，同时建设了4门拓展课程。与工业机器人载体密切相关的课程，针对不同工业机器人品牌分别建设课程内容。例如，“工业机器人现场编程”课程分别以ABB、安川电机、发那科、库卡、川崎等品牌工业机器人的应用为内容，同时开发多门课程的资源。与课程教学内容配套的教材内容，符合最新专业标准，紧密贴合行业先进技术和发展趋势。

第二，从各门课程的核心能力培养目标出发，设计先进的编排结构。在梳理出教材的各级知识技能点，系统地构建知识技能树后，充分发挥“学生主体，任务载体”的教学理念，将知识技能点融入相应的教学任务，符合学生的认知规律，实现以兴趣激发学生，以任务驱动教学。

第三，配套丰富的课程级、单元级、知识点级数字化学习资源，以资源与相应二维码链接来配合知识技能点讲解，展开教材内容，将现代信息技术充分运用到教材中。围绕不同知识技能点配套开发的素材类型包括微课、动画、实训录像、教学课件、虚拟实训、讲解练习、高清图片、技术资料等。配套资源不仅类型丰富，而且数量高，覆盖面广，可以满足本专业与装备制造大类相关专业的教学需要。

第四，本套教材以“数字课程+纸质教材”的方式，借助资源库从建设内容、共享平台等多方面实施的系统化设计，将教材的运用融入整个教学过程，充分满足学习者自学、教师实施翻转课堂、校内课堂学习等不同读者及场合的使用需求。教材配套的数字课程基于资源库共享平台（“智慧职教”，http://www.icve.com.cn/irobot）。

第五，本套教材版式设计先进，并采用双色印刷，包含大量精美插图。版式设计方面突出书中的核心知识技能点，方便读者阅读。书中配备的大量数字化学习资源，分门别类地标记在书中相应知识技能点处的侧边栏内，大量微课、实训录像等可以借助二维码实现随扫随学，弥补传统课堂形式对授课时间和教学环境的制约，并辅以要点提示、笔记栏等，具有新颖、实用的特点。

专业课程建设和教材建设是一项需要持续投入和不断完善的工作。项目组将致力于工业机器人技术专业教学资源库的持续优化和更新，力促先进专业方案、精品资源和优秀教材早入校园，更好地服务于现代职教体系建设，更好地服务于青年成才。

工业机器人技术专业教学资源库项目组
2017年6月

智慧职教服务指南

基于“智慧职教”开发和应用的新形态一体化教材，素材丰富、资源立体，教师在备课中不断创造，学生在学习中享受过程，新旧媒体的融合生动演绎了教学内容，线上线下的平台支撑创新了教学方法，可完美打造优化教学流程、提高教学效果的“智慧课堂”。

“智慧职教”是由高等教育出版社建设和运营的职业教育数字教学资源共建共享平台和在线教学服务平台，包括职业教育数字化学习中心（www.icve.com.cn）、职教云（zjy.icve.com.cn）和云课堂（APP）三个组件。其中：

- 职业教育数字化学习中心为学习者提供了包括“职业教育专业教学资源库”项目建设成果在内的大规模在线开放课程的展示学习。
- 职教云实现学习中心资源的共享，可构建适合学校和班级的小规模专属在线课程（SPOC）教学平台。
- 云课堂是对职教云的教学应用，可开展混合式教学，是以课堂互动性、参与感为重点贯穿课前、课中、课后的移动学习 APP 工具。

“智慧课堂”具体实现路径如下：

1. 基本教学资源的便捷获取

职业教育数字化学习中心为教师提供了丰富的数字化课程教学资源，包括与本书配套的教学课件（PPT）、指导视频、微课、图片、习题答案等。未在 www.icve.com.cn 网站注册的用户，请先注册。用户登录后，在首页或“课程”频道搜索本书对应课程“工业机器人现场编程（川崎）”，即可进入课程进行在线学习或资源下载。

2. 个性化 SPOC 的重构

教师若想开通职教云 SPOC 空间，可将院校名称、姓名、院系、手机号码、课程信息、书号等发至 1377447280@qq.com，审核通过后，即可开通专属云空间。教师可根据本校的教学需求，通过示范课程调用及个性化改造，快捷构建自己的 SPOC，也可灵活调用资源库资源和自有资源新建课程。

3. 云课堂 APP 的移动应用

云课堂 APP 无缝对接职教云，是“互联网+”时代的课堂互动教学工具，支持无线投屏、手势签到、随堂测验、课堂提问、讨论答疑、头脑风暴、电子白板、课业分享等，帮助激活课堂，教学相长。

前言

一、起因

我国的经济发展已经进入产业转型升级和产业结构调整阶段，只有大力提升制造业的自动化、智能化水平，才能提升中国制造产品的质量与水平。因此，通过机器人技术的开发与应用，在一些重复性、危险性、环境恶劣的劳动岗位上以机器人等智能化设备替代人工是大势所趋。长期以来，由于机器人成本较高而劳动力价格相对低廉，我国大部分制造业仍是劳动力密集型企业。为了提升中国制造的国际竞争力，我国提出了“中国制造 2025”发展战略，大力发展先进制造业，努力实现工业自动化、智能化。作为先进制造技术不可替代的重要装备，工业机器人的应用成为企业提升自动化和智能化水平的理想选择。

在机器人在生产制造领域得到如火如荼的广泛应用的同时，机器人技术应用技能人才的培养迫在眉睫，机器人技术应用相关的教材与学习资源的建设也急需配套。为了使读者能够学习和掌握工业机器人现场编程的相关知识和技能，我们在总结多年教学经验和工程实践的基础上，编写了这本新形态一体化教材。本书以国际知名的川崎工业机器人为对象讲解工业机器人的基本操作、现场编程方法以及工业机器人的典型工程应用等内容，力争使读者通过学习掌握机器人的现场编程技术。

二、编排结构

本书根据学习工业机器人现场编程的需要，对教学内容和项目进行了精心的选择，全书共有 10 个项目，包括认识工业机器人、川崎工业机器人控制器与示教器应用、川崎工业机器人基本应用、川崎工业机器人坐标系应用与位姿调整、川崎工业机器人示教编程、川崎工业机器人 AS 语言、AS 语言高级应用、川崎工业机器人参数设定、川崎工业机器人轴编码器电池更换与调零、川崎工业机器人系统集成典型编程应用。

每个项目都由“知识目标”“技能目标”“思维导图”以及多个关联任务组成。关联任务中包括“任务分析”“相关知识”“任务实施”“任务拓展”等部分。

“任务分析”对要解决的实际任务进行描述和分析。

“相关知识”给出了要解决实际任务需要学习和掌握的系统的应用知识。

“任务实施”引导教师和学生分步完成任务，并将专业能力、自主学习能力、与人合作等社会能力融入其中。

“任务拓展”列举了与本任务相关的其他知识，以拓展学生知识面。

三、内容特点

1. 本书以学习工业机器人操作与编程的认知过程为主线来组织内容，理论学习和技能训练相辅相成，难度由浅入深逐步递进，以让读者掌握工业机器人相关基础知识，能够进行工业机器人现场编程应用，了解工业机器人管理维护，并具有一定的工业机器人工程应用能力。

2. 教学项目以工业机器人在工程中的典型应用（轨迹运动、搬运、码垛等）为载体，以任务驱动方式展开项目实施。工业机器人相关知识点与实践操作技能紧密结合，注重对学生自我学习和技能训练能力的培养。

3. 本书以培养职业岗位群的综合应用能力为出发点，充实训练模块的内容，强化应用，有针对性地培养学生较强的职业技能。

4. 项目后设有习题，方便学生复习、巩固所学知识。

四、配套的数字化教学资源

本书得益于现代信息技术的飞速发展，在使用双色印刷的同时，配备了大量的教学课件（PPT）、指导视频、微课、图片、习题答案等新形态一体化学习资源。

读者在学习过程中可登录本书配套数字化课程网站 http：//www. icve. com. cn（“智慧职教”职业教育数字化学习中心）使用数字化学习资源，具体登录方法见“智慧职教服务指南”；对于指导视频、微课等可以直接观看的学习资源，可以通过扫描书中丰富的二维码链接来使用。

五、教学建议

本书适合作为高等职业院校工业机器人技术专业、机电一体化专业、电气自动化专业等装备制造大类相关专业的教材，也可作为工程技术人员的参考资料和培训用书。

教师通过对每个项目基本知识的讲解和基本操作的演示，让学生掌握相应的基本概念和基本操作，学生再进行实际操作，进一步巩固和加强这些基本概念和基本操作。一般情况下，教师可用24学时讲解本书各个项目的内容，学生可用48学时完成课程实践，一共需要72学时。具体课时分配建议见下表。

序号	内容	分配建议/学时	
		理论	实践
1	项目1　认识工业机器人	2	2
2	项目2　川崎工业机器人控制器与示教器应用	2	2
3	项目3　川崎工业机器人基本应用	2	2
4	项目4　川崎工业机器人坐标系应用与位姿调整	2	4
5	项目5　川崎工业机器人示教编程	2	4
6	项目6　川崎工业机器人AS语言	2	4
7	项目7　AS语言高级应用	4	12
8	项目8　川崎工业机器人参数设定	2	2
9	项目9　川崎工业机器人轴编码器电池更换与调零	2	4
10	项目10　川崎工业机器人系统集成典型编程应用	4	12
合计		24	48

六、致谢

本书由沈鑫刚任主编，孙千里和刘萍任副主编。具体分工如下：项目1和项目2由孙千里编写；项目3和项目6由刘萍编写；项目4由桑凌峰编写；项目8由耿金良编写；项目5、项目7、项目9和项目10由沈鑫刚编写。

在本书的编写及相关教学资源的建设过程中，得到了家人无私的支持和鼓励，也获得了同事的大力帮助，还得到了国家职业教育工业机器人技术专业教学资源库建设项目组的许多兄弟院校和行业企业的帮助和支持，获得很多宝贵的意见和建议，在此一并致谢。

由于技术发展日新月异，加之编者水平有限，对于书中不妥之处，恳请广大师生批评指正。

编者

2017年10月

目录

项目 1

认识工业机器人

工业机器人是面向工业领域的多关节机械手或多自由度的机器装置，是靠自身动力和控制能力来实现各种功能的一种机器。它可以根据人的示教完成动作，也可以按照预先编制的程序运行。

工业机器人技术集中了机械工程、电子技术、计算机技术、自动控制理论等多学科的最新研究成果。自 20 世纪 60 年代初机器人问世以来，相关技术经历了 50 多年的发展而日趋成熟，在工业上得到广泛的应用。

知识目标

- 了解工业机器人的系统组成。
- 了解工业机器人的工作原理。
- 掌握工业机器人的分类与功能。

技能目标

- 能够说明川崎 RS10L 工业机器人的系统组成。
- 能够按照功能、结构等对工业机器人进行分类，明确工业机器人的应用场合。

思维导图

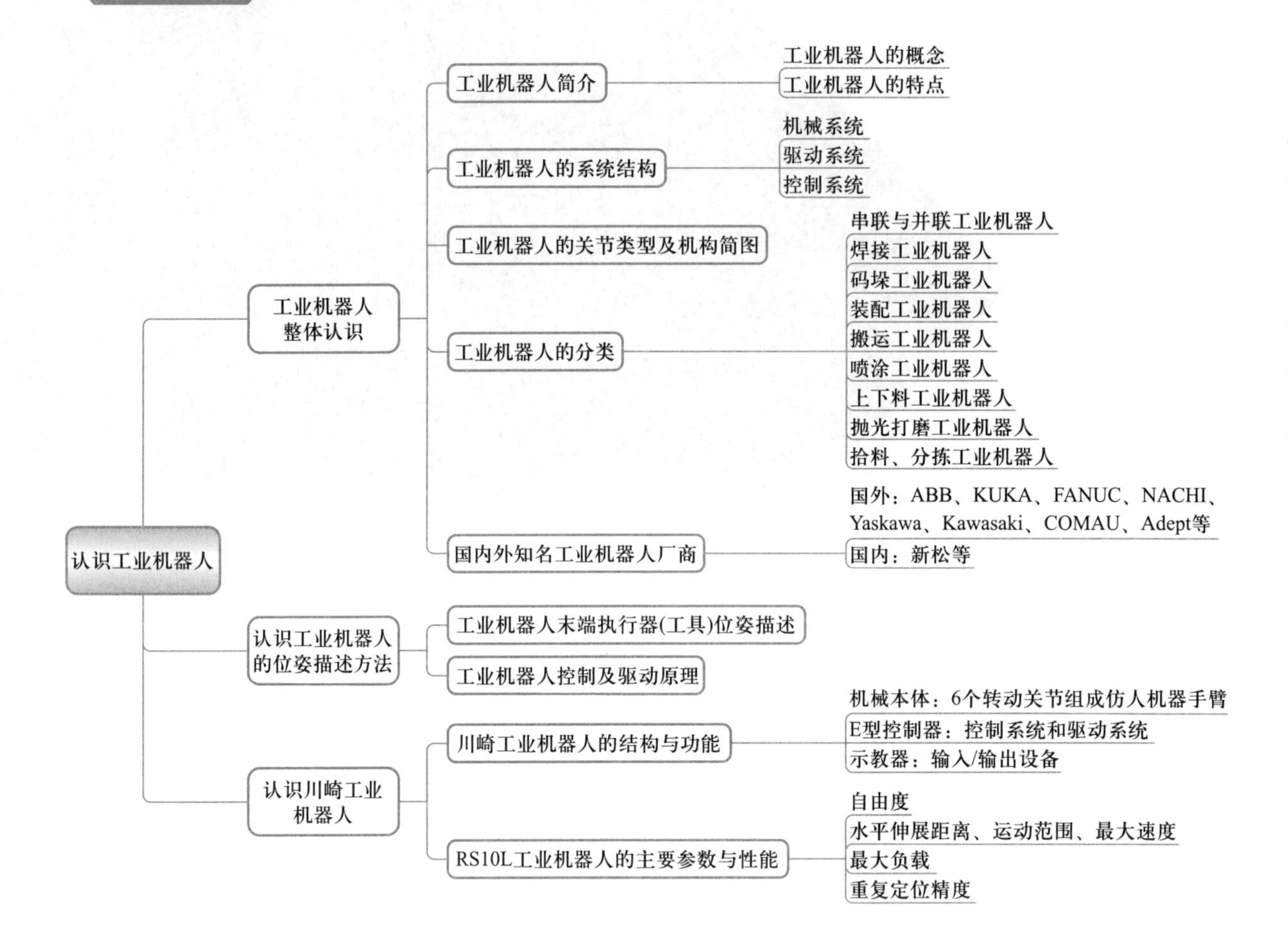

认识工业机器人
工业机器人整体认识
工业机器人简介
工业机器人的概念
工业机器人的特点
工业机器人的系统结构
机械系统
驱动系统
控制系统
工业机器人的关节类型及机构简图
工业机器人的分类
串联与并联工业机器人
焊接工业机器人
码垛工业机器人
装配工业机器人
搬运工业机器人
喷涂工业机器人
上下料工业机器人
抛光打磨工业机器人
拾料、分拣工业机器人
国内外知名工业机器人厂商
国外：ABB、KUKA、FANUC、NACHI、Yaskawa、Kawasaki、COMAU、Adept等
国内：新松等
认识工业机器人的位姿描述方法
工业机器人末端执行器(工具)位姿描述
工业机器人控制及驱动原理
认识川崎工业机器人
川崎工业机器人的结构与功能
机械本体：6个转动关节组成仿人机器手臂
E型控制器：控制系统和驱动系统
示教器：输入/输出设备
RS10L工业机器人的主要参数与性能
自由度
水平伸展距离、运动范围、最大速度
最大负载
重复定位精度

任务1 工业机器人整体认识

相关知识

1. 工业机器人简介

工业机器人（industry robot）是面向工业领域的多关节机械手或多自由度的机器人，目前已被广泛应用于汽车及汽车零部件制造业、机械加工行业、电子电气行业、橡胶及塑料工业、食品工业、木材与家具制造业等领域。

教学课件
工业机器人概述

工业机器人自成独立的系统，通过程序控制，具有很高的运动速度和重复定位精度，可以独立工作。当然更多的是将工业机器人系统纳入工厂自动化更高级的系统，与其他自动化设备协同工作。例如机床上下料，用工业机器人替代一些重复、枯燥的体力劳动；又如工业机器人焊接，让工业机器人在有粉尘、污染或爆炸危险等的恶劣工作环境下替代人工。

工业机器人具有以下主要特点。

（1）可编程

生产自动化的进一步发展是柔性化。工业机器人可随其工作环境变化的需要而再编程，因此它在小批量、多品种、具有均衡高效率的柔性制造过程中能发挥很好的功用，是柔性制造系统中的一个重要组成部分。工业机器人集精密化、柔性化、智能化、软件应用开发等先进制造技术于一体，通过对过程实施检测、控制、优化、调度、管理和决策，可增加产量、提高质量、降低成本、减少资源消耗和环境污染，同时也是工业自动化水平的最高体现。

（2）拟人化

工业机器人在机械结构上有类似人的行走、腰转、大臂、小臂、手腕、手爪等部分。智能化工业机器人还有许多类似人类的“生物传感器”，如皮肤型接触传感器、力传感器、负载传感器、视觉传感器、声觉传感器、语言功能等。传感器提高了工业机器人对周围环境的自适应能力。

（3）通用性

除了专门设计的专用的工业机器人外，一般工业机器人在执行不同的作业任务时具有较好的通用性。比如，更换工业机器人手部末端执行器（手爪、工具等）便可执行不同的作业任务。工业机器人与自动化成套装备是生产过程的关键设备，可用于制造、安装、检测、物流等生产环节，并广泛应用于汽车整车及汽车零部件、工程机械、轨道交通、低压电器、电力、IC 装备、军工、烟草、金融、医药、冶金及印刷出版等众多行业，应用领域非常广泛。

（4）学科广泛性

工业机器人技术涉及的学科广泛，归纳起来是机械学和微电子学相结合的机电一体化技术。第三代智能机器人不仅具有获取外部环境信息的各种传感器，而且还具有记忆能力、语言理解能力、图像识别能力、推理判断能力等人工智能，这些都是微电子技术的应用，特别是与计算机技术的应用密切相关。因此，机器人技术的发展必将带动其他技术的发展，机器人技术的发展和应用水平也可以验证一个国家科学技术和工业技术的发展水平。工业机器人与自动化成套技术集中并融合了多项学科，涉及多项技术领域，包括工业机器人控制技术、机器人动力学及仿真、机器人构建有限元分析、激光加工技术、模块化程序设计、智能测量、建模加工一体化、工厂自动化以及精细物流等先进制造技术，技术综合性强。

2. 工业机器人的系统结构

工业机器人由机械系统、驱动系统和控制系统三个基本部分组成，如图 1-1 所示。

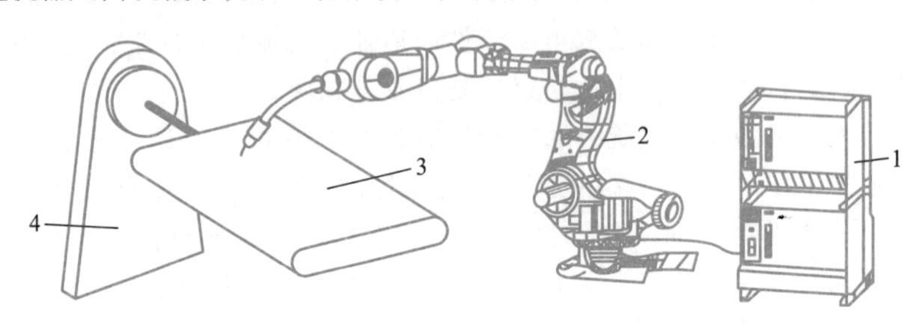

图 1-1 工业机器人的系统组成

1—控制、驱动装置；2—机器人机械本体；3—工件；4—外轴（变位机）

机械系统即执行机构，包括基座、臂部和腕部，大多数工业机器人有 3~6 个运动自由度。

驱动系统主要指驱动机械系统的驱动装置，用以使执行机构产生相应的动作。

控制系统的任务是根据机器人的作业指令程序及从传感器反馈回来的信号，控制机器人的执行机构，使其完成规定的运动和功能。

3. 工业机器人的关节类型及机构简图

工业机器人的关节（运动副）类型主要有移动关节、转动关节、球关节以及圆柱关节等，串联工业机器人的关节类型主要为转动关节，各关节类型及简图见表 1-1。

表 1-1 机器人关节（运动副）类型及简图

关节（运动副）类型	关节（运动副）简图
移动关节（移动副）	
转动关节（转动副）	
球关节（球副）	
圆柱关节（圆柱副）	
末端执行器	
基座	
连杆	

六自由度串联工业机器人的机构简图如图 1-2 所示。

4. 工业机器人的分类

在传统的制造领域，工业机器人经过诞生、成长、成熟期后，已成为不可缺少的核心自动化装备，目前世界上约有近百万台工业机器人正在各种生产现场工作。在非制造领域，上至太空舱、宇宙飞船，下至极限环境作业、日常生活服务，机器人技术的应用也已拓展到社会的诸多领域。

教学课件
工业机器人的分类

教学课件
工业机器人的应用

（1）根据结构分类

根据工业机器人的结构不同可以将其分为串联工业机器人和并联工业机器人。

① 串联工业机器人。

图片
串联工业机器人和并联工业机器人

串联工业机器人是指工业机器人的手臂、手腕通过机械铰链以串联方式连接，具有多个自由度的仿人手臂型工业机器人，是一种开放结构式工业机器人。串联工业机器人是目前工业上应用最为广泛的机器人种类，如图 1-2 所示。

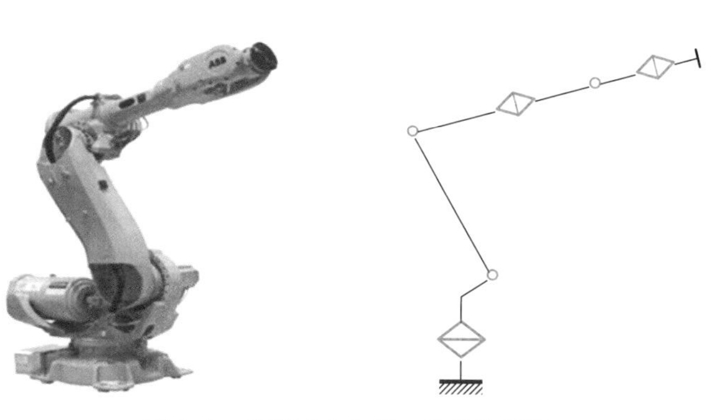

图 1-2 串联工业机器人及机构简图

串联机器人具有以下特点：

- 结构紧凑，工作范围大而安装占地面积小。
- 具有很高的可达性。串联机器人可以让机器人手部进入像汽车车身这样一个封闭的空间内进行作业。
- 没有移动关节，无需导轨。转动关节容易密封，摩擦小，惯性小，可靠性高。
- 关节驱动力矩小，能量消耗较小。
- 肘关节和肩关节轴线平行，当大、小臂成一直线时，机器人结构刚度比较低。
- 机器人手部在工作范围边界上工作时有运动学上的退化行为。

② 并联工业机器人。

并联工业机器人是采用并联机构（Parallel Mechanism，PM）的机器人，如图 1-3 所示。并联机构是动平台和定平台通过至少两个独立的运动链相连接，具有两个或两个以上自由度，且以并联方式驱动的一种闭环机构。并联工业机器人和传统串联工业机器人在哲学上呈现对立统一的关系，与串联工业机器人相比，并联工业机器人具有以下特点：

- 运动负荷小，微动精度高，无累积误差。
- 驱动装置可置于定平台上或接近定平台的位置，这样运动部分重量轻，速度高，动态响应好。

- 结构紧凑，刚度高，承载能力大。
- 完全对称的并联机构具有较好的各向同性。
- 工作空间较小。

根据这些特点，并联工业机器人在需要高刚度、高精度或者大载荷而工作空间有限的领域内得到了广泛应用。

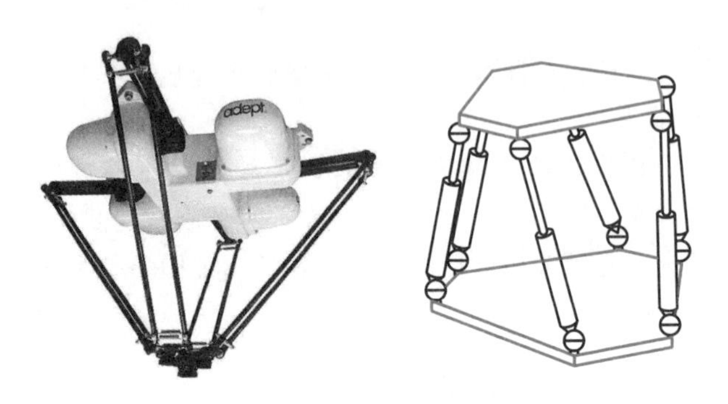

图 1-3 并联工业机器人及机构简图

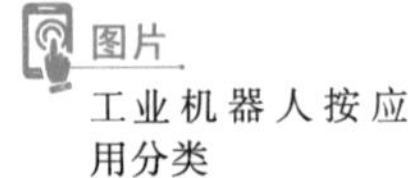

图片

工业机器人按应用分类

(2) 根据工作性质和应用场合分类

根据工业机器人的工作性质和应用场合可以将其分为以下几种主要类别。

① 焊接工业机器人。

焊接工业机器人是工业机器人在工业制造领域的主要应用之一，在汽车制造工业中得到大量的应用。焊接工业机器人根据焊接工艺的不同又可以分为弧焊工业机器人和点焊工业机器人，如图 1-4 所示。

图 1-4 弧焊工业机器人和车身点焊工业机器人

② 码垛工业机器人。

码垛工业机器人（见图 1-5）将人从繁重枯燥的体力劳动中解脱出来。将机器人布置在流水线的终端，对产品进行码垛、包装入库，大大提高了生产的自动化程度。

图 1-5　码垛工业机器人

③ 装配工业机器人。

将具有很高的运动速度和重复定位精度的工业机器人应用于产品装配，降低了人为因素对产品装配质量的影响，提高了产品质量的稳定性和可靠性，同时也大大提高了产品生产的自动化程度，如图 1-6 所示。

图 1-6　发动机装配工业机器人

④ 搬运工业机器人。

现代工业机器人能够承受大负载，且运动半径大，可将工业机器人用于工件的转移，减轻工人劳动强度，如图 1-7 所示。

图 1-7　工件搬运工业机器人

⑤ 喷涂工业机器人。

喷涂作业是工业机器人在工业中的主要应用之一，四台工业机器人相配合能够全自动完成车身钣金的喷涂作业，如图 1-8 所示。

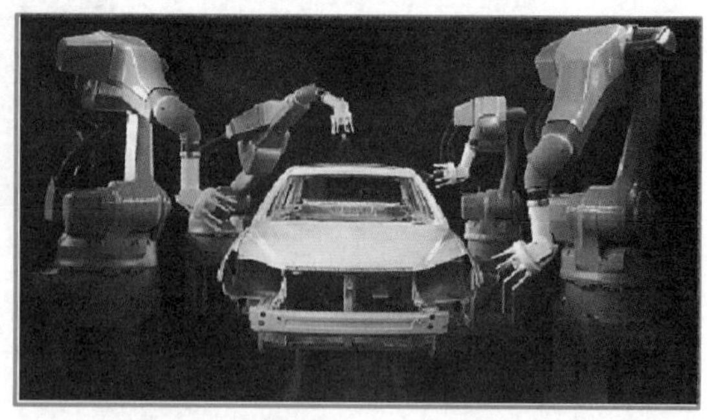

图 1-8 车身喷漆工业机器人

⑥ 上下料工业机器人。

工业机器人在数控加工上的应用主要为工件的上下料，可以由一台工业机器人负责两台相对的数控机床的上下料，或者将工业机器人置于移动轨道中，对多台数控机床完成上下料，如图 1-9 所示。

图 1-9 机床上下料工业机器人

⑦ 抛光打磨工业机器人。

铝压铸件或者模具型腔的抛光打磨是近年来工业机器人应用的一个重要方向。应用工业机器人进行抛光打磨可以避免粉尘对工人造成的伤害，如图 1-10 所示。

图 1-10 抛光打磨工业机器人

⑧ 拾料、分拣工业机器人。

拾料、分拣工业机器人一般采用并联结构，具有结构紧凑、刚性好、运动精度高、运行速度快等特点，在产品分拣、包装等流水线上得到广泛应用，如图1-11所示。

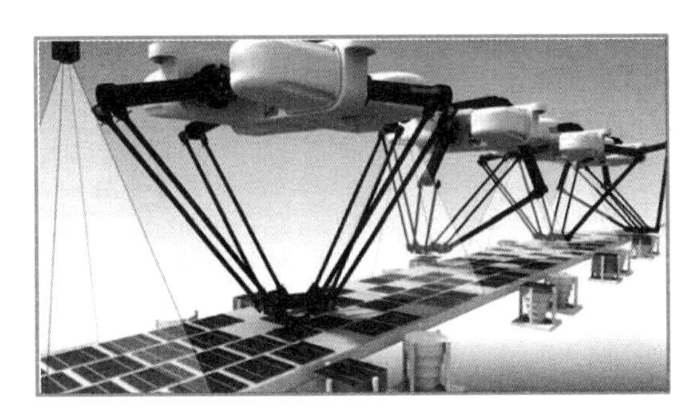

图1-11 拾料并联工业机器人

5. 国内外知名工业机器人厂商

随着科技的不断进步，工业机器人技术日趋成熟。工业机器人已经成为一种标准设备在工业界得到广泛应用，从而也形成了一批在国际上有影响力的工业机器人公司，包括瑞典的ABB，德国的KUKA，日本的FANUC（发那科）、NACHI（不二越）、Yaskawa（安川）、Kawasaki（川崎），意大利的COMAU（柯马），美国的Adept、Emerson Industrial Automation，以色列的Robogroup Tek等。在国内，工业机器人产业正在迅猛发展，增长的势头非常强劲，具有代表性的国内厂商是沈阳新松机器人自动化股份有限公司。

图片

国内外知名工业机器人

（1）ABB公司（http：//www.abb.com）

ABB公司是目前规模最大的工业机器人制造商。1974年，ABB公司研发了全球第一台全电控式工业机器人IRB6，主要应用于工件的取放和物料的搬运。1975年，公司生产出了第一台焊接机器人。到1980年兼并Trallfa喷漆机器人公司后，ABB公司的机器人产品趋于完备。至2002年，ABB公司销售的工业机器人已经突破10万台，是世界上第一个突破10万台的厂家。ABB公司制造的工业机器人广泛应用在焊接、装配、铸造、密封涂胶、材料处理、包装、喷漆、水切割等领域。

ABB机器人的显著特征是以橘红色涂装，如图1-12所示。

（2）KUKA公司（http：//www.kuka.com）

KUKA公司总部位于德国奥格斯堡，是世界顶级工业机器人制造商之一。1973年，KUKA研制开发了第一台工业机器人，至今已在全球安装了15万台工业机器人。目前该公司工业机器人年产量超过1万台，可以提供负载量3~1 000 kg的标准工业六轴机器人以及一些特殊应用机器人，机械臂工作半径为635~3 900 mm。这些机器人广泛应用在仪器、汽车、航天、食品、制药、医学、铸造、塑料等工业上，主要应用于材料处理、机床装料、装配、包装、堆垛、焊接、表面修整等领域。KUKA通用机器人如图1-13所示。

图 1-12 ABB 通用机器人

图 1-13 KUKA 通用机器人

(3) FANUC（发那科）公司（http://www.fanuc.com）

FANUC 公司包括两大主要业务：一是工业机器人；二是工厂自动化。2008 年，FANUC 成为世界上最大的机器人制造公司，是全球首家突破 20 万台机器人的生产商，市场份额稳居世界第一。

FANUC 机器人的显著特征是以黄色涂装，如图 1-14 所示。

(4) NACHI（不二越）株式会社（http://www.nachi-fujikoshi.co.jp）

NACHI 公司成立于 1928 年，除了做精密机械、刀具、轴承、油压机等外，机器人也是其重点业务。该公司最早为日本丰田汽车生产线机器人的专供厂商，专业做大型的搬运机器人、点焊和弧焊机器人、涂胶机器人、无尘室用 LCD 玻璃板传输机器人和半导体晶片传输机器人、高温等恶劣环境中用的专用机器人，以及和精密机器配套的机器人和机械手臂等。NACHI 通用机器人如图 1-15 所示。

图 1-14 FANUC 通用机器人

图 1-15 NACHI 通用机器人

(5) Yaskawa（安川）电机公司（http://www.yaskawa.co.jp）

安川电机自 1977 年研制出第一台全电动工业机器人以来，已有 30 年机器人研发生产的历史。其核心的工业机器人产品包括点焊和弧焊机器人、油漆和处理机器人、LCD 玻璃板传输机器人和半导体晶片传输机器人等。它是将工业机器人应用到半导体生产领域的最早的厂商之一。Yaskawa 通用机器人如图 1-16 所示。

(6) Kawasaki（川崎）公司（http://www.khi.co.jp）

川崎公司在物流生产线上提供了多种多样的机器人产品，广泛应用于饮料、食品、肥料、太阳能等领域。川崎的码垛搬运机器人种类繁多，可以针对客户工厂的不同状况和不同需求提供最适合的机器人、最专业的售后服务和最先进的技术支持。

川崎机器人的显著特征是以白色涂装，如图 1-17 所示。

图 1-16　Yaskawa 通用机器人

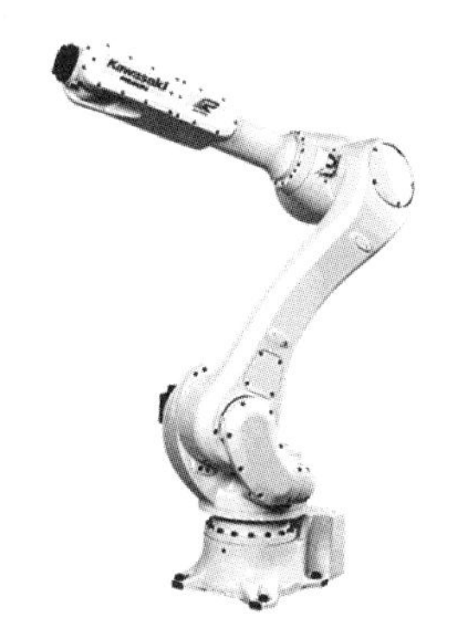

图 1-17　Kawasaki 通用机器人

（7）COMAU（柯马）公司（http：//www. comau. com）

意大利 COMAU 公司从 1978 年开始研制和生产工业机器人，至今已有近 40 年的历史。其机器人产品包括 Smart 系列多功能机器人和 MAST 系列龙门焊接机器人，广泛用于汽车制造、铸造、家具、食品、化工、航天、印刷等行业，如图 1-18 所示。

（8）Adept 公司（爱德普）（http：//www. adept. com）

美国 Adept 公司是一家专业从事工业自动化的高科技生产企业，是全球智能视觉机器人系统的领导者和服务商。公司产品包括各种系列的机械臂，可以用于产品包装、测试、分选、装卸等领域。Adept 并联机器人如图 1-19 所示。Adept 公司于 2015 年被全球著名工业自动化企业欧姆龙（Omron）收购。

图 1-18　COMAU 通用机器人

图 1-19　Adept 并联机器人

（9）新松机器人自动化股份有限公司（http：//www. siasun. com）

沈阳新松机器人自动化股份有限公司是由中国科学院沈阳自动化所为主发起人投资组建的高科技公司。其产品包括 RH6 弧焊机器人、RD120 点焊机器人，及水切割、激光加工、排险、浇注等特种机器人。新松机器人是我国最早研制工业机器人的企业，且是最大的国产机器人研发和制造公司。新松通用机器人如图

1-20所示。

图 1-20 新松通用机器人

任务2 认识工业机器人的位姿描述方法

相关知识

1. 工业机器人末端执行器（工具）位姿描述

六自由度工业机器人的运动控制对象为末端面中心（第6轴端面中心）或末端执行器（工具）上某点，控制内容包含控制对象的位置和姿态两个方面。可以运用坐标系、向量等工具，通过矩阵变换（平移变换、旋转变换、平移旋转复合变换）等数学方法描述工业机器人运动部件间的位姿关系。

（1）机器人位姿的矩阵表示

① 点在空间直角坐标系中的位置表示（坐标）。

点 P 在空间直角坐标系$\{A\}$中的位置可以表示为 P（p_x，p_y，p_z），如图1-21所示，其中 p_x、p_y、p_z是 P 点在空间直角坐标系$\{A\}$中3个坐标轴上的分量。

② 空间直角坐标系中向量的表示。

向量是有大小和方向的几何对象。空间向量可以由3个起始和终止坐标分量来表示，即设一个向量起始于 A 点，终止于 B 点，则向量 $\boldsymbol{AB}$ =（B_x-A_x）$\boldsymbol{i}$+（B_y-A_y）$\boldsymbol{j}$+（B_z-A_z）$\boldsymbol{k}$。如果向量起点与坐标原点重合，如图1-22所示，则向量可表示为

$$\boldsymbol{P}=p_x\boldsymbol{i}+p_y\boldsymbol{j}+p_z\boldsymbol{k} \tag{1-1}$$

式中：$\boldsymbol{i}$、$\boldsymbol{j}$、$\boldsymbol{k}$ 分别是直角坐标系中 x、y、z 坐标轴的单位向量；p_x、p_y、p_z是 P 点在空间直角坐标系$\{A\}$中3个坐标轴上的分量。

向量的3个分量也可以写成矩阵的形式：

$${}^{A}\boldsymbol{P}=\begin{bmatrix} p_x \\ p_y \\ p_z \end{bmatrix} \tag{1-2}$$

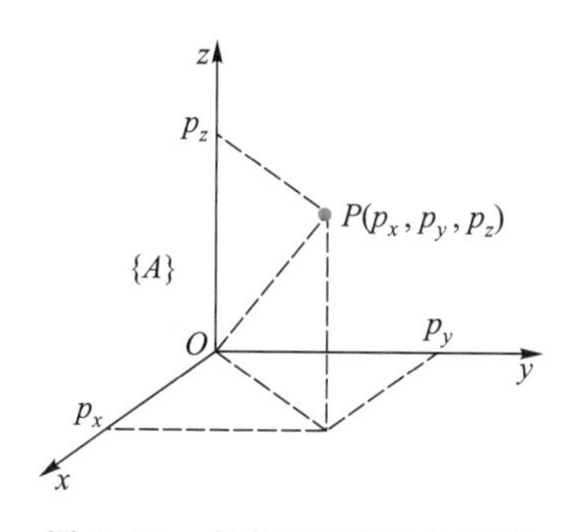

图 1-21　点在空间直角坐标系中的表示

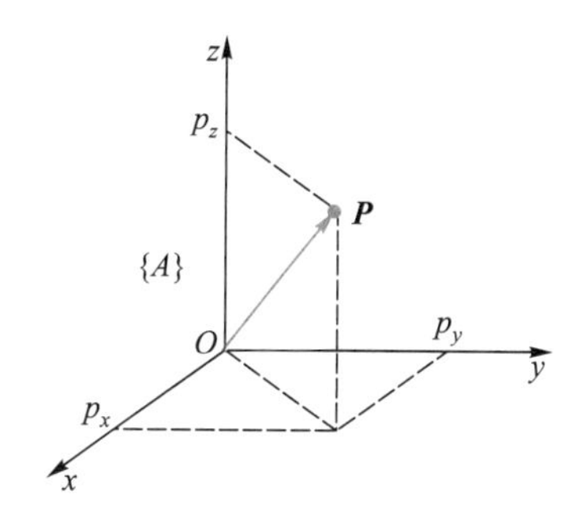

图 1-22　点在空间直角坐标系中的向量表示

式中：上标 A 代表固定参考坐标系$\{A\}$。

对这种表示法稍做变化，加入一个比例因子 w，如果 a_x、b_y、c_z各除以 w，则得到 p_x、p_y、p_z，这时向量可以写为

$$
{}^{A}\boldsymbol{P}=\begin{bmatrix} p_x \\ p_y \\ p_z \\ 1 \end{bmatrix}=\begin{bmatrix} a_x \\ b_y \\ c_z \\ w \end{bmatrix} \tag{1-3}
$$

式中：$p_x=\frac{a_x}{w}$；$p_y=\frac{b_y}{w}$；$p_z=\frac{c_z}{w}$。

变量 w 为任意数，而且随着它的变化，向量的大小也会发生变化。如果 w 大于 1，向量的所有分量都变大；如果 w 小于 1，向量的所有分量都变小；如果 w 等于 1，各分量的大小保持不变。但是如果 $w=0$，p_x、p_y、p_z则为无穷大，在这种情况下，p_x、p_y、p_z（以及 a_x、b_y、c_z）表示一个长度为无穷大的向量，它的方向即为该向量所表示的方向。这就意味着方向向量可以由比例因子 $w=0$ 的向量来表示，这里向量的长度并不重要，而其方向由该向量的 3 个分量来表示。

③ 动坐标系在固定参考坐标系原点时的表示。

用 x、y、z 轴表示固定的全局参考坐标系 F_{xyz}，用 n（**n**ormal），o（**o**rientation），a（**a**pproach）轴表示相对于固定参考坐标系的另一个动坐标系 F_{noa}，如图 1-23 所示。

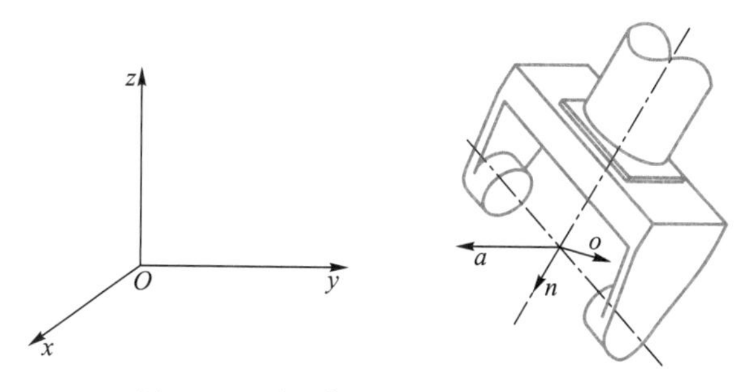

图 1-23　动坐标系的 n、o、a 轴定义

一个原点位于固定参考坐标系原点的坐标系 F_{noa}（见图 1-24），其单位向量为 $\boldsymbol{n}$、$\boldsymbol{o}$、$\boldsymbol{a}$，而每个单位向量都可用它们所在的固定参考坐标系 F_{xyz} 中的三个分量表示：

$$\begin{aligned}\boldsymbol{n}&=[n_x \quad n_y \quad n_z]^{\mathrm{T}}\\ \boldsymbol{o}&=[o_x \quad o_y \quad o_z]^{\mathrm{T}}\\ \boldsymbol{a}&=[a_x \quad a_y \quad a_z]^{\mathrm{T}}\end{aligned} \tag{1-4}$$

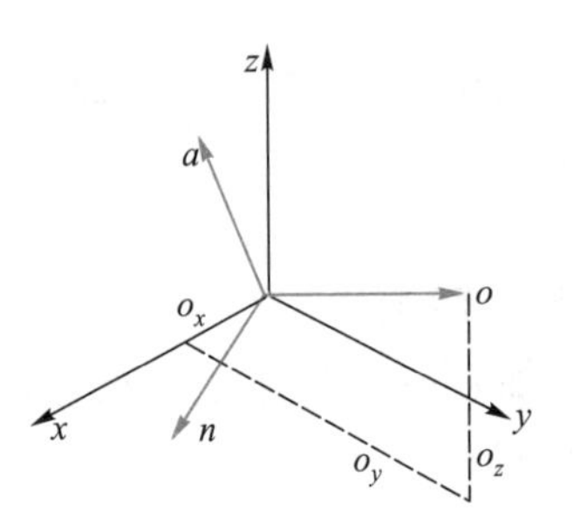

图 1-24 动坐标系在固定参考坐标系原点时的表示

这样，动坐标系 F_{noa} 可以由 3 个向量以矩阵的形式表示：

$$\boldsymbol{F}_{noa}=\begin{bmatrix} n_x & o_x & a_x \\ n_y & o_y & a_y \\ n_z & o_z & a_z \end{bmatrix} \tag{1-5}$$

④ 动坐标系在固定参考坐标系中的表示。

如果一个坐标系原点不在固定参考坐标系的原点，那么该坐标系的原点相对于参考坐标系的位置也必须表示出来。为此，在该坐标系原点与参考坐标系原点之间做一个向量来表示该坐标系的位置，如图 1-25 所示。这个向量由相对于固定参考坐标系的 3 个向量来表示。这样，这个坐标系就可以由 3 个表示方向的单位向量以及第 4 个位置向量来表示：

$$\boldsymbol{F}_{noa}=\begin{bmatrix} n_x & o_x & a_x & p_x \\ n_y & o_y & a_y & p_y \\ n_z & o_z & a_z & p_z \\ 0 & 0 & 0 & 1 \end{bmatrix} \tag{1-6}$$

如式（1-6）所示，前 3 个向量是 $w=0$ 的方向向量，表示该坐标系的 3 个单位向量 $\boldsymbol{n}$、$\boldsymbol{o}$、$\boldsymbol{a}$ 的方向；而第 4 个向量是 $w=1$ 的向量，表示该坐标系原点相对于参考坐标系的位置。与单位向量不同，向量 $\boldsymbol{P}$ 的长度十分重要，因而使用比例因子 1。

⑤ 刚体在固定参考坐标系中的表示。

首先在刚体上固结一个坐标系，再将该固结的坐标系在空间坐标系中表示出来。由于这个坐标系固结在该物体上，所以该物体相对于坐标系的位姿是已知的。因此，只要这个坐标系可以在空间坐标系中表示出来，那么这个物体相对于固定参考坐标

系的位姿也就已知了，如图 1-26 所示。如前所述，空间坐标系可以用矩阵表示，其中坐标原点以及相对于参考坐标系的表示该坐标系姿态的 3 个向量也可以由该矩阵表示出来，于是有

$$\boldsymbol{F}_{\text{obj}}=\begin{bmatrix} n_x & o_x & a_x & p_x \\ n_y & o_y & a_y & p_y \\ n_z & o_z & a_z & p_z \\ 0 & 0 & 0 & 1 \end{bmatrix} \tag{1-7}$$

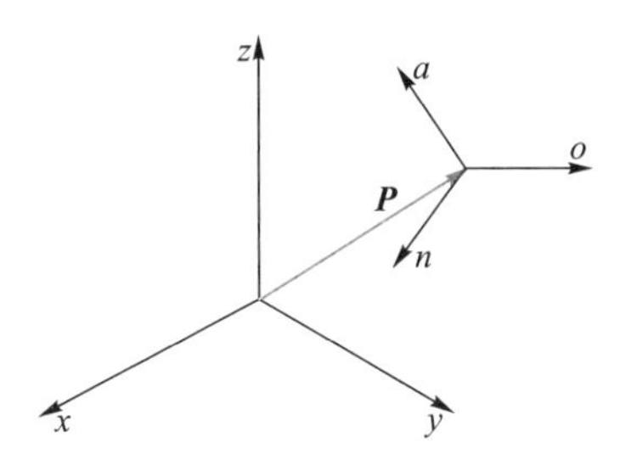

图 1-25　动坐标系在固定参考坐标系中时的表示

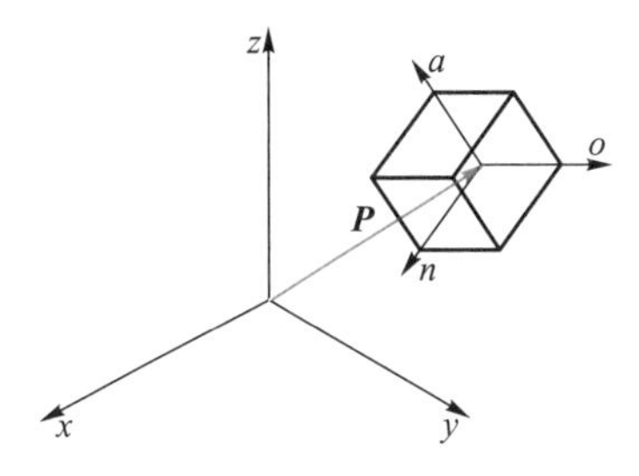

图 1-26　刚体在固定参考坐标系中的位姿表示

众所周知，空间中一个自由的刚体具有 6 个自由度，即它可以沿着 x、y、z 这 3 个坐标轴移动，还可以绕着这 3 个坐标轴转动。因此，要完全确定地描述一个空间固定参考坐标系中的刚体，需要确定固结在刚体上的坐标系原点的位置，以及刚体坐标系关于固定参考坐标系 3 个坐标轴的旋转角度，即总共需要 6 个独立的信息来描述空间固定坐标系中的一个独立自由的刚体。但式（1-7）中共给出了 12 个信息，其中 9 个为姿态（旋转）信息，3 个为位置信息，这超出了前述的分析，即完全确定刚体共需要 6 个独立的信息，因此，刚体位姿矩阵中的信息相互间存在一定的约束条件，通过这些约束条件可将描述刚体位姿的必要信息减少到 6 个。这些约束条件如下：

- 固结在刚体上的坐标系的单位向量 $\boldsymbol{n}$、$\boldsymbol{o}$、$\boldsymbol{a}$ 相互垂直。
- 单位向量的长度为 1。

这些约束条件可以转换为以下 6 个约束方程：

$\boldsymbol{n}\cdot\boldsymbol{o}=0$，$\boldsymbol{n}\cdot\boldsymbol{a}=0$，$\boldsymbol{a}\cdot\boldsymbol{o}=0$（单位向量间的点积为零）

$|\boldsymbol{n}|=1$，$|\boldsymbol{o}|=1$，$|\boldsymbol{a}|=1$（单位向量的长度为 1）

（2）齐次变换矩阵

变换矩阵若为方阵，则矩阵运算较为方便，因此，为保证所表示的矩阵为方阵，如果在同一矩阵中既表示姿态又表示位置，那么可在矩阵中加入比例因子使之成为 4×4矩阵；如果只表示姿态，则可去掉比例因子得到 3×3 矩阵，或加入第 4 列全为 0 的位置数据以保持矩阵为方阵。这种形式的矩阵称为齐次矩阵，可写为

$$F=\begin{bmatrix} n_x & o_x & a_x & p_x \\ n_y & o_y & a_y & p_y \\ n_z & o_z & a_z & p_z \\ 0 & 0 & 0 & 1 \end{bmatrix} \tag{1-8}$$

（3）坐标变换

当空间的一个坐标系相对于固定参考坐标系运动时，有以下几种形式，即平移、绕轴旋转、平移与旋转的复合。

① 平移变换的矩阵表示。

如果一个固结在刚体上的坐标系在空间以不变的姿态运动，那么该坐标运动就是纯平移。在这种情况下，它的单位方向向量保持同一方向不变，所有的改变只是坐标系原点相对于固定参考坐标系的变化，如图 1-27 所示。

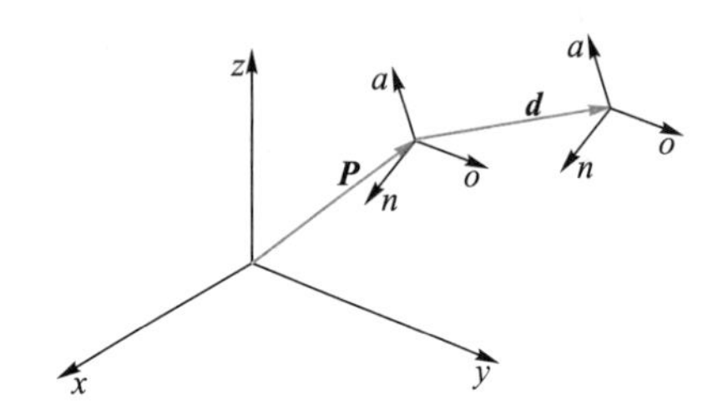

图 1-27 动坐标系在空间固定坐标系中平移

相对于固定参考坐标系的新的坐标系的位置可以用原来坐标系的原点位置向量加上表示位移的向量求得。若用矩阵形式，新坐标系的表示可以通过坐标系左乘变换矩阵得到。由于在纯平移中方向向量不改变，变换矩阵 **T** 可以简单地表示为

$$T=\begin{bmatrix} 1 & 0 & 0 & d_x \\ 0 & 1 & 0 & d_y \\ 0 & 0 & 1 & d_z \\ 0 & 0 & 0 & 1 \end{bmatrix} \tag{1-9}$$

式中：d_x、d_y、d_z是纯平移向量$\boldsymbol{d}$相对于参考坐标系 x、y、z 轴的 3 个分量。可以看到，矩阵的前三列表示没有旋转运动（等同于单位阵），而最后一列表示平移运动。新的坐标系位置为

$$F_{\text{new}}=\begin{bmatrix} 1 & 0 & 0 & d_x \\ 0 & 1 & 0 & d_y \\ 0 & 0 & 1 & d_z \\ 0 & 0 & 0 & 1 \end{bmatrix}\times\begin{bmatrix} n_x & o_x & a_x & p_x \\ n_y & o_y & a_y & p_y \\ n_z & o_z & a_z & p_z \\ 0 & 0 & 0 & 1 \end{bmatrix}=\begin{bmatrix} n_x & o_x & a_x & p_x+d_x \\ n_y & o_y & a_y & p_y+d_y \\ n_z & o_z & a_z & p_z+d_z \\ 0 & 0 & 0 & 1 \end{bmatrix} \tag{1-10}$$

这个方程也可用符号写为

$$F_{\text{new}}=\boldsymbol{Trans}\ (d_x,\ d_y,\ d_z)\ \times F_{\text{old}} \tag{1-11}$$

如前所述，新坐标系的位置可通过在动坐标系矩阵前面左乘变换矩阵得到。另外可以得出，方向向量经过纯平移后保持不变。但是，新的坐标系的位置是 **d** 和 **P** 向量相加的结果。而且，齐次变换矩阵与矩阵乘法的关系使得新矩阵的维数和变换

前相同。

② 绕轴旋转变换的矩阵表示。

为简化绕轴旋转的推导，先假设该坐标系位于参考坐标系的原点并且与之平行，之后将结果推广到其他的旋转以及旋转的组合。

假设坐标系 F_{noa} 位于固定参考坐标系 F_{xyz} 的原点，F_{noa} 绕坐标系 F_{xyz} 的 x 轴旋转一个角度 θ，再假设旋转坐标系 F_{noa} 上有一点 P 相对于固定参考坐标系的坐标为 p_x、p_y、p_z，相对于动坐标系的坐标为 p_n、p_o、p_a。当坐标系绕 x 轴旋转时，坐标系上的点 P 也随坐标系一起旋转。在旋转之前，P 点在两个坐标系中的坐标是相同的（这时两个坐标系位置相同，并且相互平行）。旋转后，该点坐标 p_n、p_o、p_a 在旋转坐标系 F_{noa} 中保持不变，但在参考坐标系中 p_x、p_y、p_z 却改变了，如图 1-28 所示。现在要求找到动坐标系旋转后 P 点相对于固定参考坐标系的新坐标。

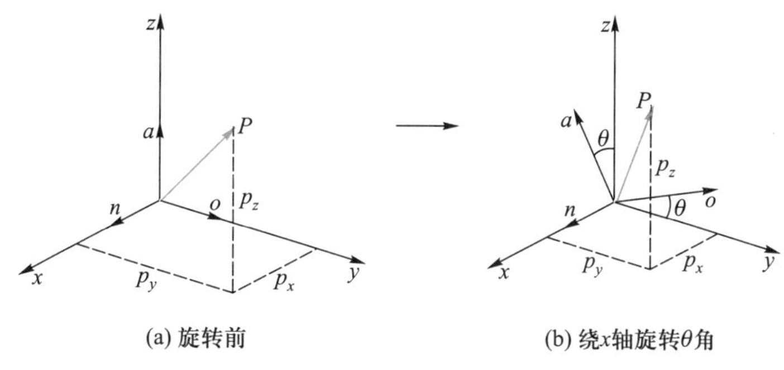

图 1-28　动坐标系绕 x 轴旋转 θ 角的坐标变换

沿 x 轴观察在 yz 二维平面上同一点的坐标，如图 1-29 所示。点 P 相对于参考坐标系的坐标是 p_x、p_y、p_z，而相对于旋转坐标系（点 P 所固结的坐标系）的坐标仍为 p_n、p_o、p_a。

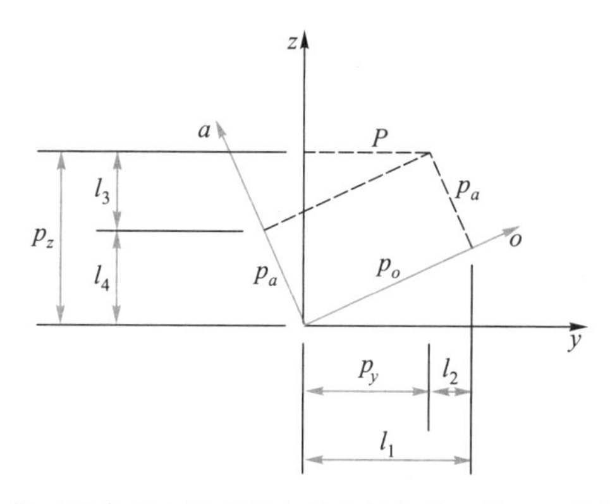

图 1-29　相对于参考坐标系的点的坐标和从 x 轴上观察旋转坐标系

由图 1-29 可以看出，p_x 不随坐标系绕 x 轴的转动而改变，而 p_y 和 p_z 却改变了：

$$
\begin{aligned}
p_x &= p_n \\
p_y &= l_1 - l_2 = p_o\cos\theta - p_a\sin\theta \\
p_z &= l_3 + l_4 = p_o\sin\theta + p_a\cos\theta
\end{aligned}
\tag{1-12}
$$

写成矩阵形式为

$$\begin{bmatrix} p_x \\ p_y \\ p_z \end{bmatrix} = \begin{bmatrix} 1 & 0 & 0 \\ 0 & \cos\theta & -\sin\theta \\ 0 & \sin\theta & \cos\theta \end{bmatrix} \begin{bmatrix} p_n \\ p_o \\ p_a \end{bmatrix} \tag{1-13}$$

可见，为了得到在参考坐标系中的坐标，旋转坐标系中的点 P（或向量 $\boldsymbol{P}$）的坐标必须左乘旋转矩阵。这个旋转矩阵只适用于绕参考坐标系的 x 轴做纯旋转变换的情况，它可表示为

$$\boldsymbol{P}_{xyz} = \boldsymbol{Rot}(x,\ \theta) \times \boldsymbol{P}_{noa} \tag{1-14}$$

在式（1-13）中，旋转矩阵的第一列表示相对于 x 轴的位置，其值为（1，0，0），它表示沿 x 轴的坐标没有改变。

综上可得：

$$\text{绕 } x \text{ 轴旋转的变换矩阵 } \boldsymbol{Rot}(x,\ \theta) = \begin{bmatrix} 1 & 0 & 0 \\ 0 & \cos\theta & -\sin\theta \\ 0 & \sin\theta & \cos\theta \end{bmatrix} \tag{1-15}$$

$$\text{绕 } y \text{ 轴旋转的变换矩阵 } \boldsymbol{Rot}(y,\ \theta) = \begin{bmatrix} \cos\theta & 0 & \sin\theta \\ 0 & 1 & 0 \\ -\sin\theta & 0 & \cos\theta \end{bmatrix} \tag{1-16}$$

$$\text{绕 } z \text{ 轴旋转的变换矩阵 } \boldsymbol{Rot}(z,\ \theta) = \begin{bmatrix} \cos\theta & -\sin\theta & 0 \\ \sin\theta & \cos\theta & 0 \\ 0 & 0 & 1 \end{bmatrix} \tag{1-17}$$

为简化书写，可用符号 $c\theta$ 表示 $\cos\theta$，用 $s\theta$ 表示 $\sin\theta$。

③ 复合变换的矩阵表示。

复合变换是由固定参考坐标系或当前运动坐标系的一系列沿轴平移和绕轴旋转变换所组成的。任何变换都可以分解为按一定顺序的一组平移和旋转变换。例如，为了完成所要求的变换，可以先绕 x 轴旋转，再沿 x、y、z 轴平移，最后绕 y 轴旋转。在后面将会看到，这个变换顺序很重要，如果颠倒两个依次变换的顺序，结果将会完全不同。

为了探讨如何处理复合变换，假定坐标系 F_{noa} 相对于参考坐标系 F_{xyz} 依次进行了下面3个变换：

- 绕 x 轴旋转角度 α。
- 平移 $[l_1 \quad l_2 \quad l_3]$（分别相对于 x、y、z 轴）。
- 绕 y 轴旋转角度 β。

例如，点 P_{noa} 固定在旋转坐标系，开始时旋转坐标系的原点与参考坐标系的原点重合。随着坐标系 F_{noa} 相对于参考坐标系旋转或者平移时，坐标系中的 P 点相对于参考坐标系也跟着改变。如前面所看到的，第一次变换后，P 点相对于参考坐标系的坐标可用下列方程进行计算：

$$\boldsymbol{P}_{1,xyz} = \boldsymbol{Rot}(x,\ \alpha) \times \boldsymbol{P}_{noa} \tag{1-18}$$

式中：$\boldsymbol{P}_{1,xyz}$ 是第一次变换后该点相对于参考坐标系的坐标。

第二次变换后，该点相对于参考坐标系的坐标为

$$P_{2,xyz}=\boldsymbol{Trans}(l_1, l_2, l_3)\times P_{1,xyz}=\boldsymbol{Trans}(l_1, l_2, l_3)\times \boldsymbol{Rot}(x, \alpha)\times P_{noa} \quad (1-19)$$

同样，第三次变换后，该点相对于参考坐标系的坐标为

$$P_{xyz}=P_{3,xyz}=\boldsymbol{Rot}(y, \beta)\times P_{2,xyz}=\boldsymbol{Rot}(y, \beta)\times \boldsymbol{Trans}(l_1, l_2, l_3)\times \boldsymbol{Rot}(x, \alpha)\times P_{noa}$$

可见，每次变换后该点相对于参考坐标系的坐标都是通过用每个变换矩阵左乘该点的坐标得到的。当然，矩阵的顺序不能改变。同时还应注意，对于相对于参考坐标系的每次变换，矩阵都是左乘的。因此，矩阵书写的顺序和进行变换的顺序正好相反。

2. 工业机器人控制及驱动原理

工业机器人的控制及驱动原理如图 1-30 所示。

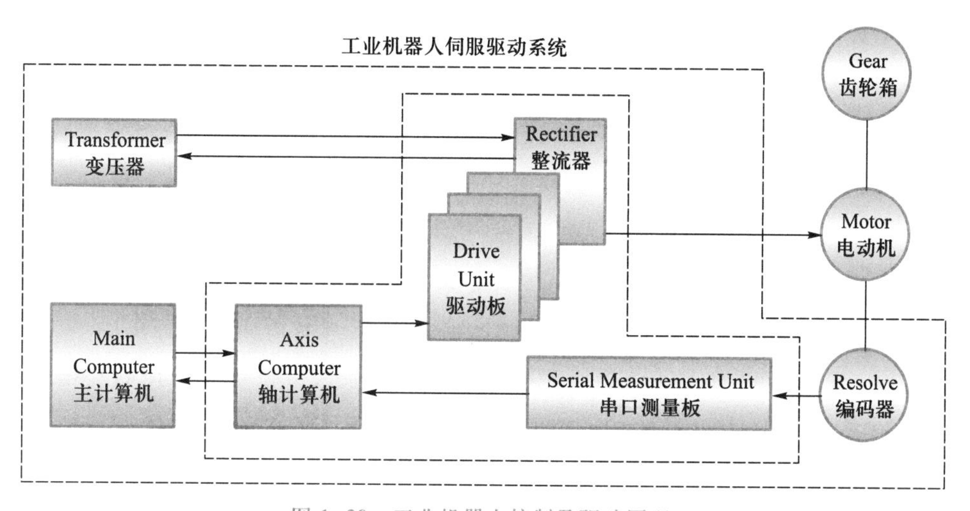

图 1-30 工业机器人控制及驱动原理

任务 3 认识川崎工业机器人

日本川崎重工（Kawasaki Heavy Industry，KHI）生产工业机器人始于 20 世纪 60 年代，逐渐发展成具有全系列产品的工业机器人公司。公司现有 R 系列（小/中负载，抓重 3~80 kg），B 系列、CX 系列、Z 系列（大负载，抓重 100~300 kg），M 系列（超大负载，抓重 350~700 kg），N 系列（无尘机器人，应用于电子、半导体等无尘环境），K 系列（涂装），ZD 系列、CP 系列（码垛专用），RA 系列（弧焊），Y 系列（并联拾放）和特殊系列（防爆/防水/防尘/抗高温）等机器人，产品应用覆盖装配、搬运、码垛、焊接、点焊、涂胶、喷涂等领域。

相关知识

1. 川崎工业机器人的结构与功能

川崎 RS10L 工业机器人的结构与功能

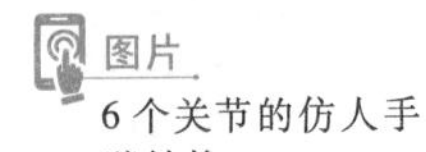
川崎 RS10L 工业机器人的结构与功能

川崎 RS10L 工业机器人由机械本体、E 型控制器与示教器三部分组成，各部分之间的连接如图 1-31 所示。

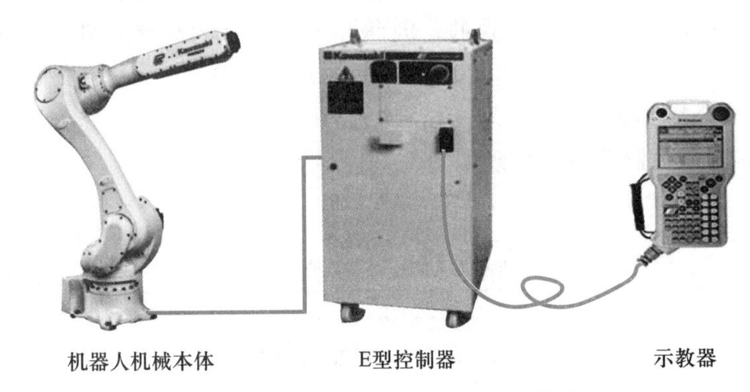

图 1-31 川崎 RS10L 工业机器人的结构与组成

图片
6 个关节的仿人手臂结构

RS10L 工业机器人机械本体采用具有 6 个关节的仿人手臂结构，根据机器人应用的不同，可在末端第 6 轴安装工装夹具，如安装焊钳夹具使之成为焊接工业机器人，安装手爪使之成为工件搬运机器人等。工业机器人机械本体由控制器来控制，使之产生精确的运动和动作。示教器是在工业机器人与操作者之间进行人机交互的设备，可以显示机器人的信息、设置机器人的参数、编程控制机器人的运动与运行等。

教学课件
川崎 RS10L 工业机器人的主要性能参数

指导视频
川崎 RS10L 工业机器人的主要性能参数

2. RS10L 工业机器人的主要参数与性能

（1）RS10L 的运动范围

川崎 RS10L 工业机器人的最大工作半径为 1 925 mm，如图 1-32 所示。

（2）RS10L 的规格参数

川崎 RS10L 工业机器人的规格参数见表 1-2。

由于机器人机械结构和内部走线的限制，工业机器人各关节不可能无限制的运动，因此，了解机器人的性能参数、熟悉机器人各轴的运动范围、避免关节角越限是工业机器人安全运行的保证。川崎机器人的极限位如图 1-33～图 1-35 所示。

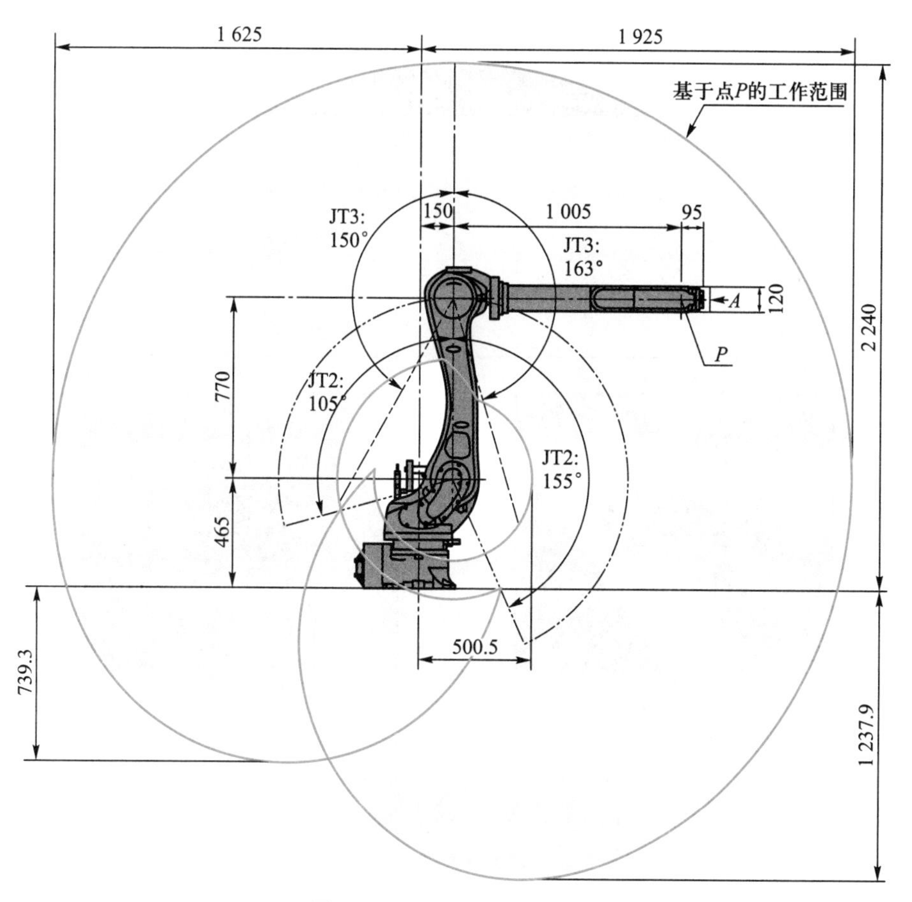

图 1-32 RS10L 的运动范围

表 1-2 RS10L 工业机器人规格参数

类型	多关节极坐标式机器人		
运动自由度	6		
运动范围和最大速度	JT	运动范围	最大速度
	1	±180°	190°/s
	2	+155°~-105°	205°/s
	3	+150°~-163°	210°/s
	4	±270°	400°/s
	5	±145°	360°/s
	6	±360°	610°/s
水平伸展距离	1 925 mm		
最大负载	10 kg		
手腕负载能力	JT	力矩	惯性矩
	4	22.0 N · m	0.7 kg · m^2

续表

类型	多关节极坐标式机器人		
手腕负载能力	5	22.0 N·m	0.7 kg·m^2
	6	10.0 N·m	0.2 kg·m^2
重复定位精度	±0.06 mm		
质量	230 kg		
噪声等级	<70 dB（A）		

视频 JT1 接近极限位

视频 JT1 离开极限位

视频 JT2 接近极限位

视频 JT2 离开极限位

视频 JT3 接近极限位

视频 JT3 离开极限位

习题答案 项目1

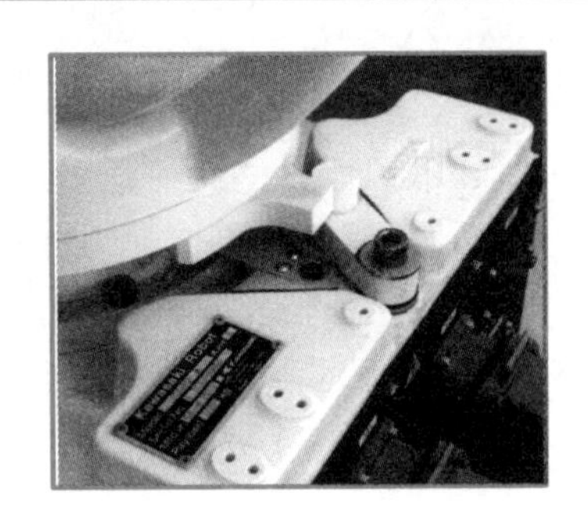

图 1-33 JT1 -方向极限位

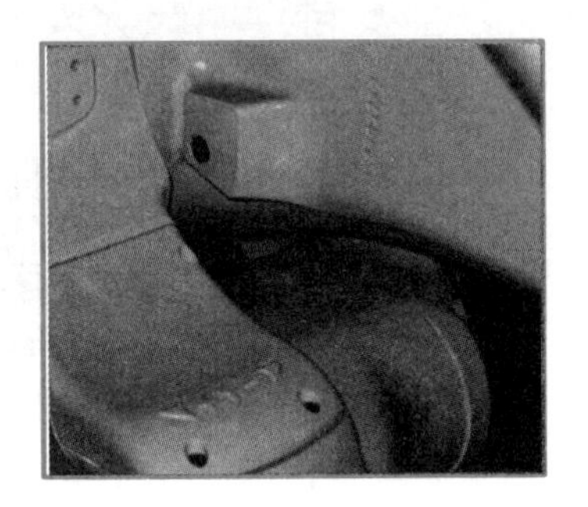

图 1-34 JT2+方向极限位

图 1-35 JT3-方向极限位

习　　题

一、填空题

1. 机器人的英文名称是________。

2. 机器人是当代科学技术发展最活跃的领域之一，代表了机电一体化的最高成就，它包含了________、________、________、自动控制及人工智能等多学科的最新研究成果。

3. 请列举 4 个国外著名的工业机器人品牌：________、________、________、________。

4. 请列举 3 个国内工业机器人品牌：________、________、________。

5. 根据应用类型分类，工业机器人可分为________、________、________、码垛工业机器人和喷涂工业机器人等。

6. 川崎 RS10L 工业机器人由________、________、________三部分组成。

7. 工业机器人的主要技术参数有________、________、________、________、和________。

8. 工业机器人最显著的特点有________、________和________。

9. 并联工业机器人的主要应用是________、________。

10. 机器人的关节类型包括________、________、________和________。

二、选择题

1. 川崎 RS10L 工业机器人的最大负载是（　　）。

A. 10 kg　　B. 20 kg　　C. 8 kg　　D. 15 kg

2. 川崎 RS10L 工业机器人的重复定位精度为（　　）。

A. ±0.06 mm　　B. ±0.05 mm　　C. ±0.01 mm　　D. ±0.1 mm

3. 川崎 RS10L 工业机器人的最大水平伸展距离是（　　）。

A. 1 925 mm　　B. 2 000 mm　　C. 1 800 mm　　D. 1 750 mm

4. 川崎 RS10L 工业机器人第 1 轴的运动范围为（　　）。

A. ±145°　　B. ±180°　　C. ±270°　　D. +155° ~-105°

5. 川崎 RS10L 工业机器人第 6 轴的运动范围为（　　）。

A. ±145°　　B. ±180°　　C. ±360°　　D. +155° ~-105°

6. 以下哪种工作不是工业机器人的主要应用（　　）。

A. 焊接　　B. 搬运　　C. 装配　　D. 数控加工

7. 串联工业机器人的关节（运动副）类型主要是（　　）。

A. 移动关节　　B. 转动关节　　C. 球关节　　D. 圆柱关节

8. 下面不属于工业机器人应用的是（　　）。

A. 焊接　　B. 搬运　　C. 装配　　D. 运输

9. 下面不属于工业机器人系统组成部分的是（　　）。

A. 手爪　　B. 机械本体　　C. 控制系统　　D. 伺服驱动系统

10. 川崎 RS10L 是一个（　　）自由度的工业机器人。

A. 3　　B. 4　　C. 5　　D. 6

三、判断题

1. 并联工业机器人是一种闭环机构，具有两个或者两个以上的自由度。（　　）

2. 并联工业机器人的缺点之一是工作范围较小。（　　）

3. 火星探险车是一款特种机器人。（　　）

4. 川崎 RS10L 工业机器人有 6 个关节，机器人末端具有 6 个自由度，可以实现物体在空间中的三维移动和三维转动。（　　）

5. 工业机器人自由度是指机器人所具有的独立坐标轴运动的数目。（　　）

四、简答题

1. 简述机器人的组成部分及其作用。

2. 通过查阅资料了解什么是 SCARA 机器人，以及其在应用上有何特点。

3. 简述串联工业机器人与并联工业机器人的特点。

图片

SCARA 机器人及其关节简图

4. 通过查阅资料了解阿西莫夫提出的“机器人三原则”。

5. 工业机器人为什么要限定各个关节的转动角度?

五、作图题

绘制6轴通用串联工业机器人的机构简图。

项目 2 川崎工业机器人控制器与示教器应用

控制器是工业机器人的控制单元，主要包括机器人的操作控制系统和运动关节的伺服控制及驱动系统，用于工业机器人的运动控制、伺服驱动，以及工业机器人的 I/O 控制等。

示教器是工业机器人的人机交互单元，主要用于手动操作机器人、编辑机器人系统参数和程序数据、显示机器人运行数据，它是进行工业机器人现场编程与参数设定的主要设备。

知识目标

- 了解川崎 RS10L 工业机器人的控制器和示教器的功能。

技能目标

- 掌握川崎 RS10L 工业机器人控制器和示教器的应用与操作方法。

思维导图

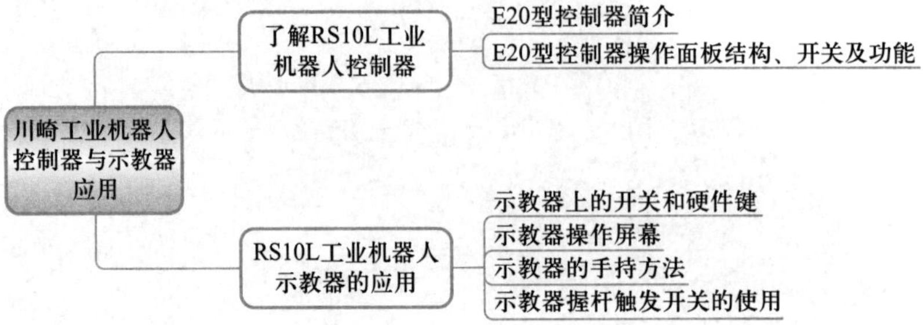

川崎工业机器人控制器与示教器应用

- 了解RS10L工业机器人控制器
  - E20型控制器简介
  - E20型控制器操作面板结构、开关及功能
- RS10L工业机器人示教器的应用
  - 示教器上的开关和硬件键
  - 示教器操作屏幕
  - 示教器的手持方法
  - 示教器握杆触发开关的使用

任务 1　了解 RS10L 工业机器人控制器

相关知识

1. E20 型控制器简介

根据工业机器人型号的不同，川崎工业机器人有各种不同规格的控制器。RS10L 工业机器人采用 E20 型控制器，其面板开关与附件如图 2-1 所示。

RS10L 工业机器人控制器（E20 型）

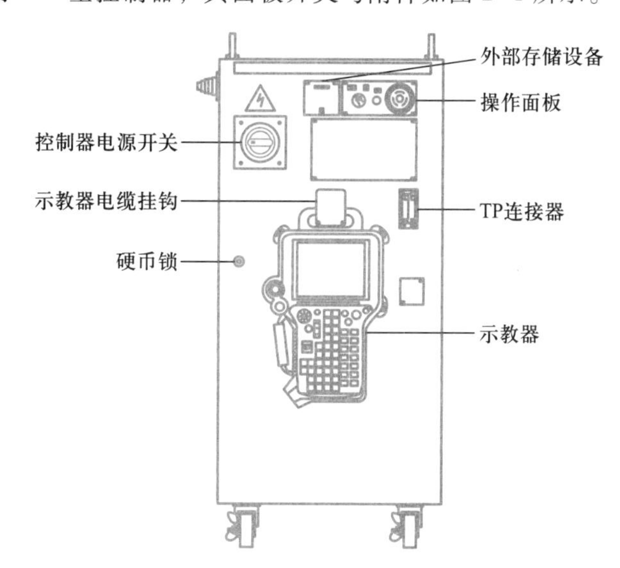

图 2-1　RS10L 工业机器人控制器（E20 型）

E20 型控制器面板开关及附件的功能见表 2-1。

表 2-1　E20 型控制器面板开关及附件功能

开关/附件	功能
控制器电源开关	打开/切断控制器的电源
示教器	提供示教机器人和编辑数据所需的按钮。示教器上的操作屏幕用来显示并操作各种数据
外部存储设备	提供外部存储设备的 USB 端口和 PC 连接的 RS-232C 端口
操作面板	提供操作机器人所需的各种开关
TP 连接器	用于连接示教器的连接器

2. E20 型控制器操作面板

控制器与机器人本体连接后，通过操作面板实现对机器人的操作。E20 型控制器的操作面板（局部放大）如图 2-2 所示，其上的开关及指示灯的功能见表 2-2。

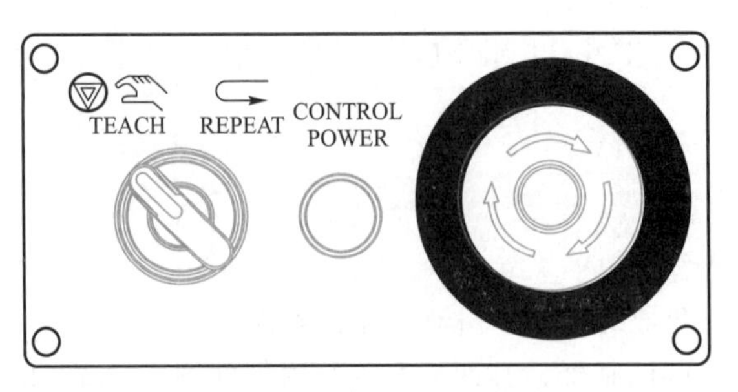

图 2-2 E20 型控制器操作面板

表 2-2 控制器操作面板开关及指示灯功能

开关/指示灯	功能
TEACH/REPEAT（示教/再现开关）	在“示教”和“再现”模式之间切换
CONTROL POWER（控制器电源指示灯）	当控制器电源打开时指示灯亮
紧急停止开关	在紧急情况下按下此开关，可切断电动机电源并停止机器人动作。与此同时，示教器操作屏幕上的<MOTOR>指示灯和<CYCLE>指示灯熄灭。但是，控制器电源并不切断

任务 2 RS10L 工业机器人示教器的应用

任务分析

机器人示教器是进行人机交互的主要设备，其主要功能包括机器人手动操作、示教编程、机器人的状态显示等。掌握示教器的应用是学习工业机器人操作的基础。

相关知识

教学课件
川崎机器人示教器的界面及基本操作

川崎 RS10L 工业机器人示教器如图 2-3 所示，其上包括键盘（硬件键）、开关、操作屏幕（软件键与显示）等。

1. 开关和硬件键

示教器上有 3 个开关：紧急停止开关（功能与控制器上的紧急停止开关相同，可在紧急情况下停止机器人的动作）、示教锁开关（功能与控制器上的示教 1 再现开关相同，两者一致才能进行正常工作）、握杆触发开关，其相应的功能见表 2-3。

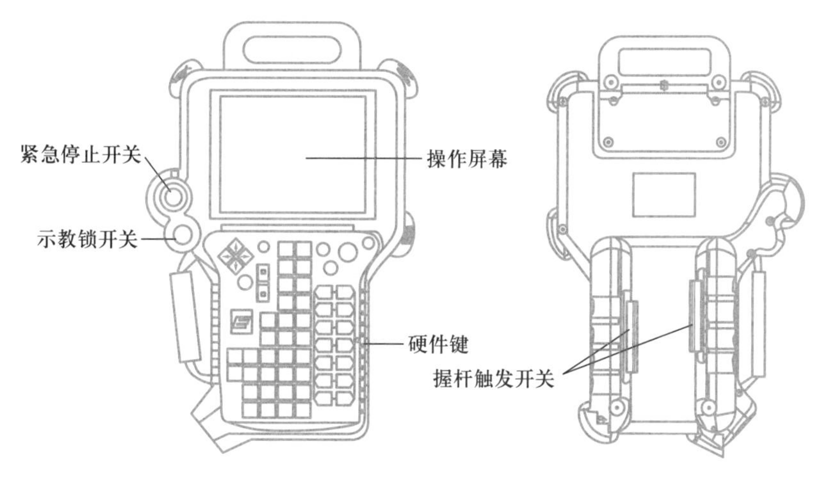

图 2-3　示教器正面与反面

图片
示教器正面及反面

表 2-3　示教器开关功能

开关	功能
紧急停止开关	切断电动机电源并停止机器人运动
T. LOCK （ON/OFF）	此旋钮转向左边“ON”一侧，则机器人处于“示教（TEACH）”模式下，可以进行机器人手动操作和检查操作 此旋钮转向右边“OFF”一侧，则机器人处于“再现（REPEAT）”模式下，可以进行机器人再现连续运行
握杆触发开关	此开关为有效开关，分为适度按下、完全释放以及完全按到底 3 种状态。适度按下此开关，才能手动操作机器人各轴；如果完全按到底或者完全释放此开关，电动机电源将被切断，机器人将停止动作（防止操作者由于紧张导致握杆太松或太紧）

示教器的键盘（如图 2-4 所示）是操作人员与机器人控制系统的人机交互区，提供了丰富且完善的操作功能，键盘布局科学合理，方便用户操作。示教器键盘的按键功能见表 2-4。

示教器键盘

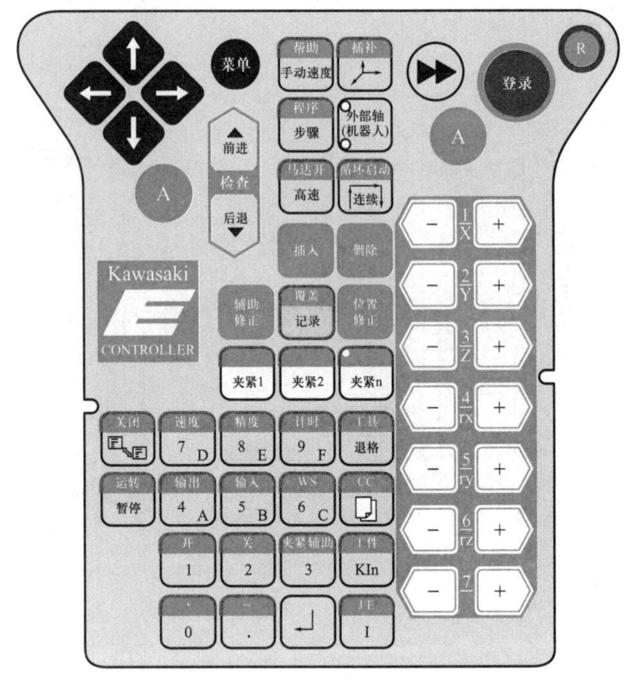

图 2-4 示教器键盘

表 2-4 示教器键盘按键功能

键	功能	按下[A]键时的功能
A	切换按键功能，相当于计算机键盘上的Shift键。示教器键盘上显示为蓝色的功能，要在将对应键与此键一起按下时才有效。以后称为[A]键	
菜单	在显示屏活动区显示下拉菜单，以后称为[菜单]键	
	移动光标位置。在步骤、项目、画面之间移动光标位置	[A]+[↑]：在示教或编辑模式下移动程序当前步骤到上一步 [A]+[↓]：在示教或编辑模式下移动程序当前步骤到下一步
登录	此键与[↵]键功能相同，用于“登录”程序等。但此键不能用于键盘输入数据。以后称为[登录]键	

续表

键	功能	按下A键时的功能
R	删除输入框中的数据、调用 R 代码输入框、返回到上一画面等。显示 R 代码输入框后，按下A+帮助键显示 R 代码列表。以后称为R键	截取并显示画面图像，在 USB 闪存中保存为图表格式（PNG 格式）
	当高速检查功能有效时，按下检查前进/检查后退+此键以高速进行检查。以后称为高速检查键	
前进	在检查模式下进入下一步，在再现模式下用作单步的前进键。以后称为检查前进键	在下拉菜单>辅助 0807 的【前进后退连续模式】设定为【无效】且检查模式设定为【检查单步】时，进入下一步
后退	在检查模式下退回上一步。以后称为检查后退键	在下拉菜单>辅助 0807 的【前进后退连续模式】设定为【无效】且检查模式设定为【检查单步】时，退回上一步
帮助 手动速度	设定手动和检查操作的速度。以后称为手动速度键。每按下此键一次，切换速度如下：1→2→3→4→5→1。注意：默认值是低速［速度 2，不是 1（寸动）］	按下KIn、R键等后按下此键，显示帮助信息。在示教画面或接口面板画面上按下A+此键，就会显示客户创建的帮助画面。在显示辅助功能画面上按下A+此键，就会显示与其辅助功能相关的帮助信息。以后称为帮助键
插补	选择手动操作的坐标系。每按下此键一次，切换操作模式如下：关节→基→工具→关节。以后称为坐标键。注意：默认值是关节坐标系	选择插补命令类型。每按下A+此键一次，切换插补模式如下：各轴→直线→直线 2→圆弧 1→圆弧 2→F 直线→F 圆弧 1→F 圆弧 2→X直线→各轴
程序 步骤	显示步骤选择菜单。以后称为步骤键	显示程序选择菜单。以后称为程序键
外部轴（机器人）	切换上面/下面 LED 发光，同时选择用轴键可能操作的外部轴组 JT15～JT18（或 JT8～JT14）。以后称为外部轴键	

续表

键	功能	按下A键时的功能
马达开 高速	加速在示教或检查模式下的机器人动作速度。以后称为高速键。注意：只有在按下时才有效	在电动机（马达）电源不供电时打开电动机电源。相反，在电动机电源供电时切断电动机电源。以后称为马达开键。注意：机器人动作时，不能切断电动机电源
循环启动 连续	设定如何在检查模式下再现程序。在单步和连续之间切换。以后称为连续键。注意：切断控制器电源切换到单步模式。默认为单步模式	在再现模式下开始循环运行。以后称为循环启动键
插入	在程序中插入新的步骤。以后称为插入键	
删除	删除已注册的程序步骤。以后称为删除键	
辅助修正	编辑辅助数据。以后称为辅助修正键	
覆盖 记录	在当前步骤后添加新的步骤。以后称为记录键	新的步骤覆盖当前步骤。以后称为覆盖键
位置修正	修改位姿数据。以后称为位置修正键	
夹紧1	切换夹紧（CLAMP）1命令的信号数据：ON→OFF→ON。以后称为夹紧1键	同时切换夹紧1命令的信号数据和实际的夹紧1信号：ON→OFF→ON
夹紧2	切换夹紧（CLAMP）2命令的信号数据：ON→OFF→ON。以后称为夹紧2键	同时切换夹紧2命令的信号数据和实际的夹紧2信号：ON→OFF→ON
夹紧n	切换夹紧n信号的ON或OFF。按下此键时，键上的LED灯亮（红色）/熄灭。按下夹紧n+数字（1~8）键切换指定夹紧n命令的信号数据：ON→OFF→ON。夹紧n信号为ON时，LED变成红色。以后称为夹紧n键	按下A+夹紧n+数字（1~8）键，同时切换夹紧命令信号数据和指定夹紧编号的实际夹紧信号：ON→OFF→ON

续表

键	功能	按下A键时的功能
− ＋	运动 JT1～JT7 的各轴。以后称为轴键	
− / .	输入“.”	输入“-”
, / 0	输入“0”	输入“,”
开 / 1	输入“1”	把指定的实际夹紧信号强制为 ON。以后称为ON键
关 / 2	输入“2”	把指定的实际夹紧信号强制为 OFF。以后称为OFF键
夹紧辅助 / 3	输入“3”	在一体化示教中，显示夹紧辅助功能（O/C）命令数据的输入画面。以后称为夹紧辅助键
输出 / 4 A	输入“4”	在一体化示教中，显示 OX 命令数据的输入画面。不在一体化示教中，输入“A”。以后称为输出键
输入 / 5 B	输入“5”	在一体化示教中，显示 WX 命令数据的输入画面。不在一体化示教中，输入“B”。以后称为输入键
WS / 6 C	输入“6”	在一体化示教中，显示 WS 命令数据的输入画面。不在一体化示教中，输入“C”。以后称为WS键
速度 / 7 D	输入“7”	在一体化示教中，显示速度命令数据的输入画面。不在一体化示教中，输入“D”。以后称为速度键

续表

键	功能	按下A键时的功能
精度 8 E	输入“8”	在一体化示教中，显示精度命令数据的输入画面。不在一体化示教中，输入“E”。以后称为精度键
计时 9 F	输入“9”	在一体化示教中，显示计时命令数据的输入画面。不在一体化示教中，输入“F”。以后称为计时键
工具 退格	删除光标前面的字符	在一体化示教中，显示工具命令数据的输入画面。以后称为工具键
CC	显示/隐藏接口面板画面。以后称为接口画面切换键	在一体化示教中，显示CC命令数据的输入画面。以后称为CC键
工件 KIn	直接指定KI命令编号。以后称为KIn键	在一体化示教中，显示工件命令数据的输入画面。以后称为工件键
J/E I	激活程序编辑功能。选择一体化示教画面以外的画面，如AS语言示教、位姿示教、程序编辑画面。以后称为I键	切换J/E（Jump/End）命令的设定状态。以后称为J/E键
↵	注册输入数据。以后称为↵键	
关闭	每按一次，均会切换活动画面。以后称为画面切换键	关闭当前活动监控画面。以后称为关闭键
运转 暂停	使机器人处于HOLD（暂停）状态。以后称为暂停键	使机器人处于运转状态。以后称为运转键。

2. 操作屏幕

示教器上的操作屏幕是触摸屏，用于编辑和显示各种数据。屏幕画面可以划分为3个区域，即A区、B区和C区，如图2-5所示。A区主要为一些触摸操作键和显示区域，B区为程序显示区域，C区为F键（Function，功能）区域（用于显示或监控机器人的工作状态）。

A区

B区

C区

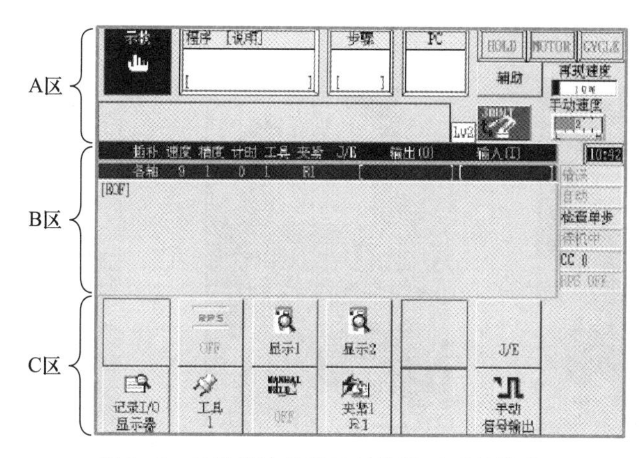

图 2-5　示教器液晶显示触摸屏（示教模式）

B 区和 C 区可以切换为活动和非活动状态。处于活动状态时，区域中的控件可以操作，以实现不同功能。活动/非活动状态用视窗和文字的不同颜色来区分，随模式变化（示教/再现），视窗颜色也不同，见表 2-5。按下画面切换键，可使 B 区或 C 区处于活动状态；直接点击 B 区也可激活 B 区。

表 2-5　示教器功能区域活动状态与显示颜色

活动状态	B 区		C 区	
	示教模式	再现模式	示教模式	再现模式
活动	蓝色	绿色	蓝色	
非活动	灰色			

指导视频

川崎机器人示教器的界面及基本操作

任务实施

1. 示教器的手持方法

川崎 RS10L 工业机器人示教器具有一定的重量，正确手持示教器进行操作，才能方便地操作机器人。川崎 RS10L 工业机器人示教器的正确手持方式如图 2-6~图 2-8 所示。左手起到主要握持作用，手掌四指穿过示教器的抓带孔，并握到示教器背面的握杆触发开关处；右手起辅助握持作用，以及点击示教器键盘和触摸屏的作用。

提示

示教器是进行工业机器人手动操作与示教编程的主要设备，熟悉示教器上常用的硬件操作键和触摸屏上的软件触摸键功能是操作工业机器人示教器的基础。在示教器的操作过程中，需要着重练习“握杆触发开关”的使用，掌握“适度按下”握杆触发开关的方法。

2. 示教器握杆触发开关的使用

川崎机器人示教器上的握杆触发开关（ABB 及其他机器人上称为“使能开关”）是机器人示教器上的重要开关，起到允许点动机器人的作用。握杆触发开关实际为机器人各轴伺服电动机制动抱闸松开的允许开关。如前所述，握杆触发开关有适度按下、完全释放以及完全按到底 3 种状态，如图 2-9~图 2-11 所示。只有当正确按下握杆触发开关，即适度按下此开关时，机器人各轴伺服电动机的制动抱闸松开，才能被允许点动操作。在完全释放或者完全按到底的情况下，机器人电动机电源被切断，将不被允许点动操作（防止操作者由于紧张导致机器人误动作）。

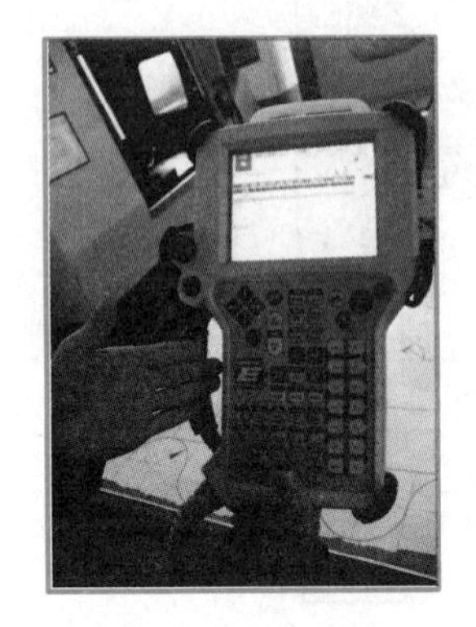

图 2-6 左手握持

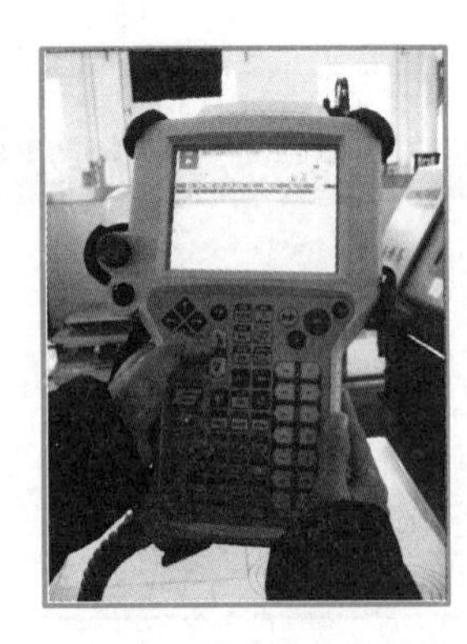

图 2-7 右手辅助并操作

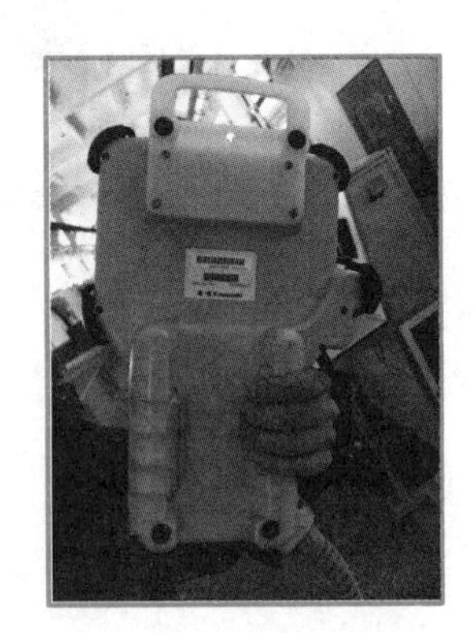

图 2-8 左手四指握至背面

图 2-9 适度握下

图 2-10 完全释放

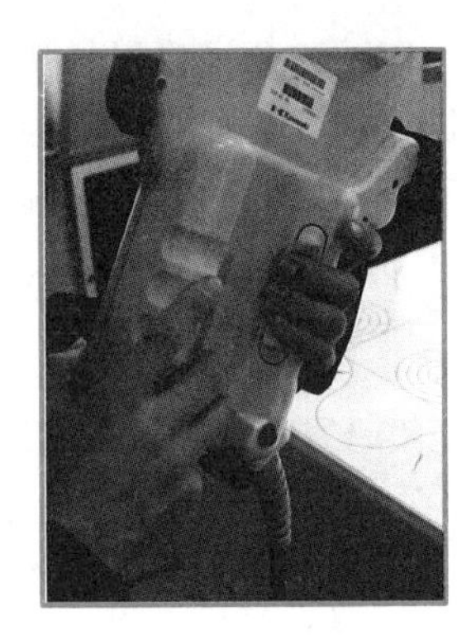

图 2-11 完全按到底

习题答案
项目 2

习 题

一、填空题

1. 工业机器人进行人机交互的设备是________。

2. 川崎 RS10L 工业机器人的握杆触发开关有 3 种状态，即________、________、和________。

3. 按下川崎 RS10L 工业机器人示教器键盘上的________键和________键可以让机器人各轴电动机上电。

4. 按下川崎 RS10L 工业机器人示教器键盘上的________键和________键可以让机器人处于运行状态。

5. 工业机器人控制器的功能是________和________工业机器人的运行。

二、选择题

1. 川崎 RS10L 工业机器人的握杆触发开关一共有（　　）个挡位？

A. 1　　B. 2　　C. 3　　D. 4

2. 川崎 RS10L 工业机器人示教器键盘上的 A 键相当于计算机键盘上的（　　）键。

A. Tab　　B. Ctrl　　C. Alt　　D. Shift

3. 川崎 RS10L 工业机器人示教器键盘上的[I]键的功能是（　　）。

A. 激活程序编辑　B. 回车　　C. 菜单　　D. 跳转

4. 川崎 RS10L 工业机器人在示教或编辑模式下移动程序当前步骤至其他步骤的操作是（　　）。

A. [A]+左/右光标　　B. [A]+上/下光标

C. 左/右光标　　D. 上/下光标

5. 以下哪个不是机器人示教器上的组件（　　）。

A. 触摸屏　　B. 握杆触发开关

C. 键盘按键　　D. 启动按钮

三、判断题

1. 在点动操作川崎 RS10L 工业机器人各轴时，应适度按下握杆触发开关。（　　）

2. 川崎 RS10L 工业机器人示教器键盘上的[登录]键与[↵]键功能完全相同。（　　）

3. 川崎 RS10L 工业机器人示教器键盘上的[登录]键不能用于数据输入。（　　）

4. 按示教器和控制器上任意一处的紧急停止开关就可紧急停止机器人。（　　）

5. 任何时候停止机器人都可以使用紧急停止开关。（　　）

项目 3

川崎工业机器人基本应用

川崎工业机器人的基本应用包括工业机器人的开机和关机、停止机器人、点动机器人、机器人回零以及机器人程序的管理等。

知识目标

- 了解川崎 RS10L 工业机器人的基本操作方法与流程。
- 掌握工业机器人操作安全规程。

技能目标

- 能够规范地完成川崎 RS10L 工业机器人的基本操作。

思维导图

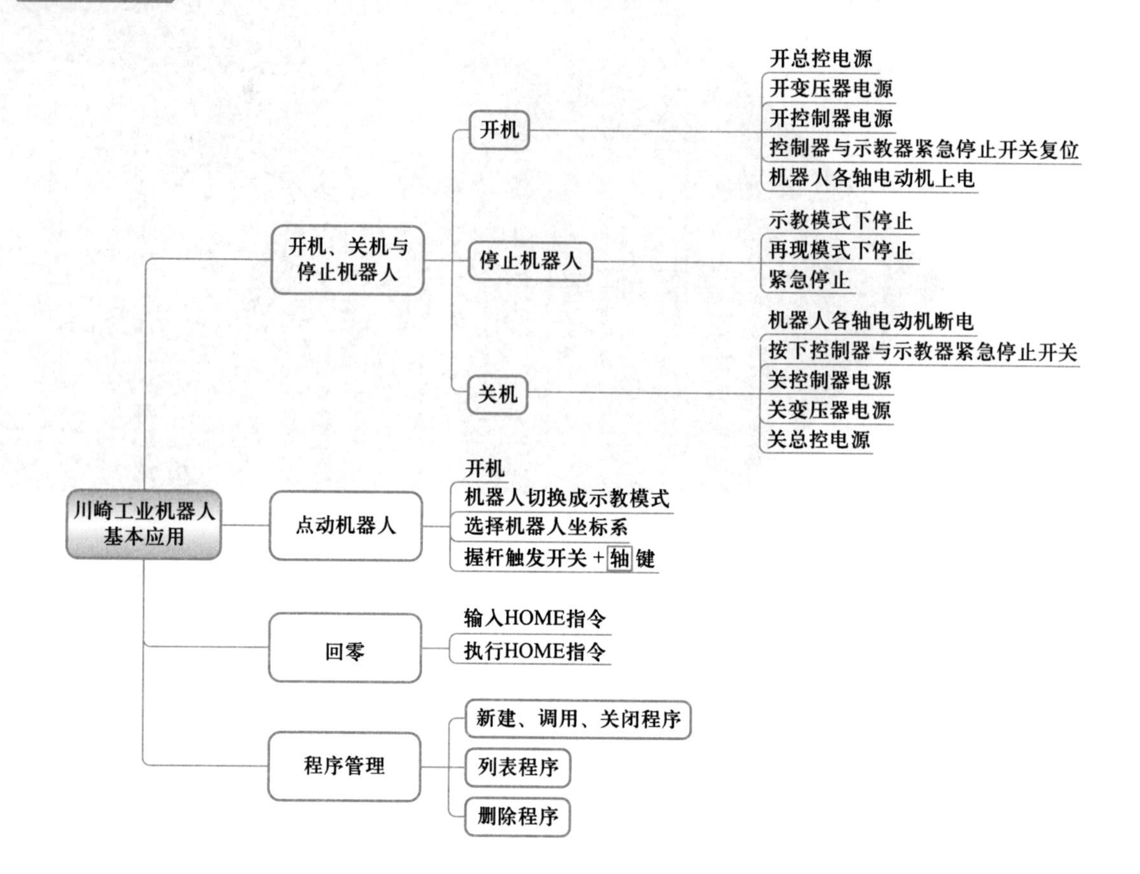

川崎工业机器人基本应用
开机、关机与停止机器人
开机
开总控电源
开变压器电源
开控制器电源
控制器与示教器紧急停止开关复位
机器人各轴电动机上电
停止机器人
示教模式下停止
再现模式下停止
紧急停止
关机
机器人各轴电动机断电
按下控制器与示教器紧急停止开关
关控制器电源
关变压器电源
关总控电源
点动机器人
开机
机器人切换成示教模式
选择机器人坐标系
握杆触发开关 + 轴 键
回零
输入HOME指令
执行HOME指令
程序管理
新建、调用、关闭程序
列表程序
删除程序

任务 1　开机、关机与停止机器人

任务分析

掌握工业机器人正确的开机、关机以及停止的方法是学习机器人操作的第一步，初学者必须熟练掌握工业机器人的这些基本操作方法与流程。

教学课件
川崎机器人开机、关机与停止的方法

由于川崎工业机器人的供电要求为三相交流 220 V，与我国供电规格不匹配，所以川崎工业机器人在我国使用需要配备变压器，将三相 380 V 电压转换成三相 220 V 电压，变压器额定功率为 10 kV · A。川崎 RS10L 工业机器人的供电情况如图 3-1 所示。

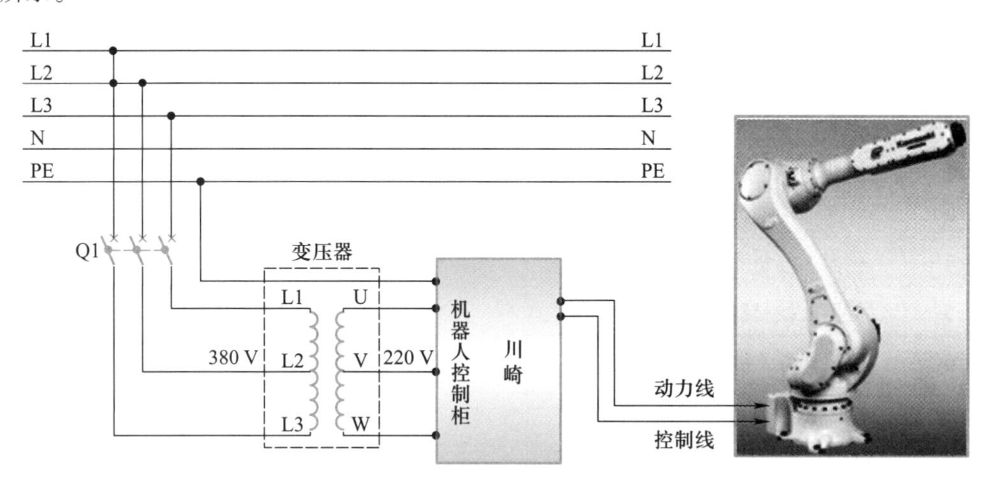

图 3-1　川崎 RS10L 工业机器人供电

任务实施

说　明

为简化描述、减少重复说明，本书对工业机器人操作过程中的控制器、示教器按键与触摸屏按键做了统一规定。

1. 示教器硬件键和开关（按钮）的标识定义

描述各硬件键和开关的名称用方框框出。当需要同时按两个或更多键时，这些键通过“+”号来连接。例如：[菜单]表示示教器上的硬件键“菜单”；[TEACH/REPEAT]表示控制器操作面板上的示教/再现模式切换开关；[A]+[程序]表示按住示教器键盘上的[A]键，同时再按下示教器键盘上的[程序]键。

2. 示教器软件键与开关（触摸屏键）的标识定义

E 系列控制器为各种规格和情况的控制器提供了显示在示教器操作屏幕上的软件键和开

关。描述软件键和开关的名称用尖括号“<>”括起来。例如：<写入>表示在示教器操作屏幕画面中显示的“写入”键；<列表>表示在示教器操作屏幕画面中显示的“列表”键。

3. 示教器菜单的标识定义

有时需要从示教器画面的菜单或下拉式菜单中选择一个项目，这些菜单项目的名称用鱼尾号“【】”括起来。

指导视频

川崎机器人开机、关机与停止的方法

1. 开机

川崎 RS10L 工业机器人可按照表 3-1 所示的步骤逐级打开电源。

表 3-1 机器人开机的方法

步骤	操作方法	
1	确保所有人都离开了机器人工作区域，且工业机械手工作区域无障碍物，所有的安全装置都在适当的位置并正常工作（例如，安全围栏上的门已经关闭并且安全插销已经插入）	
2	打开总控电源	
3	打开变压器电源	
4	机器人控制器电源转至“ON”挡	打开外部气泵电源
5	机器人控制器紧急停止开关复位	调节气压
6	示教器紧急停止开关复位	打开气阀
7	机器人各轴电动机上电（按下示教器上的 A + 马达开 键，示教器屏幕右上角的 <MOTOR>指示灯亮）	
8	若示教器屏幕中不显示错误信息，则表示机器人已准备就绪	

图片

川崎机器人的 3 种模式

提示

按下紧急停止开关后，电动机制动器立即启动，机器人运动被立即停止。突然停止会使机器人手臂的部件受到额外冲击，因此，除非情况紧急，一般要避免使用紧急停止开关。

2. 停止机器人

停止机器人的方法分在示教模式、再现模式以及紧急情况下停止机器人 3 种情况，各种情况下停止机器人的方法不同，具体操作方法见表 3-2。

表 3-2 停止机器人的方法

步骤	示教模式（Teach）	再现模式（Repeat）	紧急停止（Emergency）
1	释放示教器的握杆触发开关	把步骤设定为【步骤单步】，或者把再现条件设定为【再现一次】	当机器人不正常动作，可能会引起人身伤害、设备损坏等危险状况时，立即按下示教器或者控制器上任何一处紧急停止开关，以立即切断机器人电动机电源
2	确认机器人已完全停止，按下示教器上的 暂停 键或 A + <RUN>键	确认机器人已完全停止，按下示教器上的 暂停 键或 A + <RUN>键	

3. 关机

关闭机器人与打开机器人的操作顺序正好相反，具体操作步骤见表 3-3。

表 3-3　关闭机器人的方法

步骤	操作方法	
1	确认机器人已完全停止	
2	按下示教器上的 暂停 键或 A +<RUN>键，机器人处于暂停状态	
3	按下示教器上的 A + 马达开 键，各轴电动机断电	
4	按下示教器及控制器上的紧急停止开关	
5	在示教器画面上的<MOTOR>指示灯熄灭之后，机器人控制电源转至“OFF”挡	关闭气阀
6	关闭变压器电源	关闭外部气泵电源
7	关闭外部总控电源	

提示

工业机器人的开机、关机与停止操作必须遵循操作规范和操作流程。在开机和关机过程中要逐级打开和关闭电源开关，在停止机器人时要分正常情况和紧急情况，切忌随意使用紧急停止开关停止机器人。关闭机器人电源前必须让机器人回到设定的零位位姿状态。

任务 2　点动机器人（JOGGING）

任务分析

机器人点动操作是进行工业机器人位姿调整的常用操作方法，初学者通过点动工业机器人各轴可以熟悉工业机器人各轴的运动方向，了解工业机器人坐标系的种类和各自的应用。

教学课件

川崎机器人的点动

微课

机器人点动操作

任务实施

点动机器人各轴的方法见表 3-4。

表 3-4　点动机器人各轴的方法

步骤	操作方法
1	按照任务 1 中所述步骤与方法完成机器人开机
2	把控制器操作面板上的 TEACH/REPEAT 拨到“TEACH”位置，然后按下示教器上的 暂停 键或 A +<RUN>键，使机器人处于停止状态
3	把示教器上的示教锁开关拨到“ON”位置（开启）
4	按下示教器键盘上的 坐标 键或示教器触摸屏上的<坐标系>来设定手动操作模式：关节（JOINT）、基（BASE）或工具（TOOL）

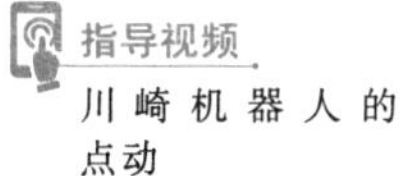

指导视频

川崎机器人的点动

续表

步骤	操作方法
5	按下示教器键盘上的[手动速度]键或示教器触摸屏上的<手动速度>来设定手动速度。要移动非常小的指定距离，选择速度1（微动）。挡位越高，手动速度越快
6	完成步骤1~5后，按下示教器上的[A]+[马达开]键来打开电动机电源
7	按下示教器上的[A]+[运转]键或[A]+<HOLD>键
8	按住示教器上的握杆触发开关，点动示教器上的[轴]（1~6）键可以转动或移动机器人各轴。一直按着握杆触发开关+[轴]键时，机器人各轴就会连续转动或移动。释放示教器上的[轴]键或握杆触发开关，机器人停止

提示
在手动操作机器人时，应注意自己的位置，以便能在紧急情况下的任何时刻按下紧急停止开关使机器人停止。

提示
点动操作应注意工业机器人各轴的动作范围限制，切勿朝同一方向无限制的点动。

点动操作可对机器人的位姿进行调整，是对机器人的基本操作，必须熟练掌握。点动机器人前须先选择合理的手动操作模式，即在适当的坐标系下来点动操作机器人（关于机器人坐标系的种类与应用，可参见项目4中的相关介绍），点动机器人时应选择合理的手动速度，根据握杆触发开关的使用方法以及本任务中说明的点动操作流程可靠地点动机器人。

任务3 回零（HOME）

任务分析

零位是为机器人预设的特定的位姿，机器人手动操作结束后或者关机前，都应当将机器人各轴回零，且关闭机器人电源。

教学课件
川崎机器人的回零

川崎机器人根据需要可以设置两个零位（HOME和HOME2，设定方法详见项目6任务1中介绍的SETHOME和SET2HOME指令的用法，或者参考川崎机器人辅助功能0402的设置）。机器人回零功能除了使各轴返回预设的位姿外，还可向外发出一个信号，以表明机器人已经到达设定的零位，这一点在工业机器人的控制中非常有用。

任务实施

指导视频
川崎机器人的回零

机器人回零的方法见表3-5。

工业机器人的零位是预先设定的特定的位姿，可作为机器人在运动起始前的位姿、中间过渡位姿以及结束运动后退回的位姿等。川崎机器人可以设定两个机器人零位，机器人回到零位后将向外输出到位信号，用于与外部控制器进行信号交流，便于机器人和外部设备的协同控制。

表 3-5　机器人回零的方法

步骤	操作方法
1	按照任务 1 所述步骤与方法完成机器人开机
2	新建一个程序，在程序中输入 HOME 指令，或者打开一个带有 HOME 指令的程序（方法参见项目 6 任务 1 相关操作）
3	按下示教器上的 A + ↑ 或 ↓ 键，将光标移动到 HOME 指令处
4	按下示教器上的 A + 马达开 键来打开电动机电源
5	按住示教器上的握杆触发开关+ 检查前进 键，各轴复位
6	按下示教器上的 A + 马达开 键来关闭电动机电源
7	按照本项目任务 1 所述步骤与方法关闭机器人电源

任务 4　程序管理

任务分析

教学课件
程序的管理与操作

工业机器人的程序控制都是建立在程序文件的基础上，因此，掌握程序的新建、调用、关闭以及删除等操作是机器人程序管理的必要内容。

任务实施

指导视频
程序的管理与操作

程序管理的步骤和方法如下：按示教器键盘上的 A + 程序 键或点击示教器触摸屏上的<程序［说明］>，将出现如图 3-2 所示的程序下拉菜单。

1. 新建或调用程序

显示程序下拉菜单时，光标位于【调用程序】上。在【调用程序】输入框中输入数字，即可新建或选择已存在的程序。

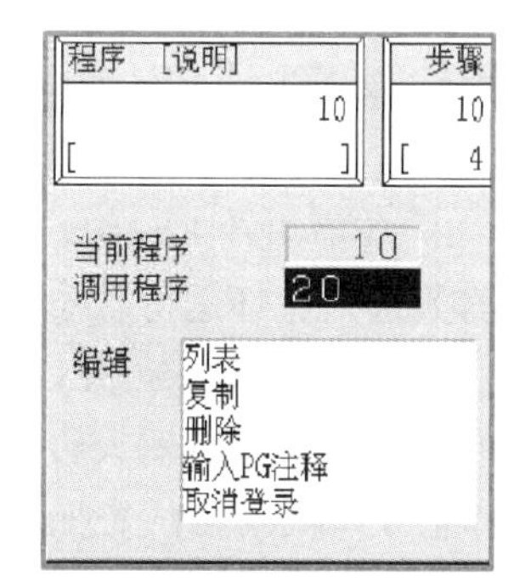

图 3-2　程序下拉菜单

提示
①若输入的以数字命名的程序在系统中不存在，则新建此程序。若输入的以数字命名的程序在系统中已经存在，则调用（打开）此程序。
②程序命名格式如“数字. pg”（界面不显示“. pg”，仅显示数字），程序中最多能含有 5 个数字。

2. 列表程序

显示已注册程序的列表，从此列表中选择所需的程序。

① 把光标移动到【列表】后按下↵键，显示已注册程序列表。当画面有两页以上时，可按<下一页>或<上一页>键翻页。

② 把光标移动到所需程序后按下↵键；或者把光标移动到<文字输入>后按下↵键，键盘画面就会显示出来，使用键盘画面输入程序名，然后按下↵键或键盘画面中的<ENTER>键。

3. 删除程序

① 把光标移动到【删除】后按下↵键，显示删除画面，选择要删除的程序后按下↵键；或者把光标移动到删除程序列表界面中的<文字输入>后按下↵键，显示键盘画面，使用键盘画面输入程序名，然后按下↵键或键盘画面中的<ENTER>键。

② 显示确认对话框，选择【是】，删除选择的程序，返回到示教画面；选择【否】，返回到示教画面而不删除选择的程序。

4. 取消登录

取消程序登录即删除程序/注释区域中当前显示的程序（关闭已经打开的程序）。打开程序下拉菜单，按照下面的方法进行取消登录操作。

① 把光标移动到【取消登录】，然后按下↵键，显示确认对话框，如图 3-3 所示。

② 选择【是】取消程序注册，程序/注释区域成为空白；选择【否】则保留程序。

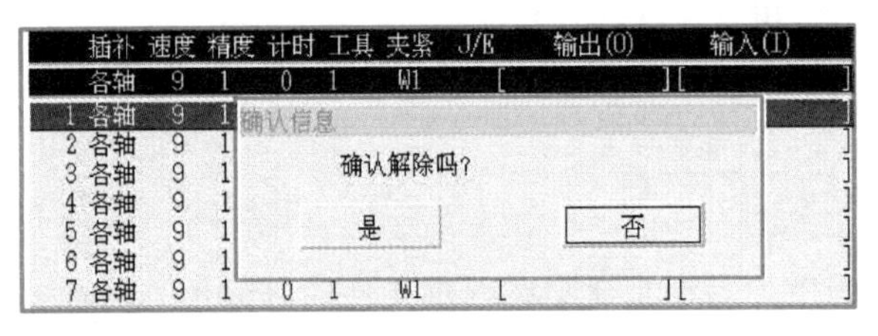

图 3-3 取消登录确认对话框

习题答案
项目 3

习 题

一、填空题

1. 按下川崎 RS10L 工业机器人示教器键盘上的________键可以让机器人处于暂停状态。

2. 按下川崎 RS10L 工业机器人示教器键盘上的________键和________键可以让机器人进入循环运行状态。

3. 按下川崎 RS10L 工业机器人示教器键盘上的________键和________键可以让暂时停止运行的机器人恢复运行。

4. 川崎 RS10L 工业机器人对程序进行新建、打开、删除操作时要按________键和________键。

5. 点动川崎 RS10L 工业机器人各个关节的转动操作应选择________坐标系。

二、选择题

1. 下面属于川崎 RS10L 工业机器人 E20 型控制器上的开关或元件的是（　　）。

A. 电源开关　　B. 电源指示灯

C. TEACH/REPEAT 开关　　D. USB 口

2. 让川崎 RS10L 工业机器人回零的指令是（　　）。

A. HOME　　B. SETHOME　　C. HOME2　　D. SET2HOME

3. 设置川崎 RS10L 工业机器人程序的单步检查和连续检查的功能键是（　　）。

A. [A]键　　B. [手动速度]键

C. [循环启动]/[连续]键　　D. [高速]/[马达开]键

4. 川崎工业机器人的输入电压为（　　）。

A. 110 V　　B. 220 V　　C. 380 V　　D. 400 V

5. 川崎 RS10L 工业机器人可以设定（　　）个 HOME 位姿。

A. 1　　B. 2　　C. 3　　D. 4

三、判断题

1. 川崎 RS10L 工业机器人在点动操作机器人各轴时，所有轴都可以做 360°旋转。（　　）

2. 川崎 RS10L 工业机器人示教器键盘上的[A]键与计算机键盘上的 Shift 键功能相同。（　　）

3. 只有当控制器上的[TEACH/REPEAT]开关转向“TEACH”一侧且示教器上的[T. LOCK]开关转向“OFF”一侧时才能点动机器人。（　　）

4. 机器人点动是手动进行机器人姿态和工具位置调整的工作方式。（　　）

5. 川崎 RS10L 工业机器人回零是指回到机器人各轴预设的位姿。（　　）

四、简答题

1. 简述 RS10L 工业机器人开机、关机、运动停止的操作步骤与方法。

2. 简述点动 RS10L 工业机器人的步骤和方法。

3. 简述 RS10L 工业机器人回 HOME 点的方法。

4. 简述通过紧急停止开关停止机器人与正常情况下停止机器人有何不同。

5. 简述川崎机器人为什么要配备变压器，进而了解世界各国采用的电压标准。

项目 4

川崎工业机器人坐标系应用与位姿调整

工业机器人坐标系是为确定机器人（工具）的位置和姿态而在机器人或空间上建立的位置和姿态的指标系统。川崎 RS10L 工业机器人提供给用户 3 种坐标系：JOINT（关节）坐标系、BASE（基）坐标系、TOOL（工具）坐标系。在不同的坐标系模式下可以对机器人（工具）位姿进行相应的调整。

知识目标

- 了解坐标系在工业机器人位姿描述中的作用。
- 掌握川崎 RS10L 工业机器人坐标系的种类和功能。
- 了解工业机器人奇异位形的原理。

技能目标

- 能够在不同坐标系下点动操作工业机器人。
- 能够避免工业机器人的奇异位形。
- 能够选择合适的坐标系完成机器人位姿的调整。

思维导图

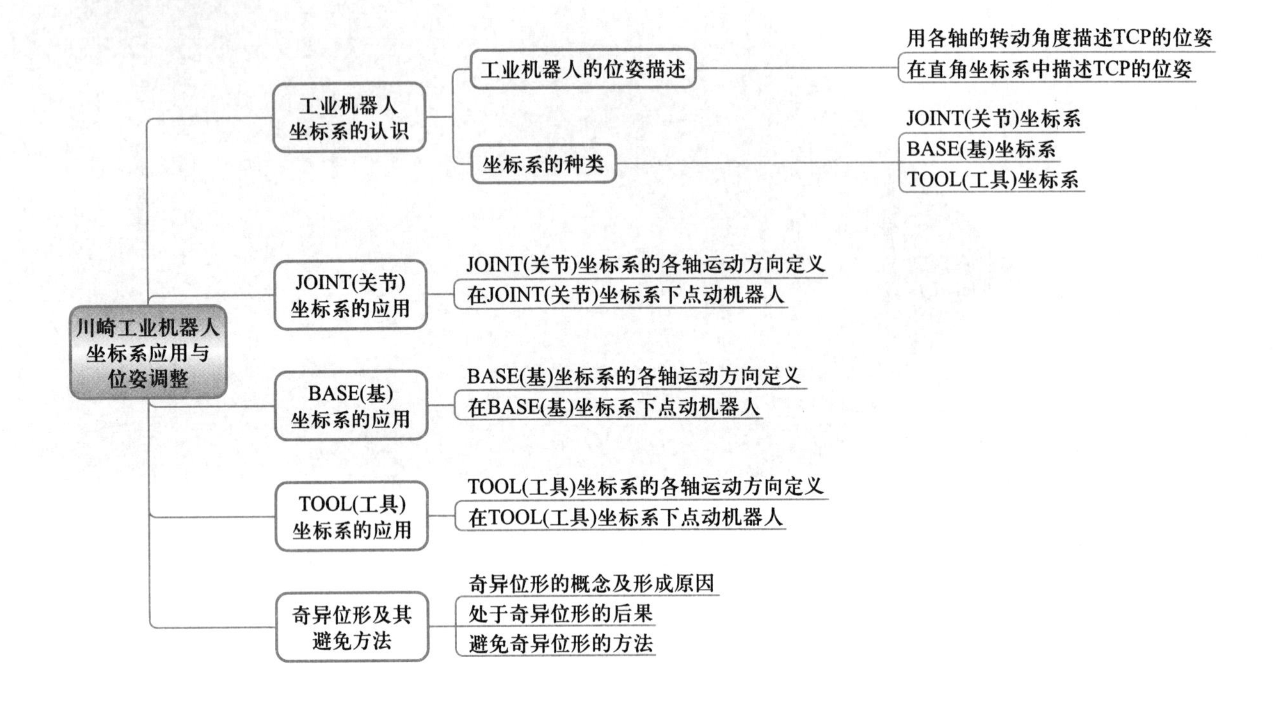

川崎工业机器人坐标系应用与位姿调整
工业机器人坐标系的认识
工业机器人的位姿描述
用各轴的转动角度描述TCP的位姿
在直角坐标系中描述TCP的位姿
坐标系的种类
JOINT(关节)坐标系
BASE(基)坐标系
TOOL(工具)坐标系
JOINT(关节)坐标系的应用
JOINT(关节)坐标系的各轴运动方向定义
在JOINT(关节)坐标系下点动机器人
BASE(基)坐标系的应用
BASE(基)坐标系的各轴运动方向定义
在BASE(基)坐标系下点动机器人
TOOL(工具)坐标系的应用
TOOL(工具)坐标系的各轴运动方向定义
在TOOL(工具)坐标系下点动机器人
奇异位形及其避免方法
奇异位形的概念及形成原因
处于奇异位形的后果
避免奇异位形的方法

任务 1　工业机器人坐标系的认识

任务分析

通过了解工业机器人位姿描述的方式以及川崎工业机器人坐标系的种类，掌握工业机器人坐标系的功能与应用方法。

相关知识

1. 工业机器人的位姿描述

六自由度关节机器人由 6 个关节串联而成，机器人的运动控制是对第 6 轴的端面中心点（空 TCP，当机器人在第 6 轴上安装了工具时，机器人的运动控制点为工具上的基准点，即 Tool Center Point，TCP）的控制。对机器人 TCP 的控制包括两个方面，即位置和姿态，简称位姿。对工业机器人位姿的描述有两种基本方式：① 直接用各轴的转动角度来确定 TCP 的位姿，表示方法为（JT1，JT2，JT3，JT4，JT5，JT6），后面称之为“各轴值”；② 在直角坐标系中表示 TCP 的位姿，位置用直角坐标系中的 X、Y、Z 来表示，姿态用绕 X、Y、Z 的转动角度 O、A、T 来表示，即位姿表示方法为（X，Y，Z，O，A，T），后面称之为“变换值”。

2. 坐标系的种类

川崎 RS10L 工业机器人共有 3 种基于不同坐标系的手动操作模式，即基于 JOINT（关节）坐标系的操作模式、基于 BASE（基）坐标系的操作模式和基于 TOOL（工具）坐标系的操作模式。下面分别介绍川崎机器人在 3 种坐标系下的动作方式。

教学课件　川崎机器人坐标系的种类

指导视频　川崎机器人坐标系的种类

任务 2　JOINT（关节）坐标系的应用

任务分析

基于 JOINT（关节）坐标系的操作模式是对机器人各个轴的单独转动操作或者两个轴的运动合成操作。在关节坐标系的操作模式下只能控制各个轴的转动，不能让机器人 TCP 做直线移动。

在关节坐标系下用各轴的转动角度来确定 TCP 的位置和姿态，表示方法为 JT1、JT2、JT3、JT4、JT5、JT6，如图 4-1 所示。

教学课件　关节坐标系各轴转动方向

表 4-1 显示了 RS10L 工业机器人在关节坐标系模式下 JT1～JT6 轴的运动方向。

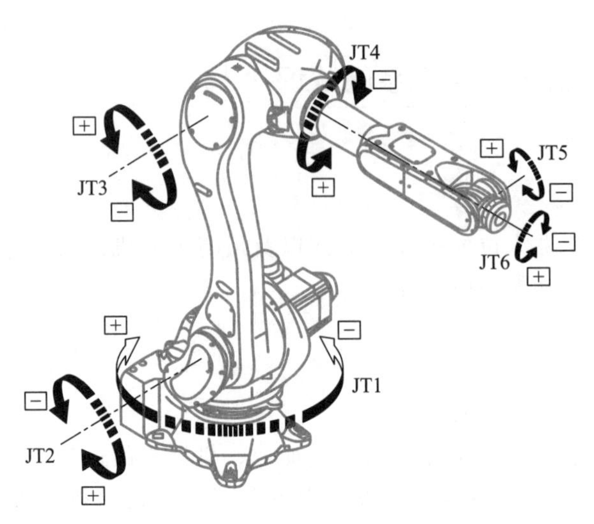

图 4-1 关节坐标系下各轴运动方向

表 4-1 基于关节坐标系的各轴运动方向定义

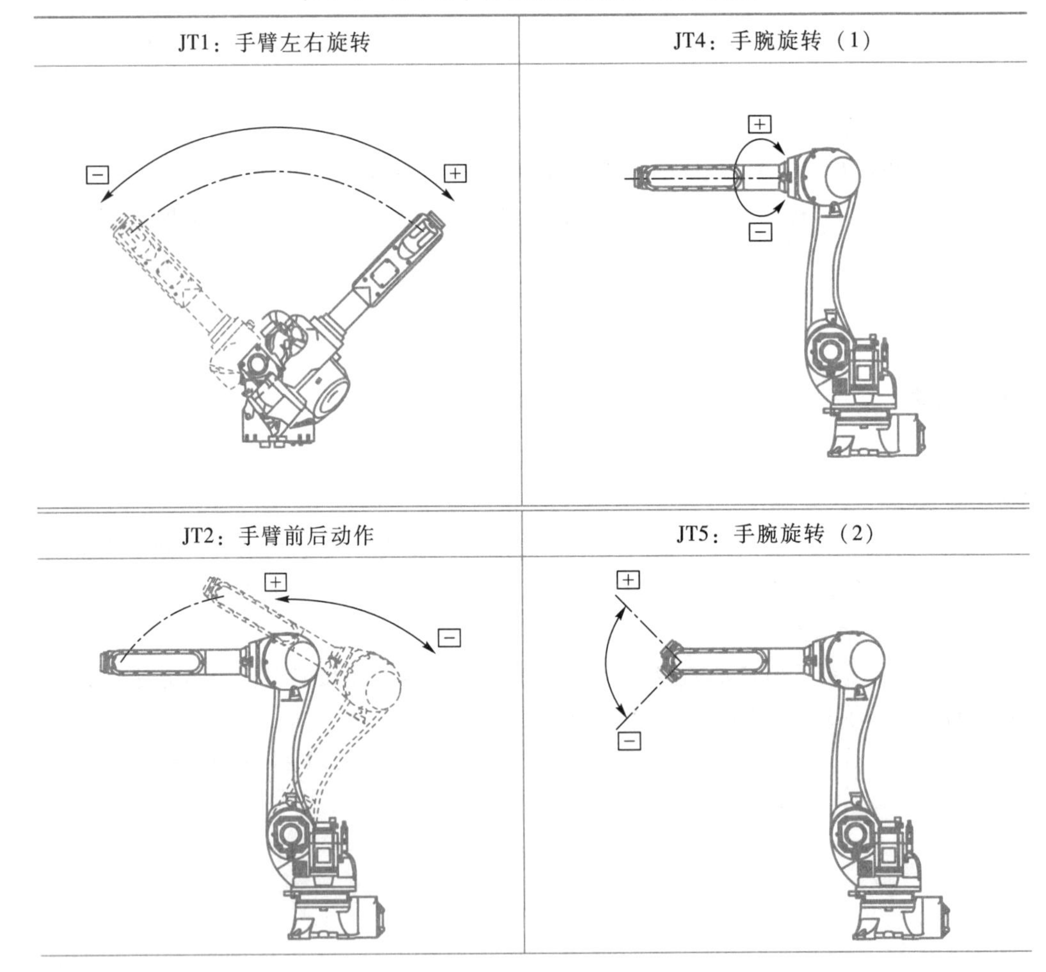

续表

JT3：手臂上下动作	JT6：手腕旋转（3）
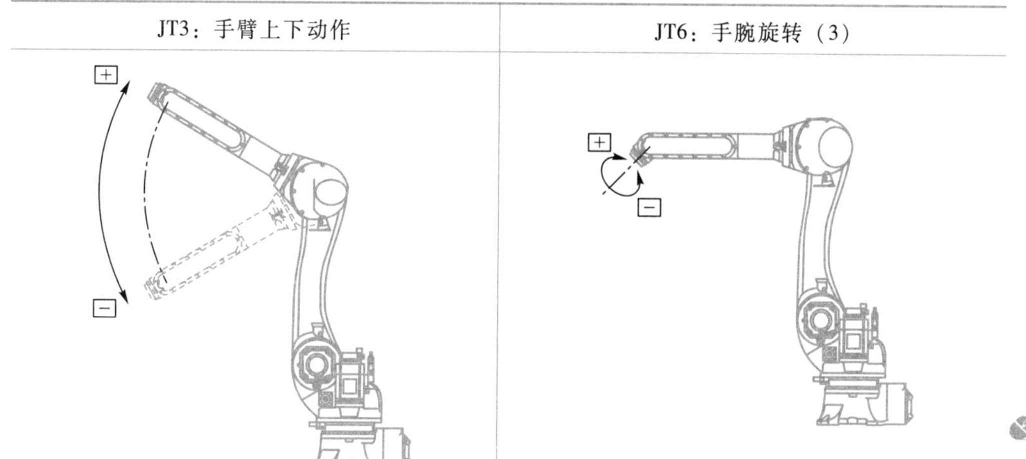	

提示

关节坐标系一般用于对机器人各轴较大幅度的位姿调整，在关节坐标系下调整机器人位姿时工具的姿态是变化的。

任务实施

按下示教器键盘上的坐标键或点击示教器触摸屏上的<坐标系>，把手动操作的模式显示切换为 JONIT（关节）坐标系模式。当选定了此模式后，可以单独转动机器人的各轴，如图 4-1 所示。同时按下几个轴键，可以联合转动机器人各轴。

指导视频

关节坐标系和基坐标系的应用

任务 3　BASE（基）坐标系的应用

任务分析

在基于 BASE（基）坐标系的操作模式下，控制对象为机器人第 6 轴端面中心点（即“空 TCP”），通过机器人各轴的转动合成出“空 TCP”的线性移动或使机器人“空 TCP”绕坐标轴转动，如图 4-2 所示。同时按下几个轴键，可以复合移动或转动机器人的“空 TCP”。

基坐标系是空间直角坐标系，坐标系原点位于机器人第一关节中心位置，如图 4-2所示。在基坐标系下可对机器人“空 TCP”进行位姿控制，可以控制“空 TCP”沿基坐标系各轴做直线移动或者复合直线移动，也可以控制“空 TCP”绕（平行于）基坐标系各轴的转动，实现对机器人“空 TCP”的位姿控制。

在基坐标系下，“空 TCP”的位置用直角坐标系中的 X、Y、Z 来表示，姿态用绕 X、Y、Z 的转动角度 O、A、T 来表示，即“空 TCP”在基坐标系中的位姿表示为（X，Y，Z，O，A，T）。

表 4-2 显示了 RS10L 工业机器人在基坐标系模式下机器人各轴的运动方向。

基坐标系下各轴运动方向

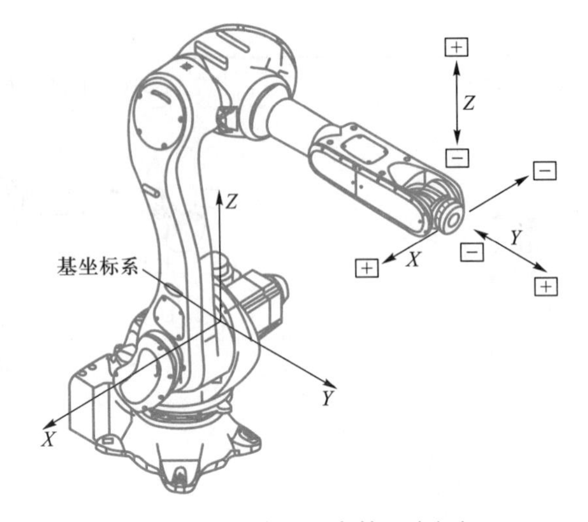

图 4-2 基坐标系下各轴运动方向

表 4-2 基于基坐标系的各轴运动方向定义

X：各轴转动合成 TCP 做平行于基坐标系 *X* 轴的移动（工具姿态保持不变）	RX：TCP 绕平行于基坐标系 *X* 轴的轴旋转（TCP 保持不动）
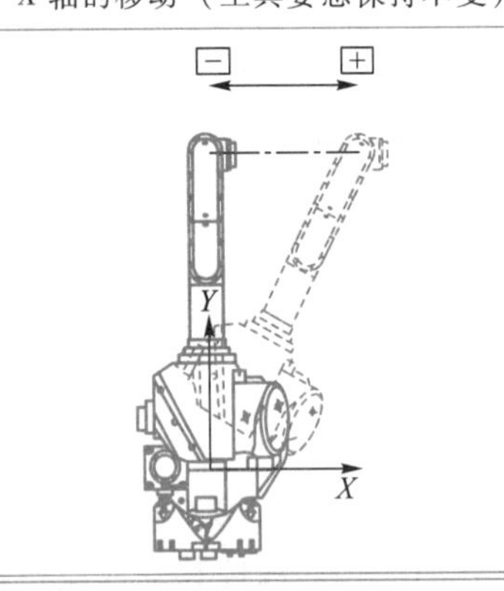 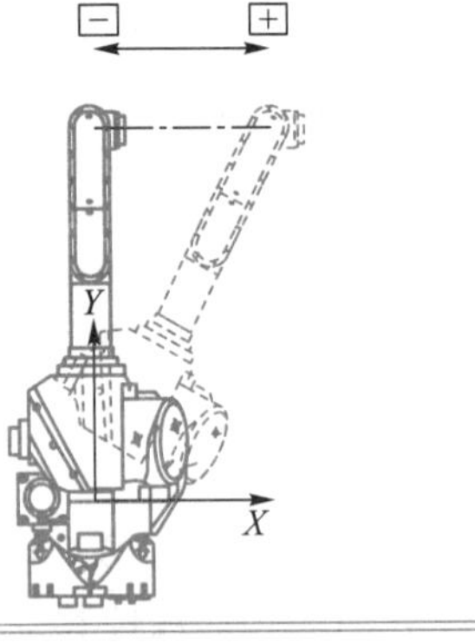	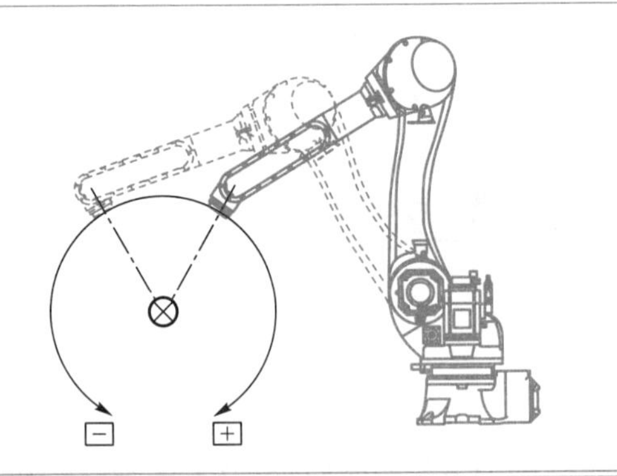
Y：各轴转动合成 TCP 做平行于基坐标系 *Y* 轴的移动（工具姿态保持不变）	RY：TCP 绕平行于基坐标系 *Y* 轴的轴旋转（TCP 保持不动）
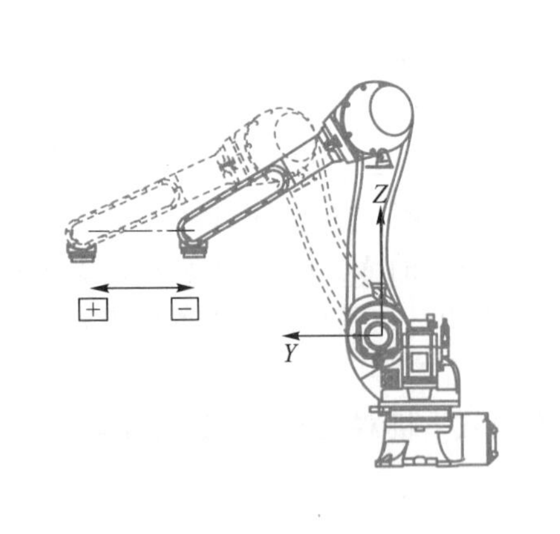	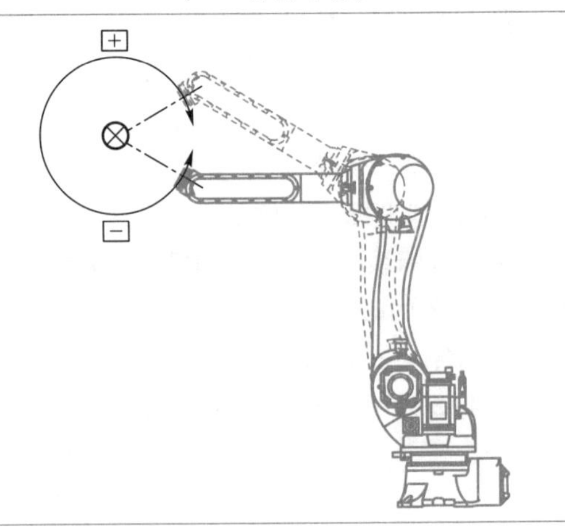

续表

Z：各轴转动合成 TCP 做平行于基坐标系 Z 轴的移动（工具姿态保持不变）	RZ：TCP 绕平行于基坐标系 Z 轴的轴旋转（TCP 保持不动）
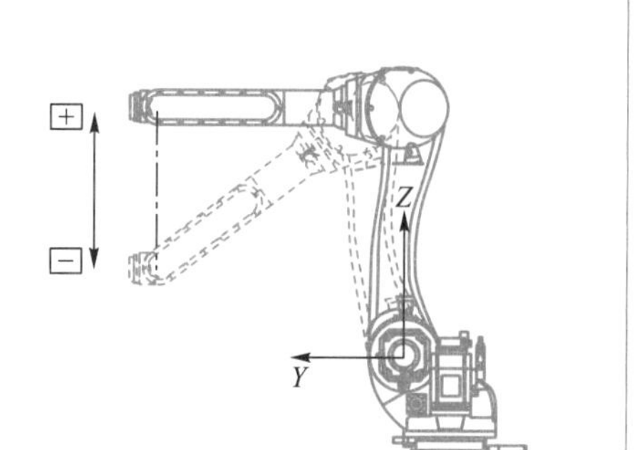	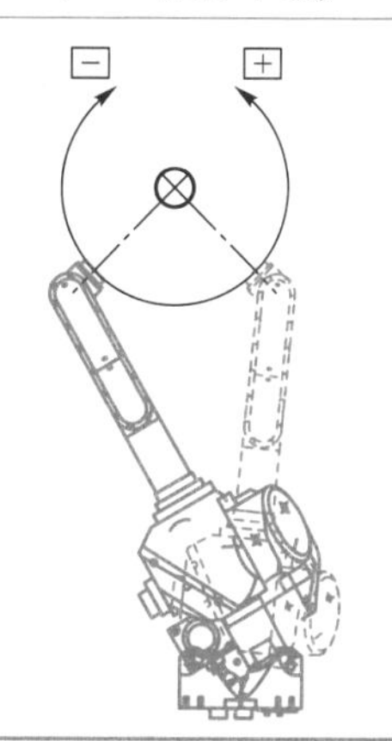

指导视频

关节坐标系和基坐标系的应用

提示

基坐标系原点位于机器人第 1 轴中心位置，控制对象为位于机器人第 6 轴的端面中心点（即“空 TCP”），基坐标系各轴的方向固定不变，一般用于对机器人工具进行精确的位姿调整。在基坐标系下调整机器人位姿时可保持工具的姿态不变（位置调整）或“空 TCP”不动（姿态调整）。

任务实施

按下示教器键盘上的坐标键或点击示教器触摸屏上的<坐标系>，把手动操作的模式显示切换为 BASE（基）坐标系模式。当选定了此模式后，机器人基于基坐标系做移动或转动，可以通过各轴的转动合成出 TCP 的线性移动或使机器人 TCP 绕坐标轴转动，如图 4-2 所示。同时按下几个轴键，可以复合移动或转动机器人。

任务 4　TOOL（工具）坐标系的应用

任务分析

在基于 TOOL（工具）坐标系的操作模式下，控制对象为机器人工具（如手爪、焊枪、喷头等）的 TCP，通过各轴的转动合成出 TCP 的线性移动或使机器人 TCP 绕坐标轴转动。同时按下几个轴键，可以复合移动或转动机器人工具的 TCP。

工具坐标系是空间直角坐标系，坐标系原点位于机器人工具上，控制对象为工具中心点（即 TCP 点）。一般情况下，机器人工具坐标系的 Z 轴垂直于机器人第 6 轴工具安装法兰端面，方向向外；X 轴沿夹具的开口方向；Y 轴通过右手螺旋定则确定，如图 4-3 所示。

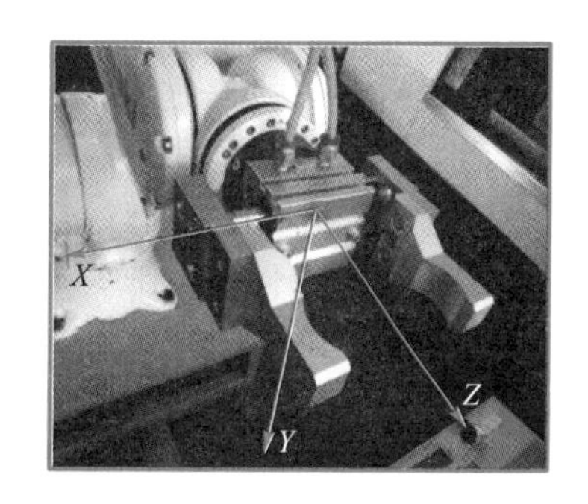

图 4-3　工具坐标系各轴方向

工具坐标系各轴的方向不是固定不变的，而是随着工具位姿的变化而改变，如图 4-4 和图 4-5 所示。

图片

手臂（第 4 轴）水平时及旋转后的工具坐标系

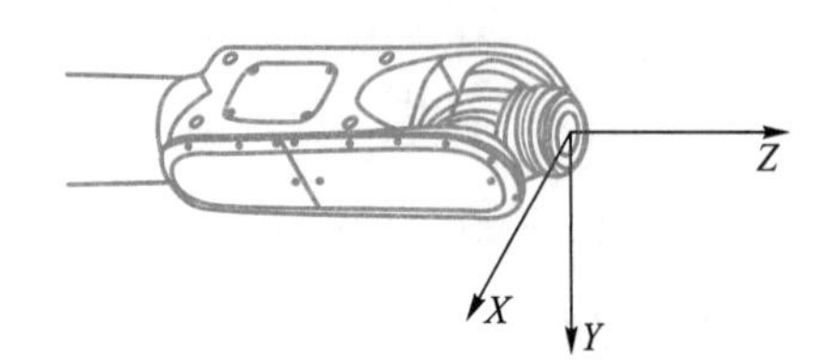

图 4-4　手臂（第 4 轴）水平时的工具坐标系

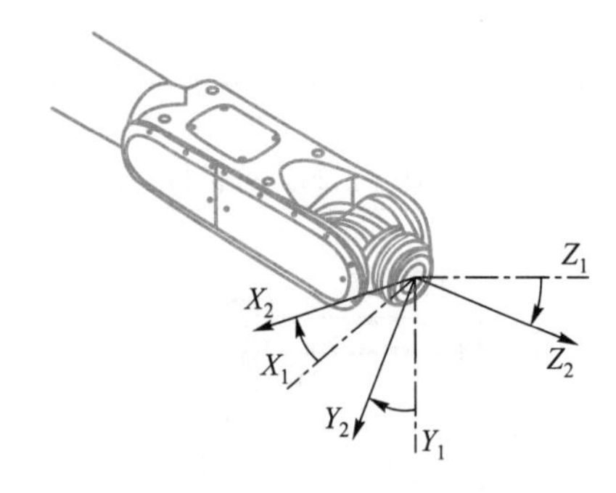

图 4-5　手臂（第 4 轴）旋转后的工具坐标系

教学课件

工具坐标系各轴运动方向

在工具坐标系下可对机器人 TCP 进行位姿控制，可以控制 TCP 沿工具坐标系各轴做直线移动或者复合直线移动，也可以控制 TCP 绕（平行于）工具坐标系各轴的转动，实现对机器人 TCP 的位姿控制。

表 4-3 显示了 RS10L 工业机器人在工具坐标系模式下各轴的运动方向。

表 4-3　基于工具坐标系的各轴运动方向定义

X：各轴转动合成 TCP 做平行于工具坐标系 X 轴的移动（工具姿态保持不变）	RX：TCP 绕平行于工具坐标系 X 轴的轴旋转（TCP 保持不动）
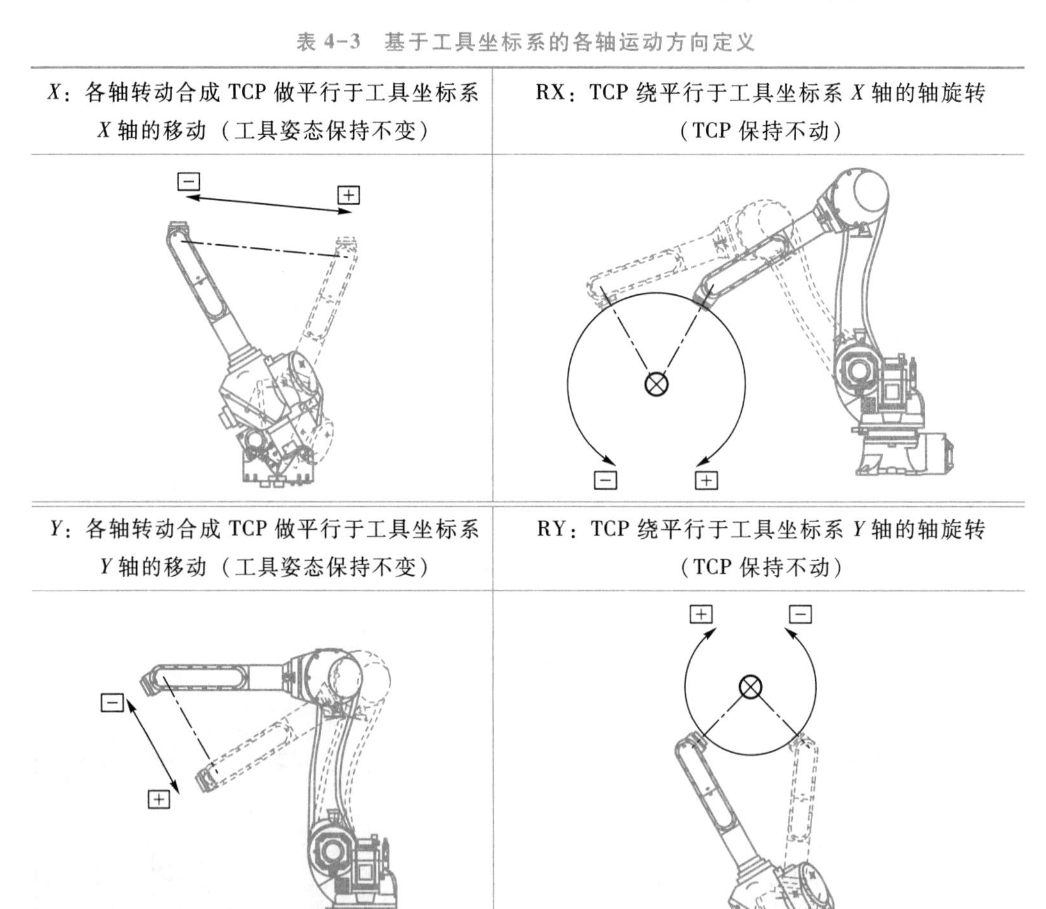	
Y：各轴转动合成 TCP 做平行于工具坐标系 Y 轴的移动（工具姿态保持不变）	RY：TCP 绕平行于工具坐标系 Y 轴的轴旋转（TCP 保持不动）

续表

Z：各轴转动合成 TCP 做平行于工具坐标系 Z 轴的移动（工具姿态保持不变）	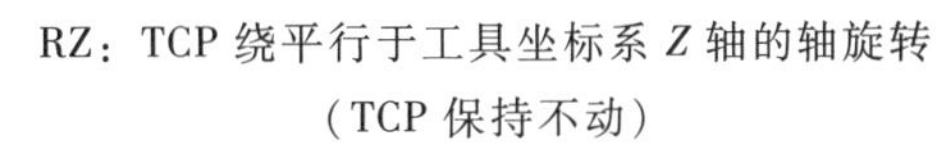 RZ：TCP 绕平行于工具坐标系 Z 轴的轴旋转（TCP 保持不动）
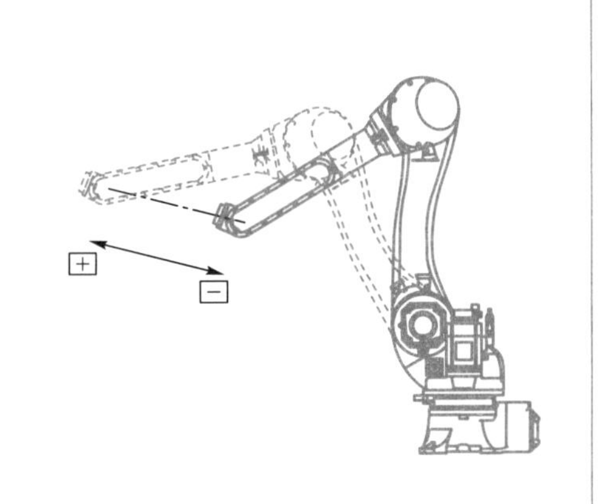	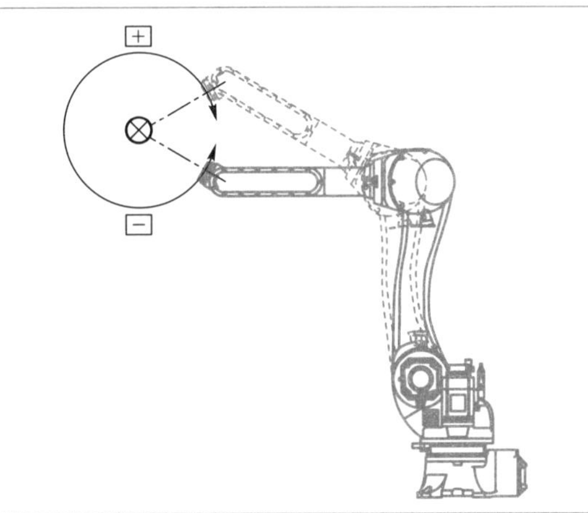

任务实施

按下示教器键盘上的【坐标】键或点击示教器触摸屏上的<坐标系>，把手动操作的模式显示切换为 TOOL（工具）坐标系模式。当选定了此模式后，机器人基于工具坐标系移动或转动，通过各轴的转动合成出 TCP 的线性移动或使机器人 TCP 绕坐标轴转动。工具坐标系随着机器人位姿的改变而改变，即使只有前臂运动而手腕轴不动时或者当手腕姿态改变时，工具坐标系也改变，如图 4-4 和图 4-5 所示。

指导视频
工具坐标系的应用

任务拓展

在工具坐标系模式下，手动操作机器人时，可控制机器人 TCP 在与基坐标系的 X-Y 平面非平行的平面内运动。

如图 4-6 所示，通过基坐标系和工具坐标系的配合应用，可将工件放在斜面槽内。

提示
工具坐标系原点一般设于机器人工具上，控制对象为位于工具上的 TCP，工具坐标系各轴的方向随着工具姿态的变化而变化，一般用于对机器人工具位姿进行精确的调整。在工具坐标系下调整机器人工具位姿时可保持工具的姿态不变（位置调整）或“空 TCP 点”不动（姿态调整）。

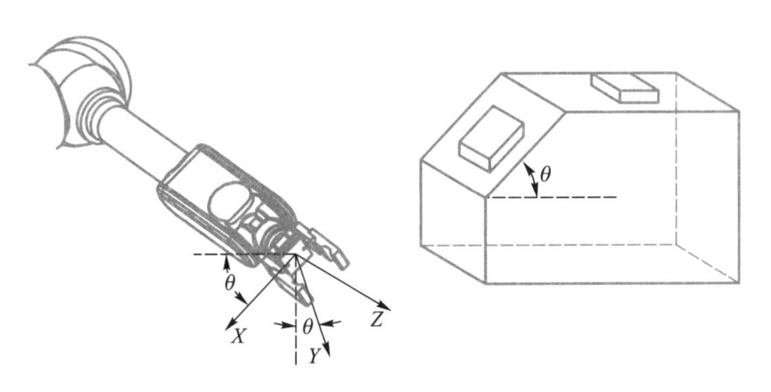

图 4-6　工具坐标系的应用

任务 5 奇异位形及其避免方法

任务分析

本任务通过了解工业机器人奇异位形的形成原理，使读者掌握避免工业机器人奇异位形的方法。

教学课件
机器人运动奇异点的产生与处理方法

指导视频
机器人运动奇异点的产生与处理方法

在机器人的运动过程中，会出现在某些位置无法移（转）动机器人的现象。如图 4-7 和图 4-8 所示，当机器人的第 4 轴和第 6 轴的轴线成一条直线时，在基坐标系下，TCP 不能沿着 X、Y、Z 轴方向平移，也不能绕 X、Y、Z 轴转动，此时机器人处于奇异位形。

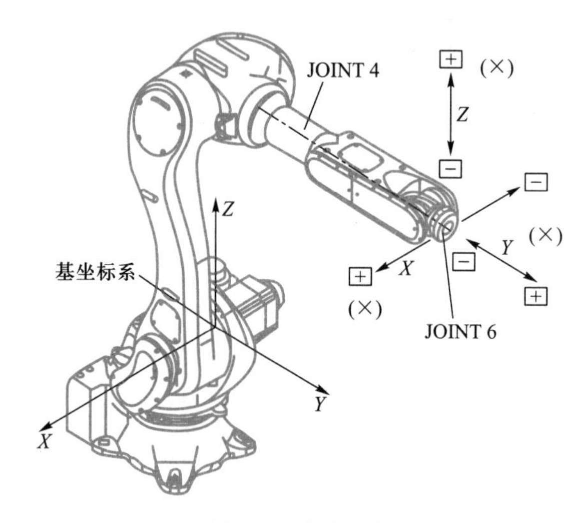

图 4-7 奇异形位

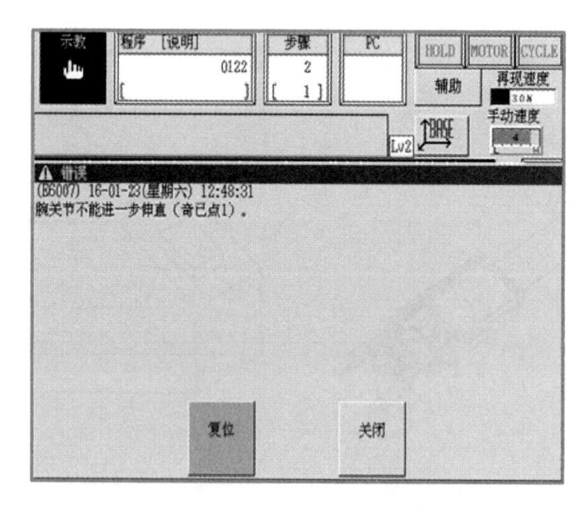

图 4-8 奇异位形警告

工业机器人的奇异位形是指工业机器人的雅可比矩阵降秩时所处的位形。对于六自由度串联工业机器人来说，奇异位形通常是由两个或多个关节轴线重合造成的（如第4、6轴轴线重合）。在此位置，工业机器人失去一个自由度，使端部的运动难以实现。

提示

奇异位形是工业机器人机构的固有特性，当工业机器人处于奇异位形时，机器人机构失去了一些运动自由度，对于给定的轨迹控制和运动控制都无法准确实现。因此，在进行机器人运动轨迹规划时应该避开奇异位形。机器人位姿是通过求解机器人各个关节的角度来得到的。当机器人的关节达到其物理极限而不能进一步运动时，如图4-10所示，机器人末端失去一个径向运动自由度，只能做切向运动，此时机器人处于奇异位形，也称机器人发生了退化。

任务实施

当川崎六自由度串联工业机器人处于奇异位形时，可将机器人的坐标系切换至关节坐标系（单轴动作模式），单独调整第5轴的角度，使机器人的第4、6轴不再处于一条直线下，这样即可避免奇异位形，如图4-9所示。

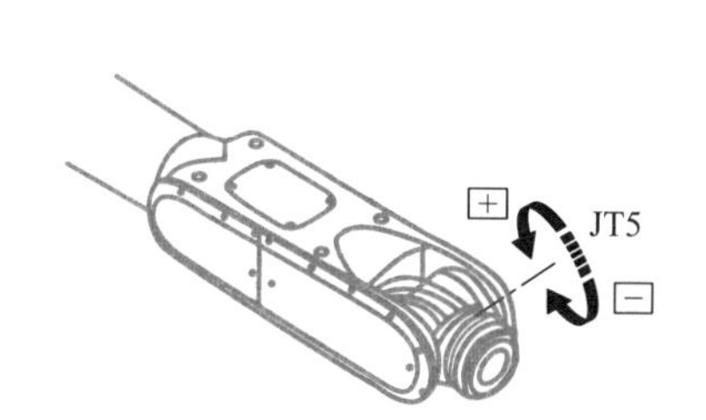

图4-9 在关节坐标系下调整第5轴

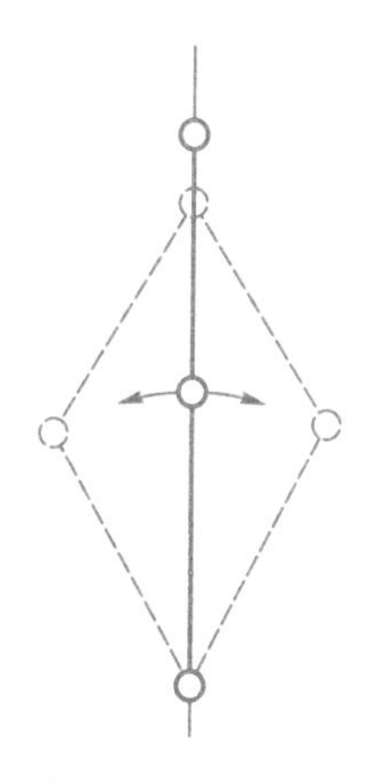

图4-10 奇异位形

习 题

习题答案
项目4

一、填空题

1. 川崎RS10L工业机器人的坐标系类型包括________、________和________。

2. 在基或者工具坐标系下，当机器人的第4轴和第6轴成一条直线时，机器人处于________位形，机器人既不能移动也不能转动。

3. 奇异位形是指机器人的________降秩时所处的位形。

4. 避开奇异位形的方法是将机器人坐标系切换为________坐标系，点动各轴使机器人的第4轴和第6轴不再成一条直线。

5. 工具坐标系的________正方向为第6轴的端面法线方向，________正方向为工具（手爪）的开合方向，剩下的________正方向根据右手直角坐标系来确定。

二、选择题

1. 可控制川崎RS10L工业机器人每个轴做单独转动的坐标系是（　　）。

A. 工具坐标系　　B. 基坐标系　　C. 关节坐标系　　D. 用户坐标系

2. 将一个工件搬运至斜面上用到的坐标系为（　　）。

A. 工具坐标系　　B. 基坐标系　　C. 关节坐标系

3. 不存在奇异位形的机器人坐标系是（　　）。

A. 工具坐标系　　B. 基坐标系　　C. 关节坐标系　　D. 用户坐标系

4. 川崎 RS10L 工业机器人的（　　）是指建立在机器人末端执行器（工具）上的坐标系。

A. 工具坐标系　　B. 基坐标系　　C. 关节坐标系　　D. 用户坐标系

5. 在川崎 RS10L 工业机器人的基坐标系下点动 RZ 键时，TCP 绕（　　）轴转动。

A. X　　B. Y　　C. Z　　D. RZ

三、判断题

1. 在基坐标系下点动机器人的 X 键时，机器人 TCP 产生左右方向的线性平移。（　　）

2. 在基坐标系下点动机器人的 RX 键时，机器人 TCP 绕平行于 Z 轴的一根轴线旋转。（　　）

3. 川崎 RS10L 工业机器人在基坐标系下控制 TCP 点做各轴的线性合成移动或者转动。（　　）

4. 川崎 RS10L 工业机器人在基坐标系下移动时，工具的姿态保持不变。（　　）

5. TCP 是指 Tool Center Point，即工具中心点。（　　）

6. 基坐标系各个轴的方向是固定不变的。（　　）

7. 关节坐标系适合于较大幅度地调整机器人的位姿，但不适合于精确调整机器人的位姿。（　　）

8. 基坐标系下机器人运动的基准点是第 6 轴的端面中心点，即空 TCP。（　　）

9. 关节坐标系下不存在奇异位形。（　　）

10. 工具坐标系各个轴的方向是固定不变的。（　　）

四、简答题

1. 什么是工业机器人的位姿？

2. 描述工业机器人位姿的方法有哪些？

3. 川崎机器人坐标系的种类有哪些？

4. 关节坐标系、基坐标系、工具坐标系分别应用于什么情况？

5. 什么是工业机器人的奇异位形？应如何避免？

项目 5

川崎工业机器人示教编程

工业机器人的运动是由“程序”来控制的，因此，工业机器人示教（TEACH）是指由操作者对机器人进行程序编辑，让机器人按照操作者的要求做出相应的运动与动作的过程。示教是操作者教机器人运动与动作的过程，也是机器人“学习”的过程。

机器人示教与再现相对应。工业机器人再现（REPEAT）是指机器人重复运行程序的过程，是机器人的正常工作状态。

示教与再现是工业机器人的两种工作模式，这两种模式通过机器人控制器上的 TEACH/REPEAT 转换开关与示教器上的 T. LOCK 转换开关共同来控制并切换。

知识目标

- 了解工业机器人示教的种类。
- 掌握综合命令的格式及命令要素的功能。
- 掌握综合命令示教的操作方法。
- 掌握工业机器人机床上下料运动轨迹规划方法。

技能目标

- 能够完成川崎 RS10L 工业机器人做轨迹运动的综合命令示教编程。
- 能够检查、修改并再现运行综合命令示教程序。
- 能够规划工业机器人运动轨迹及确定轨迹关键节点。
- 能够完成川崎 RS10L 工业机器人做棒料抓取并搬运的综合命令示教编程。

思维导图

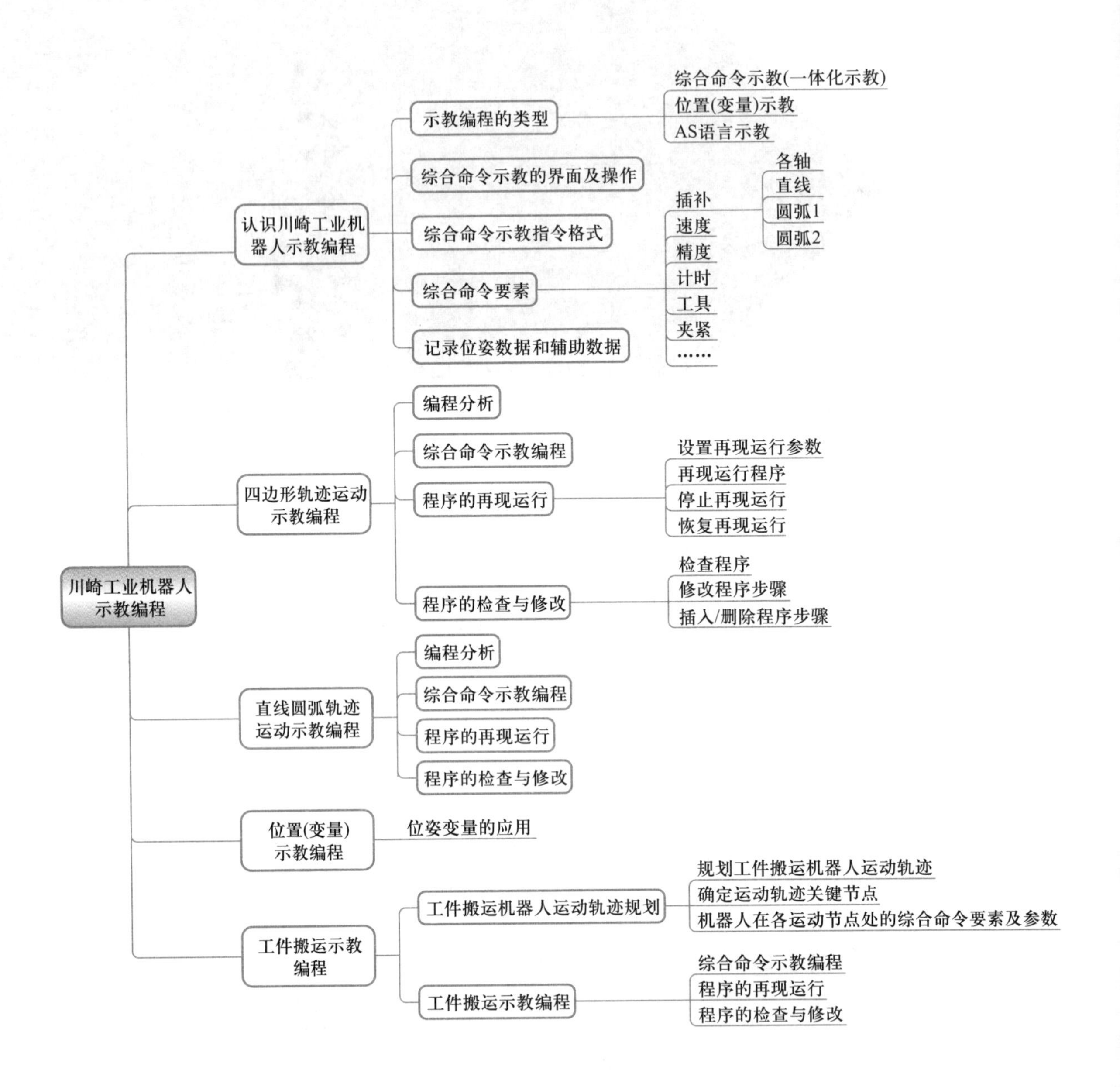

川崎工业机器人示教编程
认识川崎工业机器人示教编程
示教编程的类型
综合命令示教(一体化示教)
位置(变量)示教
AS语言示教
综合命令示教的界面及操作
综合命令示教指令格式
综合命令要素
插补
各轴
直线
圆弧1
圆弧2
速度
精度
计时
工具
夹紧
……
记录位姿数据和辅助数据
四边形轨迹运动示教编程
编程分析
综合命令示教编程
程序的再现运行
设置再现运行参数
再现运行程序
停止再现运行
恢复再现运行
程序的检查与修改
检查程序
修改程序步骤
插入/删除程序步骤
直线圆弧轨迹运动示教编程
编程分析
综合命令示教编程
程序的再现运行
程序的检查与修改
位置(变量)示教编程
位姿变量的应用
工件搬运示教编程
工件搬运机器人运动轨迹规划
规划工件搬运机器人运动轨迹
确定运动轨迹关键节点
机器人在各运动节点处的综合命令要素及参数
工件搬运示教编程
综合命令示教编程
程序的再现运行
程序的检查与修改

任务 1　认识川崎工业机器人示教编程

相关知识

1. 示教编程的类型

教学课件
示教的概念与类型

根据使用的程序命令的不同，川崎工业机器人示教方法分为综合命令示教、位置（变量）示教和 AS 语言示教 3 种。

综合命令示教又称为一体化示教，程序由综合命令来编辑，综合命令由在机器人的各种应用领域（如点焊、弧焊、涂胶）需要的命令要素（如插补、速度、精度、计时、输入/输出信号等）组成，在程序的每一步同时记录各命令要素的参数值（如表示数量、条件和选择项目的数字和拉丁字母）。这些数据不仅包含位置和方向数据（即“位姿”），还包含各命令要素的参数值的辅助数据或表示要在每步记录的参数状态的“步骤状态”。按下示教器键盘上的 记录 键将自动地记录当前的机器人位姿，位姿数据是插补命令的参数值。

指导视频
示教的概念与类型

位置示教是将工业机器人 TCP 的位姿信息记录在变量上的示教方法。

AS 语言示教又称为单一功能命令示教，其程序包含 AS 命令及参数。

微课
综合命令示教

编程时 3 种示教方式可以单独使用也可以混合使用，本项目重点讲解综合命令示教和位置示教，AS 语言示教编程方法将在后面的项目中做专门的讲解。

2. 综合命令示教的界面及操作

进入示教模式的操作流程如下：

① 开启控制器电源开关，并确认控制器电源指示灯点亮。

指导视频
综合命令示教操作方法

② 把机器人控制器操作面板上的 TEACH/REPEAT 开关拨到“TEACH”一侧。

③ 在示教器上把 T. LOCK 即示教锁开关转向“ON（开）”［一旦拨向“ON”，即使不小心把控制器上的 TEACH/REPEAT 开关拨向“REPEAT”一侧（再现模式），机器人也不会运行。如果把示教器上的 T. LOCK 开关拨向“OFF（关）”，机器人也将不能在示教模式下手动操作］。

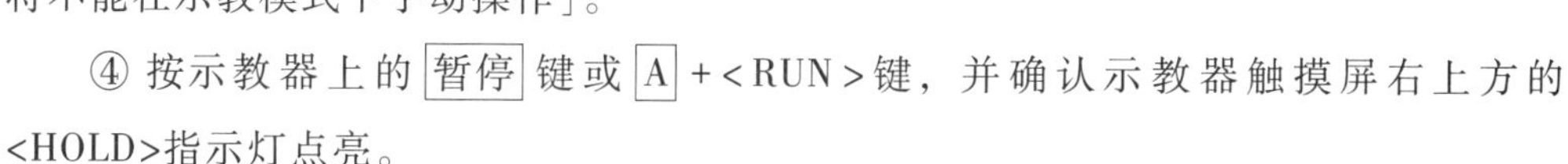

④ 按示教器上的 暂停 键或 A + <RUN> 键，并确认示教器触摸屏右上方的 <HOLD> 指示灯点亮。

进入示教模式后界面如图 5-1 所示。

3. 综合命令示教指令格式

教学课件
川崎机器人示教综合命令

综合命令示教指令的格式见表 5-1。一条命令中包含了插补、速度、精度、计时等多个要素，由这些要素来共同组成一条完整的机器人示教程序命令，因此，这种示教程序命令称为综合命令。

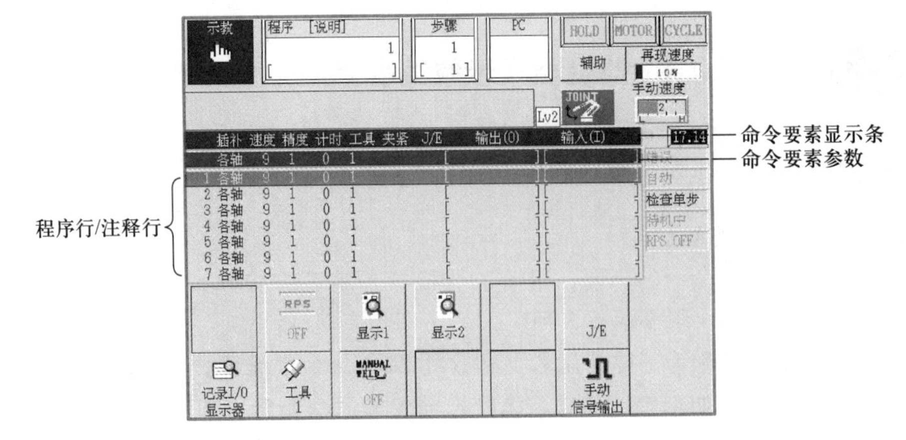

图 5-1 综合命令示教编程界面

表 5-1 综合命令示教指令格式——搬运规格

命令要素	插补	速度	精度	计时	工具	夹紧	WK（工件）	J/E（跳转/结束）	输出	输入
参数	各轴/直线/圆弧 1/圆弧 2	0~9	0~4	0~9	1~9	无显示 1~2	无显示 C	J、E	1~64 或 1~96	1~64 或 1~96
键	A + 插补	A + 速度	A + 精度	A + 计时	A + 工具 或 <工具>	夹紧 1/夹紧 2	A + <工件>	A + J/E 或 <J/E>	A + 输出	A + 输入

教学课件
运动插补指令

图片
直线插补和圆弧插补

图片
数控十字滑台

4. 综合命令要素

（1）插补

插补要素是指控制工业机器人运动方式的指令，如控制机器人做直线运动需选择直线插补类型，控制机器人做圆弧运动需选择圆弧插补类型等。

工业机器人 TCP 产生的运动轨迹，是由机器人各个轴（即关节电动机）分别产生转动后的一种合成运动（与立式数控铣床十字滑台运动控制相似），机器人运动控制基准点（TCP）无法做出理想的运动轨迹，因此，工业机器人 TCP 的运动轨迹是根据运动精度的要求尽可能地逼近理想轨迹，这个逼近理想轨迹的过程称为工业机器人的运动插补。

川崎工业机器人根据不同用途，提供表 5-2 所示的多种插补类型，以满足工业机器人运动控制的需要。

表 5-2　插补类型及用途

插补类型	说明
各轴	机器人移动到目标点过程中所有轴在两个示教点之间各轴值的差相同比例减少 当在两点之间，不考虑机器人的运动路径而以时间优先时，选择各轴插补
直线	当在两个示教点之间的工具坐标系（*OAT*）的姿态的差根据到目标点的距离以相同的比例减少时，TCP 在两个示教点沿直线路径移动到目标点 当在两点之间以最短距离运动时，选择直线插补
圆弧 1	当 TCP 在指定的 3 点间以圆弧路径移动，并要指定机器人在两点（开始和结束点）之间中间点的位姿时，选择此模式。当机器人在直线插补模式下，以相同的方式改变工具坐标系（*OAT*）的姿态时，TCP 沿圆弧路径移动
圆弧 2	当 TCP 在指定的 3 点间以圆弧路径移动，并要指定机器人在结束点的位姿时，选择此模式。当机器人在直线插补模式下，以相同的方式改变工具坐标系（*OAT*）的姿态时，TCP 沿圆弧路径移动

要设定从前一步到当前步骤的移动动作类型，可按 A + 插补 键来设定插补类型（如直线或各轴），屏幕显示如图 5-2 所示。

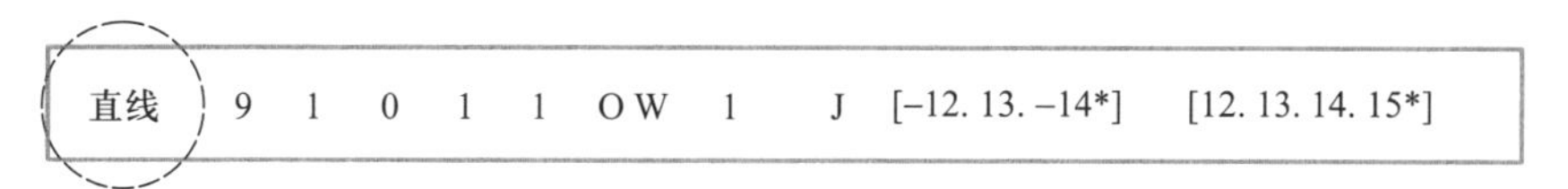

图 5-2　设定插补类型

控制机器人沿某一圆弧运动，需要配合使用圆弧 1 和圆弧 2，并需要示教圆弧起点、圆弧中间点以及圆弧终点。从圆弧起点沿圆弧运动到圆弧中间点用“圆弧 1”，从圆弧中间点继续沿圆弧运动到圆弧终点用“圆弧 2”。综合命令示教圆弧插补指令“圆弧 1”与“圆弧 2”的具体用法同 AS 语言的圆弧插补命令 C1MOVE 与 C2MOVE，具体参见项目 6 任务 1 中的说明。

（2）速度

要设定从前一步到当前步骤运动过程的速度等级，可按 A + 速度 键，屏幕显示如图 5-3 所示。按 数字 键输入速度编号（0~9），按↵键确定输入的速度编号。

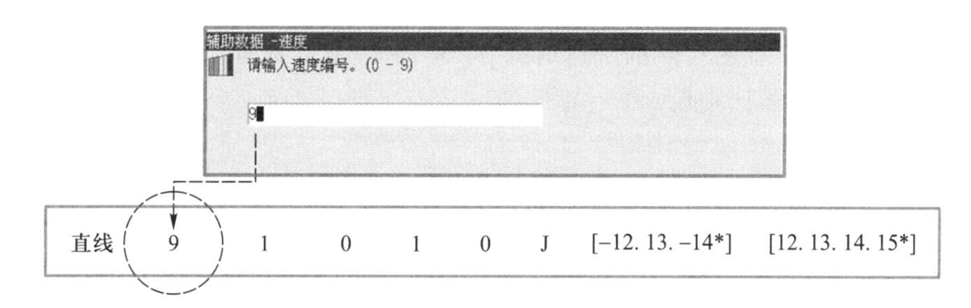

图 5-3　设定速度

以速度编号表示的实际速度在示教器触摸屏上的<辅助>/【辅助功能】→

【3. 简易示教设定】→【1. 速度】中设定。

(3) 精度

要设定在当前步骤中需要到达示教点轴一致状态时的精度值，可按A+精度键，屏幕显示如图 5-4 所示。按数字键输入精度编号（0~4），按↵键确定输入的精度编号。

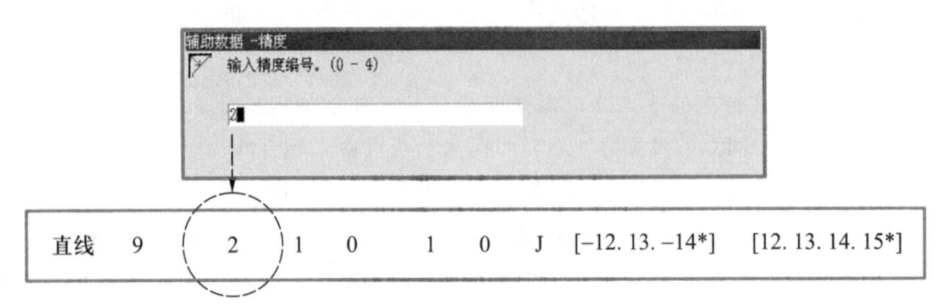

图 5-4 设定精度

由精度编号表示的实际精度在<辅助>/【辅助功能】→【3. 简易示教设定】→【2. 精度】中设定。精度用到达目标点的距离来设定。当 TCP 的命令值进入设定范围时，即作为轴一致来处理。当设定为 0 时，不管在【辅助功能】A-0302 中设定值如何，机器人都会移动，以便当前的 TCP 与目标点一致。

(4) 计时

要设定在当前步骤示教点轴一致后要等待的时间，可按A+计时键，屏幕显示如图 5-5 所示。按数字键输入计时器编号（0~9），按↵键确定输入的计时器编号。

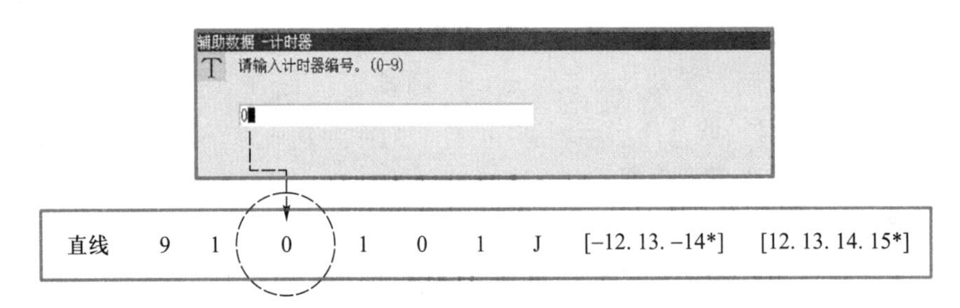

图 5-5 设定计时

以计时器编号表示的实际的等待时间在<辅助>/【辅助功能】→【3. 简易示教设定】→【3. 计时器】中设定。

(5) 工具

要设定当机器人向示教点移动时所使用的工具，可按<工具>或A+工具键，屏幕显示如图 5-6 所示。按数字键输入工具编号（1~9），按↵键确定输入的工具编号。

以工具编号表示的工具数据在<辅助>/【辅助功能】→【3. 简易示教设定】→【4. 工具登录】中设定。

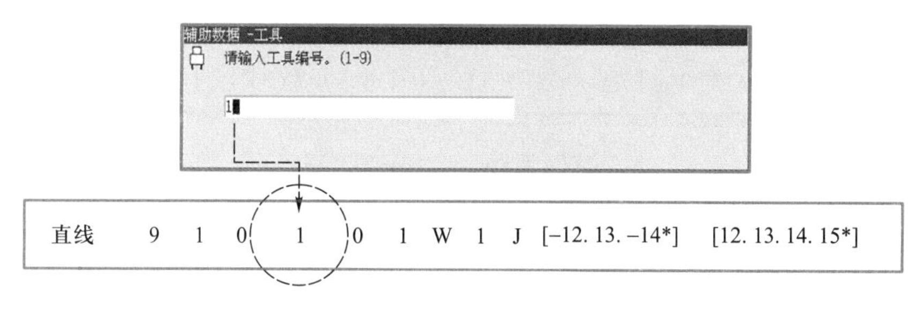

图 5-6 设定工具

(6) 夹紧 1/夹紧 2/夹紧 n

示教步骤中轴一致后设定夹紧命令来执行。为夹紧 1 或夹紧 2 选择参数值（ON/OFF），可按[夹紧 1]或[夹紧 2]键切换参数值：ON→OFF→ON。参数值显示区域的显示相应改变：夹紧命令编号（1 或 2）→无显示→夹紧命令编号，如图 5-7 所示。对于夹紧 3 或夹紧 n，可按[夹紧 n]+[数字]键来选择 ON/OFF。夹紧 n 命令的参数值（ON/OFF）显示在夹紧 n 数据页上。当显示示教画面时，可按[A]+[←]/[→]键显示夹紧 n 的数据页。

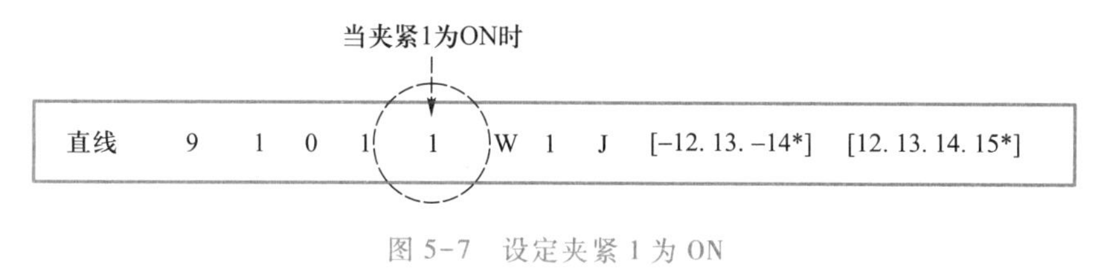

图 5-7 设定夹紧 1 为 ON

(7) 工件（选项）

按[A]+[工件]键切换参数值：不补偿→工作补偿→不补偿。显示相应改变：无显示→C→无显示，如图 5-8 所示。当示教点是 3D 感应器补偿功能（可选）的一点时，选择工作 C；否则，选择 0（无显示）。

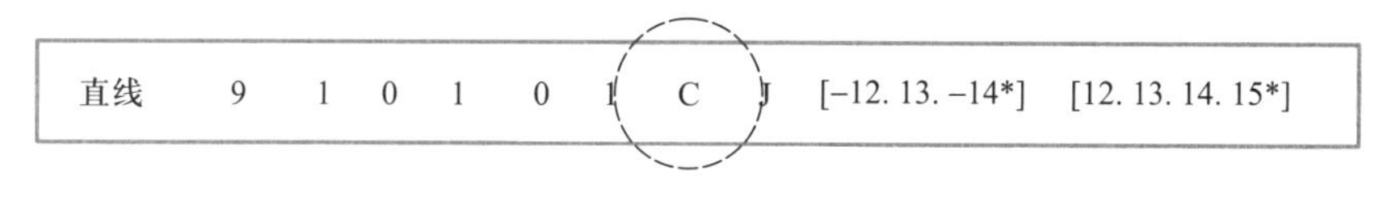

图 5-8 设定工件参数

(8) 跳转/结束（J/E）

要设定程序步骤执行的方法，可按<J/E>或[A]+[J/E]键切换参数值：不设定→跳转命令→结束命令→不设定。显示相应改变：无显示→J→E→无显示，如图 5-9 所示。各命令含义如下。

不设定：按顺序执行步骤。继续当前已执行的程序。

J：跳转命令。跳转到已选择的程序。

E：结束命令。结束程序执行。

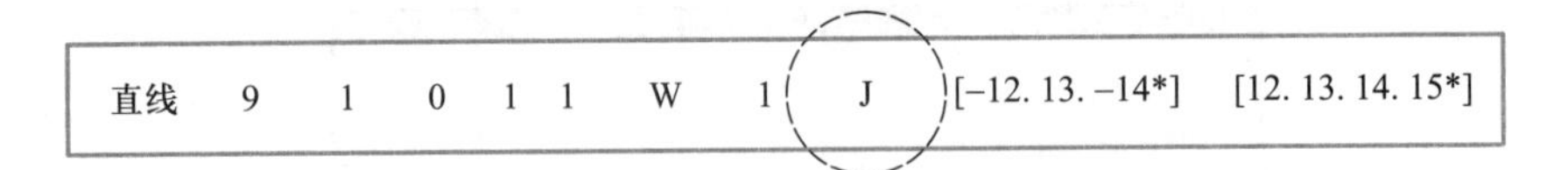

图 5-9 设定程序步骤执行方法

跳转（J）命令：执行过程根据 RPS 的无效/有效而不同。

① 当 RPS 为无效时，跳转命令被忽略并继续执行程序。

② 当 RPS 为有效时，执行程序过程见表 5-3。

表 5-3 执行程序过程

跳转 ON 信号	跳转 OFF 信号	
	ON	OFF
ON	① 跳转 ON 信号优先于跳转 OFF 信号 ② 当输入跳转 ON 信号时，读取程序选择信号并执行跳转到指定的程序 ③ 目标程序编号的可接受的范围为 0~999 ④ 当选择一个不存在的程序时，显示错误并停止程序执行。同时，电动机电源关断（OFF）	
OFF	继续执行下一步	在此步骤停止，等待哪一个信号转变为 ON

结束（E）命令：执行过程根据 RPS 的无效/有效而不同。

① 当 RPS 为无效时：

- 忽略结束命令并返回到程序的第一步。
- 结束命令后的步骤即使存在，同样被忽略。

② 当 RPS 为有效时：

- 当输入跳转 ON 信号时，读取程序选择信号并跳转到由信号指定的程序。
- 目标程序编号的可接受范围为 0~999。
- 当选择一个不存在的程序时，出现错误并停止程序执行。同时，电动机电源关断（OFF）。

(9) 输出（O）

当示教点轴一致后，设定输出哪个信号，可按[输出]键，屏幕显示如图 5-10 所示。按[数字]键输入输出信号编号，按[↵]键确认输出信号编号。

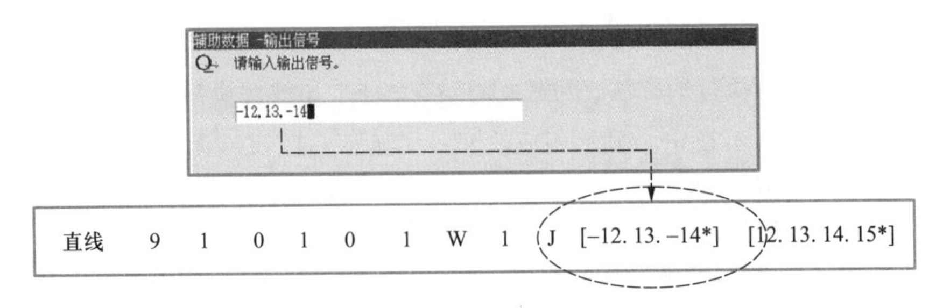

图 5-10 设定输出信号

打开<辅助>功能画面，选择【6. 输入/输出信号】→【6. 信号名称】→【1. OX（输出信号）】，给输出信号起名。按下<输入>就会显示文字输入画面。

说 明

① 信号为 ON 时，在其前添加“+”（加）；信号为 OFF 时，在其前添加“-”（减）。

② 当设定多个信号时，在信号编号之间输入小数点。

③ 为复位所有输出信号的设定，信号编号输入为 0。

④ 为复位所有输出信号包括已选择的信号，信号编号输入为 0 后，输入需要的信号编号（在编号间插入句点）。例如，要复位除 10 和 11 外的所有输出信号，输入“0. 10. 11”。

⑤ 当设定的信号较多时，由于空间有限，在参数值显示栏中不能显示的信号用 * 显示。在程序执行时，所有的信号设定为输出（为检查所有信号，请打开记录 I/O 监控画面）。

⑥ 为指定输出信号的顺序，在分开的步骤中记录信号。

⑦ 在轴与示教的步骤一致后立即执行 ON 命令。

⑧ 在所有的命令示教给步骤后立即执行 OFF 命令，如处理计时或 I 信号等待命令。

⑨ 当在同一步信号示教为 ON 或 OFF 时，要保证最小脉冲输出时间为 0.1 s。

(10) 输入（I）

在示教点轴一致后，设定机器人要等待的输入信号，可按 输入 键，屏幕显示如图 5-11 所示。按 数字 键输入输入信号编号，按↵键确认输入信号编号。

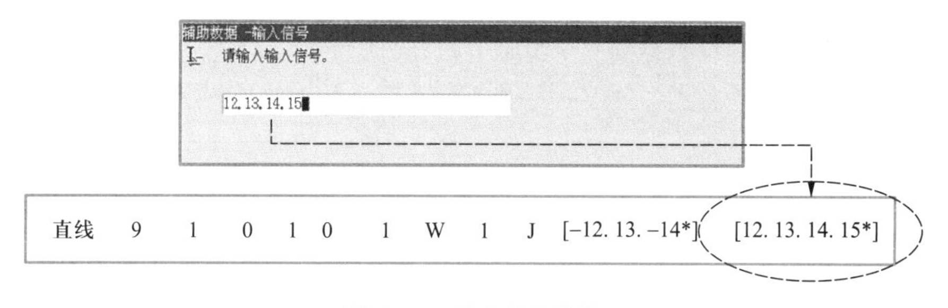

图 5-11 设定输入信号

打开<辅助>功能画面，选择【6. 输入/输出信号】→【6. 信号名称】→【2. WX（输入信号）】，给输入信号起名。按下<输入>就会显示文字输入画面。

说 明

① 没有等待输入信号转变为 OFF 的功能。

② 当设定多个信号时，在信号编号之间输入小数点。

③ 当设定的信号较多时，由于空间有限，在参数值显示栏中不能显示的信号用 * 显示。在程序执行时，所有的信号设定为输出（为检查所有信号，请打开记录 I/O 监视器）。

④ 仅在轴与示教的步骤一致后，机器人才开始检查输入信号。

⑤ 在一个步骤中记录多个信号时，在AND条件下检查所有的信号。不能在OR条件或两者兼用时检查。

⑥ 当设定多个信号时，机器人等待所有的示教信号转变为ON。

⑦ 为指定输入信号的顺序，在分开的步骤中记录信号。

5. 记录位姿数据和辅助数据

在示教工业机器人的过程中，可先让机器人到达指定的位置，调整其姿态，并设定其他要素参数，通过记录键，将这些信息记录在机器人程序中，从而完成机器人的示教。川崎机器人的示教命令信息主要包含位姿数据信息和辅助数据信息。

（1）位姿数据

位姿数据即工业机器人TCP的位置（X，Y，Z）与姿态（O，A，T）数据（详见项目4任务1）。位姿数据为插补指令的参数，由机器人控制系统存储，并不显示在插补指令中。

（2）辅助数据

辅助数据即工业机器人综合命令要素参数数据，如插补、速度、精度、工具、夹紧等（详见本项目任务1“综合命令要素”部分）。

记录位姿数据和辅助数据到程序步骤中的方法如下：按下示教器键盘上的记录键可以把当前显示的最后步骤的下一步数据记录在程序中，直到程序结束。每按一次记录键，步骤编号将升值。

记录位姿数据和辅助数据到一个步骤中的方法如下：

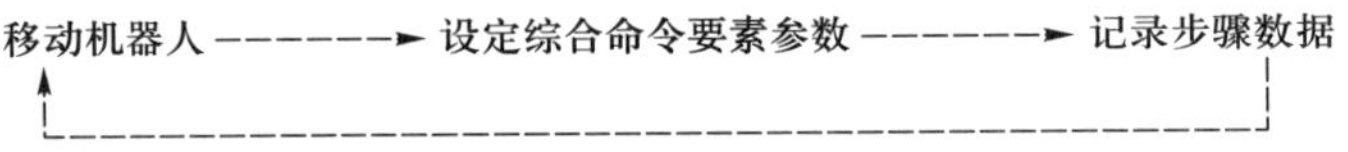

任务2 四边形轨迹运动示教编程

教学课件 综合命令示教操作方法

任务分析

如图5-12所示，完成川崎机器人的示教，让机器人完成如图所示轨迹的运动过程，即从P1点出发，以直线插补方式运动经过P2、P3、P4点，再从P4点以各轴插补方式回到起始点P1。

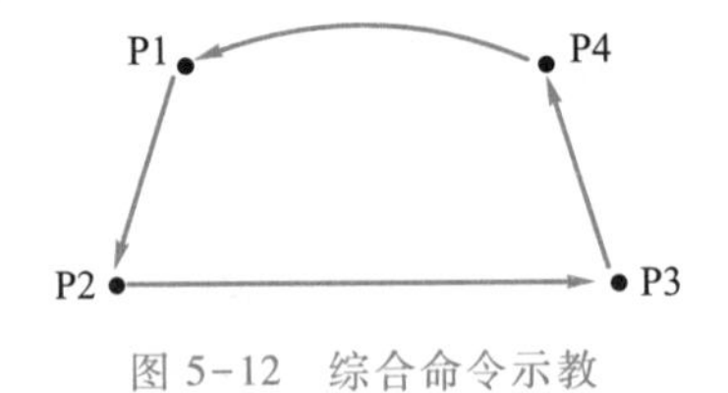

图5-12 综合命令示教

机器人运动轨迹中各个节点的参数具体见表5-4。

表 5-4　综合示教命令要素与参数值

步骤	示教点	示教内容	命令要素与参数值				
			插补	速度	精度	计时	工具
1	P1	示教机器人从其他点运动到 P1 的插补方式为各轴插补，速度 9，位置精度 4，计时 1，工具 1	各轴	9	4	1	1
2	P2	机器人以直线插补方式、速度 7 和位置精度 3 从 P1 移动到 P2，并等待 1 个计时命令	直线	7	3	1	1
3	P3	机器人以直线插补方式、速度 5 和位置精度 3 从 P2 移动到 P3，并把工具由工具 1 切换为工具 2	直线	5	3	0	2
4	P4	机器人以直线插补方式、速度 6 和位置精度 3 从 P3 移动到 P4，并把工具由工具 2 切换为工具 1	直线	6	3	0	1
5	P1	机器人以各轴插补方式、速度 7 和位置精度 3 从 P4 移动到 P1	各轴	7	3	0	1

任务实施

指导视频

综合命令示教操作方法

1. 示教前的准备

(1) 检查紧急停止开关

① 按示教器和控制器上的紧急停止开关，确认电动机电源是否关闭并且<MOTOR>指示灯是否熄灭。

② 复位机器人错误警报并确认电动机电源为 ON。

(2) 开关设定

① 打开控制器上的控制器电源开关，电源指示灯亮。

② 复位控制器上的紧急停止开关。

③ 把控制器上的 TEACH/REPEAT 开关设定为“TEACH”。

④ 复位示教器上的紧急停止开关。

⑤ 把示教器上的 T. LOCK 设定为“ON”。

⑥ 按下示教器上的 A + 马达开 键，触摸屏上<MOTOR>指示灯点亮。

⑦ 按下示教器上的 暂停 键，设定程序为暂停状态。

2. 示教编程

① 新建一个程序 10. pg，步骤参阅项目 3 任务 4，示教编程界面如图 5-13 所示。

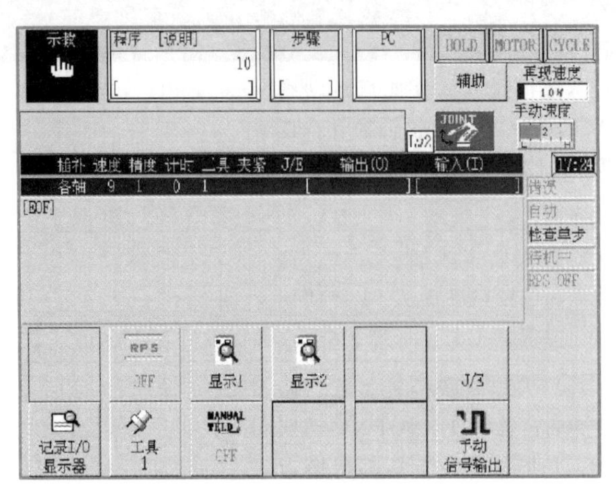

图 5-13　示教编程界面

② 示教步骤 1。调整好机器人工具姿态，在基坐标系下，按下握杆触发开关+轴键把机器人工具移动到 P1 点，把插补类型设定为“各轴”，把速度要素和精度要素的参数值分别设定为 9 和 4、计时要素和工具要素的参数值分别设定为 1 和 1（插补、速度、精度以及其他参数的设定方法参阅本项目任务 1），按示教器上的记录键保存步骤 1 示教的所有数据，包括位姿和辅助数据，在程序/注释显示区域显示步骤 1，如图 5-14 所示。

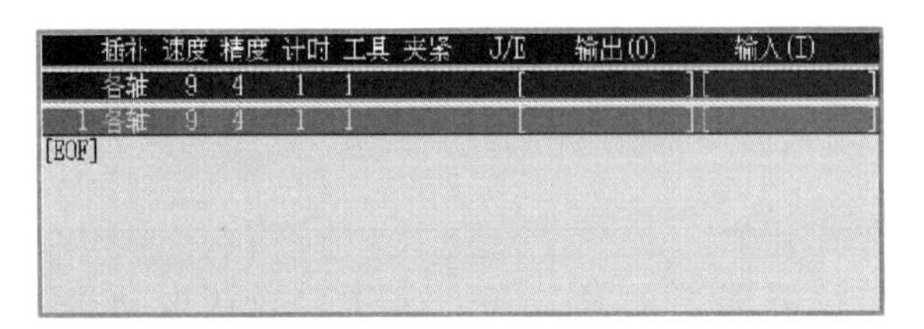

图 5-14　示教步骤 1

③ 示教步骤 2。按下握杆触发开关+轴键把机器人移动到 P2 点，把插补、速度、精度、计时和工具的参数值分别设定为“直线”、7、3、1 和 1。按记录键保存步骤 2 示教的所有数据，包括位姿和辅助数据，在程序/注释显示区域显示步骤 2，如图 5-15 所示。

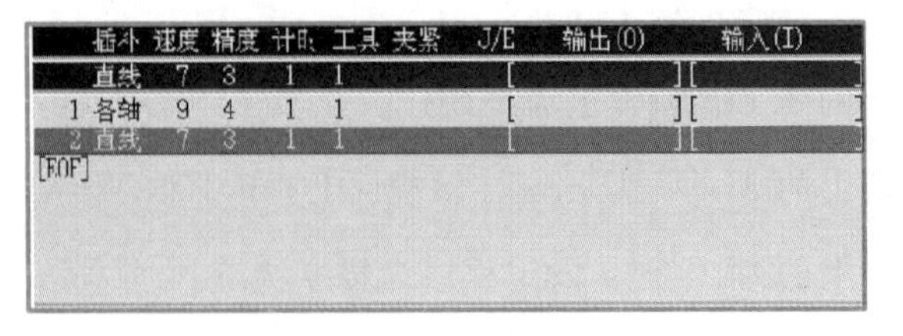

图 5-15　示教步骤 2

④ 以此类推，分别完成步骤 3、4、5 的示教，在程序/注释显示区域显示所有步骤，如图 5-16 所示。

	插补	速度	精度	计时	工具	夹紧	J/E	输出(O)	输入(I)
	各轴	7	3	0	1			[　]	[　]
2	直线	7	3	1	1			[　]	[　]
3	直线	5	3	0	2			[　]	[　]
4	直线	6	3	0	1			[　]	[　]
5	各轴	7	3	0	1			[　]	[　]
[EOF]									

图 5-16　示教步骤 3、4、5

⑤ 程序 10. pg 示教完成。

任务拓展

1. 程序的再现运行

教学课件
程序的再现运行

再现运行是把示教给机器人的程序内容作为实际的机器人动作进行重复执行。下面介绍在再现运行状态下运转机器人的方法。

提示
操作机器人再现运行时，应注意自己的位置，以便能在紧急情况下的任何时刻按下紧急停止开关使机器人停止。

进入再现模式的操作流程如下：

① 开启控制器上的控制器电源开关，并且确认控制器电源指示灯已点亮。

② 把操作面板上的 TEACH/REPEAT 开关拨到“REPEAT”。

③ 在示教器上把 T. LOCK 开关转向“OFF”。

④ 按示教器键盘上的 暂停 键或 A +<RUN>键，并确认示教器触摸屏右上方的<HOLD>指示灯已点亮。

指导视频
程序的再现运行

进入再现模式后界面如图 5-17 所示。

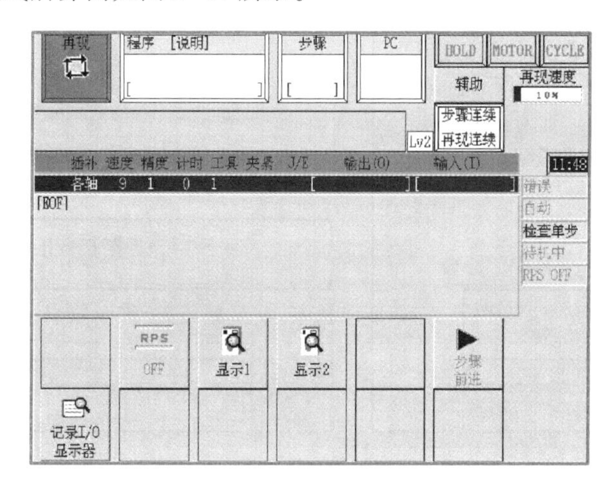

图 5-17　再现模式界面

(1) 设置再现运行参数

① 设置再现速度。

在再现模式下，点击<再现速度>显示框，出现如图5-18所示的再现速度下拉菜单。有两种方法设置再现速度。

图5-18 再现速度下拉菜单

方法一：指定速度，即以最大速度的百分率设定再现速度。

- 在输入框中输入数字（0~9），设定所需的速度。
- 按下↵键，确定在上一步中设定的再现速度。

方法二：选择【▲+10%】或【▼-10%】，在当前值的基础上，以10%的增量增加或降低再现速度。

- 把光标移动到【▲+10%】或【▼-10%】。
- 每次按下【▲+10%】或↵键，当前再现速度以10%的增量增加；同理，每次按下【▼-10%】或↵键，当前再现速度以10%的增量降低。
- 获得所需的值后，按下R键，退出下拉菜单。

② 设置再现模式。

有两种方法来设置再现模式。

方法一：在再现模式下，打开图5-18所示的下拉菜单，将光标移动到【再现：连续/一次】，按下↵键依次切换：再现连续→再现一次→再现连续。设定程序连续运行还是只运行一次。

将光标移动到【步骤：连续/单步】，按下↵键依次切换：步骤连续→步骤单步→步骤连续。设定程序步骤连续运行还是只运行一步。

方法二：在再现模式下，图5-19中功能键1、2的功能见表5-5。

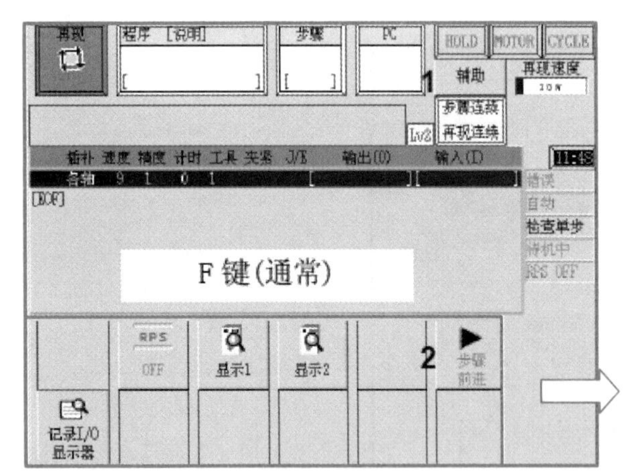

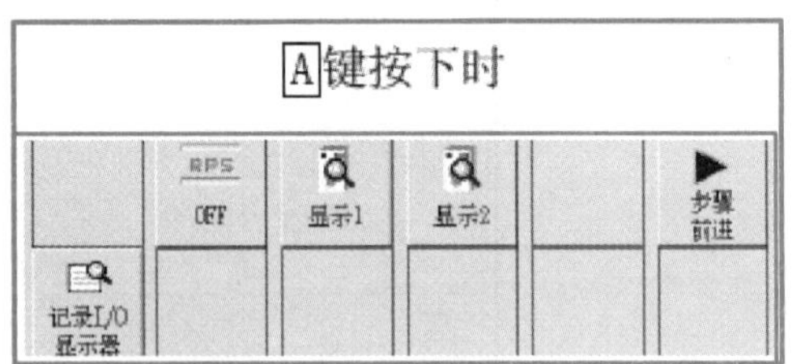

图5-19 再现模式操作键

表 5-5　再现模式功能键

序号	操作键	功能	与 A 键一起按下	
			操作键	功能
1	步骤连续 再现连续	设定再现条件。当前设定状态显示在键上		未使用
2	▶ 步骤 前进	当图标灰色时，未使用	▶ 步骤 前进	当设定为【步骤单步】时，按下此键可一步一步地执行步骤

按下<步骤连续/再现连续>显示下拉式键（如图 5-20 所示），可选择步骤单步或步骤连续、再现连续或再现一次，再关闭下拉式键，设定再现条件。

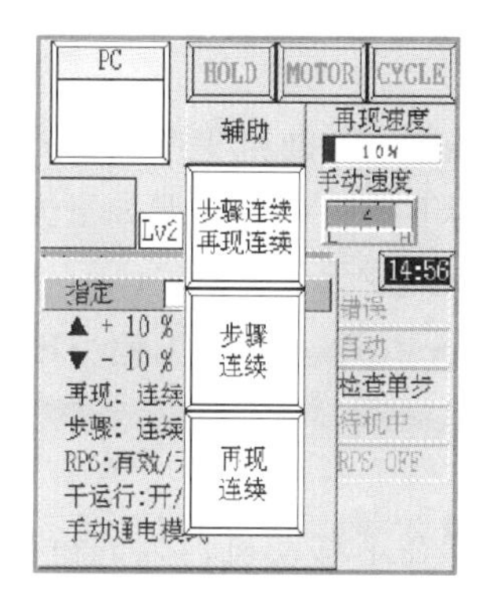

图 5-20　再现模式设置

再现条件见表 5-6，即再现模式具有 4 种情况：步骤单步+再现一次、步骤连续+再现一次、步骤单步+再现连续、步骤连续+再现连续。

表 5-6　再现条件

再现	步骤	
	单步	连续
一次	执行一个步骤后停止（循环运行仍然为"开"）。按 A +<步骤前进>键来执行下一步，程序执行到最后步骤时停止 步骤单步 再现一次	连续执行步骤，程序执行到最后步骤时停止 步骤连续 再现一次

续表

再现	步骤	
	单步	连续
连续	执行一个步骤后停止（循环运行仍然为“开”）。按A+<步骤前进>键来执行下一步。当到达最后步骤时，程序返回到第一步重新开始 当RPS为ON时，在END命令的步骤处，程序执行被程序选择信号改变 步骤单步 再现连续	连续执行步骤，执行到最后步骤时，程序返回到第一步重新开始 当RPS为ON时，在END命令的步骤处，程序执行被程序选择信号改变 这对应于通常再现运行 步骤连续 再现连续

③ RPS：有效/无效。

RPS（Random Program Selection，随机程序选择）允许程序切换到被外部信号指定的程序。打开图5-18所示的下拉菜单，按照如下方法进行设定。

- 把光标移动到【RPS：有效/无效】。
- 按下↵键依次切换：RPS 有效→RPS 无效→RPS 有效。当设定为有效时，状态显示区域会显示“RPS”。

④ 干运行：开/关。

设定干运行为“开”，就能在不移动机器人的情况下，检查程序内容或输入/输出信号状态。打开图5-18所示的下拉菜单，按照如下方法进行设定。

- 把光标移动到【干运行：开/关】。
- 按下↵键依次切换：干运行开→干运行关→干运行开。当设定为“开”时，状态显示区域会显示“干运行”。

(2) 再现运行程序

下面将介绍使用控制器操作面板和示教器在再现模式下启动机器人程序的基本方法。具体操作流程如下：

① 开启控制器上的控制器电源开关，确认控制器电源指示灯已点亮。

② 把操作面板上的TEACH/REPEAT开关拨到“REPEAT”。按下暂停键或A+<RUN>键，确认示教器触摸屏右上方的<HOLD>指示灯已点亮。

③ 选择要运转的程序。

④ 设定再现条件。

⑤ 把示教器上的T. LOCK拨向“OFF”。

⑥ 按下A+马达开键，确认示教器触摸屏右上方的<MOTOR>已点亮。

⑦ 按下A+CYCLE START键，确认示教器触摸屏右上方的<CYCLE>已点亮。

⑧ 按下A+运转键或A+<HOLD>键，机器人开始再现运转，确认示教器触摸

提示

开启电动机电源，将TEACH/REPEAT开关从“TEACH”切换到“REPEAT”，电动机通电，制动器0.5 s后释放，机器人被伺服锁定。所以，当切换到再现模式时，应确保机器人运动范围内没有任何人员。

屏右上方的<CYCLE>已点亮。

(3) 停止再现运行

在再现运转时使机器人停止下来有两种方法，即中止程序或结束程序的执行。

① 中止（暂停）程序。

- 按下暂停键或A+<RUN>键，或把再现模式设定为【步骤单步】。
- 在机器人完全停止后，按下任意一个紧急停止开关，切断电动机电源，或者把控制器上的TEACH/REPEAT开关从“REPEAT”拨到“TEACH”，也可以切断电动机电源。

② 结束程序的执行。

- 把再现模式设定为【再现一次】。
- 在机器人完全停止后，按下任意一个紧急停止开关，切断电动机电源，或者把控制器上的TEACH/REPEAT开关从“REPEAT”拨到“TEACH”，也可以切断电动机电源。

提示

① 当示教器上的T. LOCK开关为“ON”时，不能执行再现运转。

② 按A+CYCLE START键，机器人从触摸屏上显示的步骤开始运行，执行完此步骤后，移动到同一程序中的下一步。要从当前显示步骤以外的步骤开始，应使用步骤选择功能选择需要的步骤。

(4) 恢复再现运行

根据程序被停止的方式不同，重新启动再现运转的方法也不同。

① 恢复再现运行中止后的程序。

如果示教器触摸屏上的<CYCLE>指示灯熄灭，应确认“(2) 再现运行程序”中的步骤②~⑥是否已准备好，然后从步骤⑦开始启动再现运转。如果<CYCLE>点亮，按A+运转键或A+<HOLD>键，机器人重新开始再现运转。

② 恢复再现运行结束后的程序。

从“(2) 再现运行程序”中的步骤②重新开始。

③ 恢复再现运行紧急停止后的程序。

在自动运转过程中，当紧急停止开关被按下时，须遵循如下流程重新开始再现运转。

① 释放紧急停止开关。

② 如果显示错误信息，复位错误。

③ 按下暂停键或A+<RUN>键。

④ 开启电动机电源。

⑤ 按下A+CYCLE START键或A+<CYCLE>键。

⑥ 按下A+运转键或A+<HOLD>键。

机器人重新开始再现运转。

提示

出现紧急情况时，必须立刻按下示教器上的紧急停止开关，使机器人停止运行。但是，此方法并不是停止机器人运行的常规方法。当按下紧急停止开关时，电动机电源将立刻被切断，并启动制动器。紧急停止时，机器人不会正常减速，机械部分会受到额外冲击。因此，除非紧急情况，要避免使用紧急停止开关。

教学课件

程序的检查与修改

2. 综合命令示教程序的检查与修改

下面介绍检查和修改示教程序的流程，即在检查模式下检查机器人连续运转示教程序的内容。

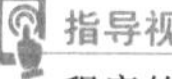

指导视频

程序的检查与修改

(1) 检查程序

按下<手动速度>/手动速度键可以设定检查速度等级（1~5）。对应每个检查速度等级（1~5）的实际速度可在<辅助>/【辅助功能】→【4. 基本设定】→【1. 示教/检查速度设定】中设定。下面介绍检查机器人手臂运动的方法。

① 按下<程序>/A+程序键后选择要检查的程序编号，按下↵键。

② 按下<步骤>/步骤键后选择需要检查的步骤编号，按↵键（如果指定的步骤不存在，步骤0就被选定）。

③ 按下握杆触发开关+检查前进/检查后退键，在检查模式下执行检查前进/后退。按下连续键切换检查单步/检查连续。设定为检查单步时，每次按下检查前进/检查后退键，可使机器人移动到下/上一个步骤。设定为检查连续时，按住检查前进/检查后退键，可使机器人分别连续向前或向后执行步骤。

（2）修改程序步骤

示教完成后，如果需要对一些已经示教好的点的位姿数据或者辅助数据进行修改或调整，可通过以下两种方法对该行程序进行编辑与修改。

方法一：数据覆盖。

① 用握杆触发开关+轴键把机器人移动到新位姿点，设定插补、速度、精度以及其他辅助数据参数。

② 按下A+↑或者A+↓键，移动光标至修改步骤。

③ 按下A+覆盖键，确认弹出信息。要覆盖所选的步骤，选择【是】，然后按下↵键。

④ 位姿和辅助数据同时被修改（覆盖）。

方法二：位姿修正与辅助修正。

① 用握杆触发开关+轴键把机器人移动到新位姿点，设定插补、速度、精度以及其他辅助数据参数。

② 按下A+↑或者A+↓键，移动光标至修改步骤。

③ 按下A+位置修正、A+辅助修正键把选择的步骤改写为新内容（A+位置修正键用于修改最新的位姿参数，A+辅助修正键用于修改最新的速度、精度、计时、工具等辅助数据参数）。

3. 插入/删除程序步骤

（1）插入步骤

① 用握杆触发开关+轴键把机器人移动到插入的新位姿点，设定插补、速度、精度以及其他参数。

② 按下A+↑或者A+↓键，移动光标至预插入步骤后的步骤。

③ 按下A+插入键把新的步骤插入程序中，如图5-21所示，在步骤5前插入一步，则原来的步骤5变为步骤6，新插入的步骤为步骤5。

步骤	插补	速度	精度	计时	工具	夹紧	J/E	注释
	各轴	7	3	0	1			
3	直线	5	3	0	2			
4	直线	6	3	0	1			
5	直线	6	3	0	1			
6	各轴	7	3	0	1			
[EOF]								

图 5-21　插入步骤

（2）删除步骤

① 点击触摸屏上的<步骤>，显示步骤下拉菜单，点击<步骤删除>。

② 出现【步骤删除】对话框，在对话框中输入【要删除的起始步骤编号】后按下↵键，输入【要删除的结束步骤编号】后按下↵键。

③ 确认步骤删除操作，选择【是】删除选择的步骤，返回到示教画面；选择【否】，返回到示教画面而不删除选择的步骤。

4. 在程序编辑画面中编辑程序

在程序编辑画面中，也可以编辑示教程序。

（1）切换到程序编辑画面

① 按 I 键显示下拉菜单后，选择【程序编辑画面】，如图 5-22 所示。

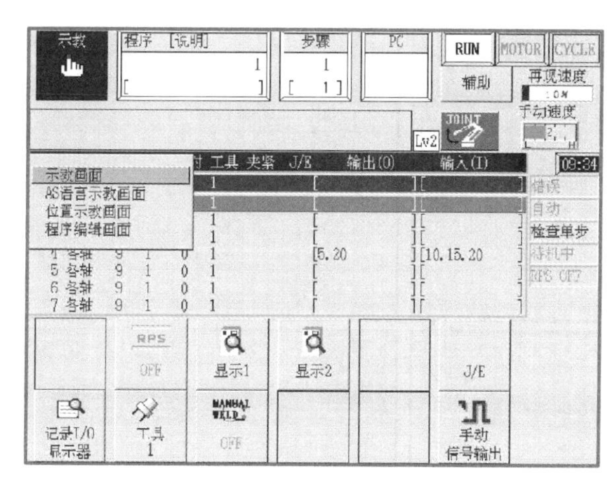

图 5-22　调用程序编辑画面

② 程序选择界面如图 5-23 所示。把光标移动到需要的程序后，按下↵键。或者，按<文字输入>来显示键盘画面，使用键盘输入程序名，然后按下<ENTER>键。

③ 选择程序，就会显示程序编辑画面，如图 5-24 所示。

（2）用程序编辑画面修改步骤数据（辅助和位姿数据）

① 按下 A + ← / → 键，滚动画面显示如图 5-25 所示。

② 用光标选择需要项目（参数）。

③ 用 数字 键修改数据。根据参数种类的不同，修改数据的方法也不同。

④ 输入修改数据，按下↵键，修改完毕后，按下<写入>键。

提示

通过四边形轨迹运动的示教编程，掌握川崎机器人综合命令示教编程的基本知识和操作方法，能够运用综合命令示教机器人运动轨迹中的关键节点，并能够检查和修改综合命令示教程序。

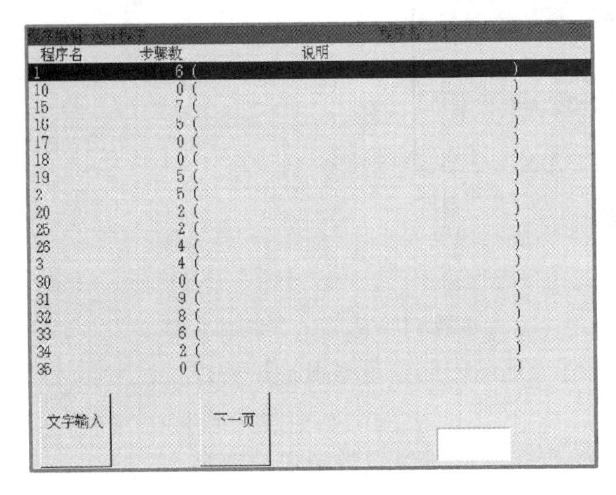

图 5-23 程序选择界面

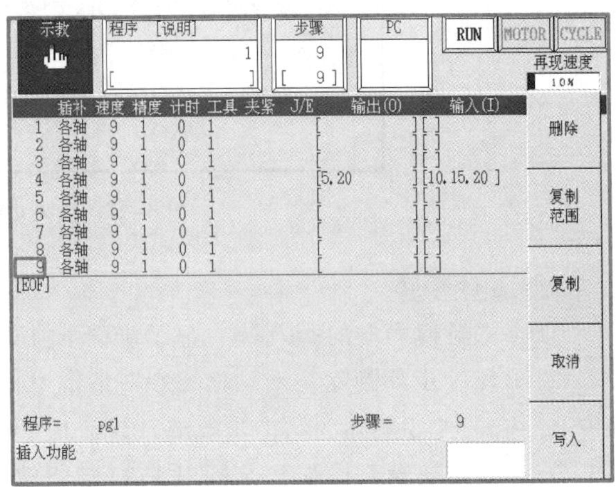

图 5-24 程序编辑画面

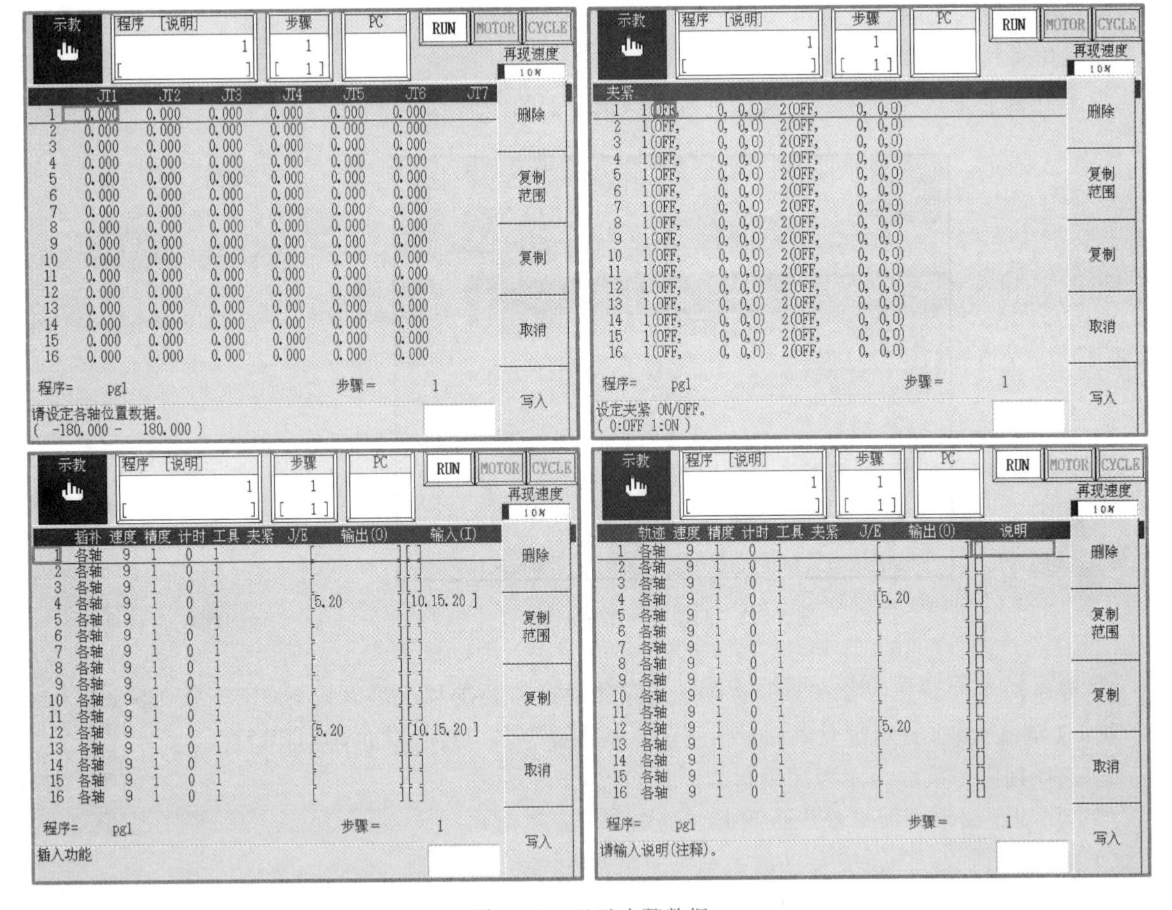

图 5-25 显示步骤数据

任务 3　直线圆弧轨迹运动示教编程

任务分析

如图 5-26 所示，应用综合命令示教机器人，控制机器人从 A 点出发，以直线插补方式运动到 B 点，再从 B 点以各轴插补方式运动到 C 点，然后经 D 点以圆弧插补方式运动到 E 点。

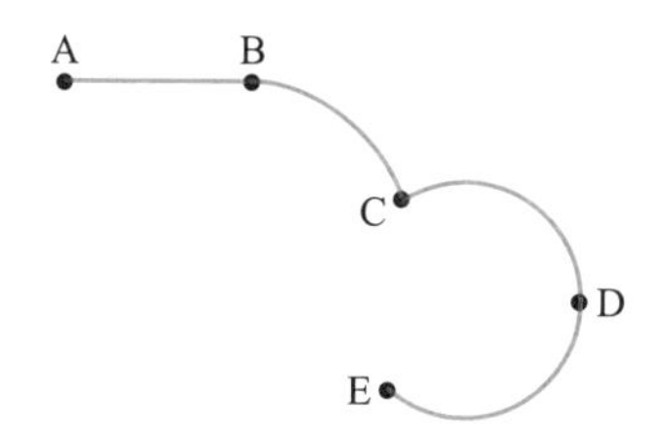

图 5-26　直线-曲线-圆弧轨迹

机器人运动轨迹中各个节点的参数具体见表 5-7。

表 5-7　轨迹运动示教编程参数

步骤	示教点	示教内容	命令要素和参数值				
			插补	速度	精度	计时	工具
1	A	示教机器人从其他点运动到 A 的插补方式为各轴插补，速度 6，位置精度 3，计时 0，工具 1	各轴	6	3	0	1
2	B	机器人以直线插补方式、速度 7 和位置精度 2 从 A 点移动到 B 点，其他参数不变	直线	7	2	0	1
3	C	机器人以各轴插补方式、速度 5 和位置精度 4 从 B 点移动到 C 点，其他参数不变	各轴	5	4	0	1
4	D	机器人以圆弧 1 插补方式、速度 5 和位置精度 4 从 C 点移动到 D 点，其他参数不变	圆弧 1	5	4	0	1
5	E	机器人以圆弧 2 插补方式、速度 5 和位置精度 4 从 D 点移动到 E 点，其他参数不变	圆弧 2	5	4	0	1

任务实施

① 按照项目 3 任务 1 所述完成机器人开机及其他一切准备。

② 按下示教器上的A+程序键，出现程序下拉菜单，如图5-27所示。

③ 在【调用程序】输入框中输入程序的名称“001”（按示教器键盘上的数字键0、0、1），再按下登录键，确认程序名称。创建程序的过程如图5-28、图5-29所示。

④ 调整机器人工具姿态，手动操作各轴，移动机器人TCP到一个位置作为机器人运动的起始点A，按照表5-7所示进行综合命令要素“插补”“速度”“精度”“计时”以及“工具”等参数值的设置。修改完毕后，按下键盘上的记录键记录当前机器人运动指令程序，具体操作过程如下：

- 按下A+插补键，依次切换插补方式：各轴→直线→圆弧1→圆弧2→各轴。
- 按下A+速度键，打开修改速度等级界面，输入速度编号后，按下登录键确认输入，如图5-30所示。

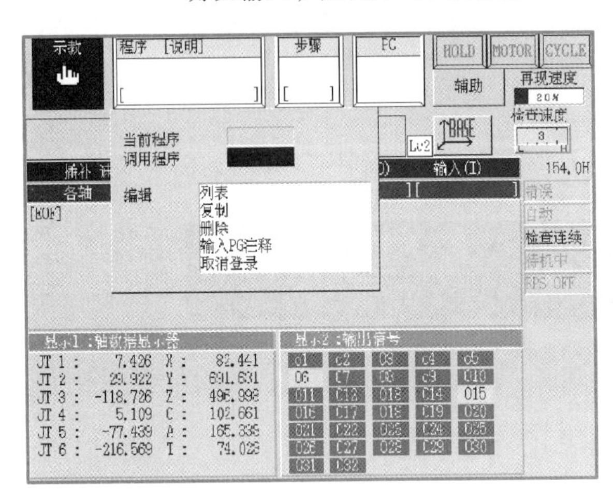

图5-27 程序下拉菜单

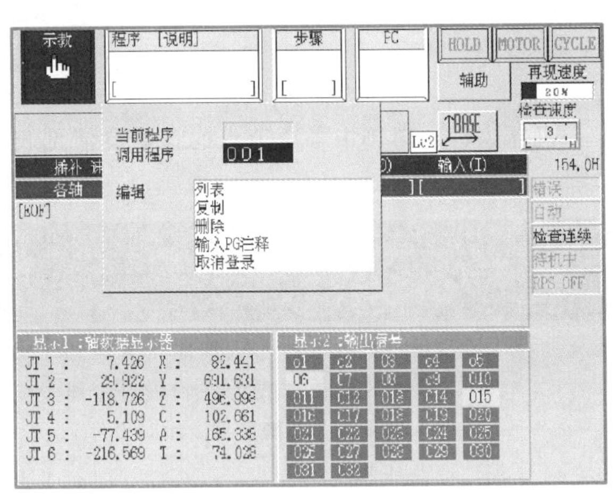

图5-28 输入程序名称

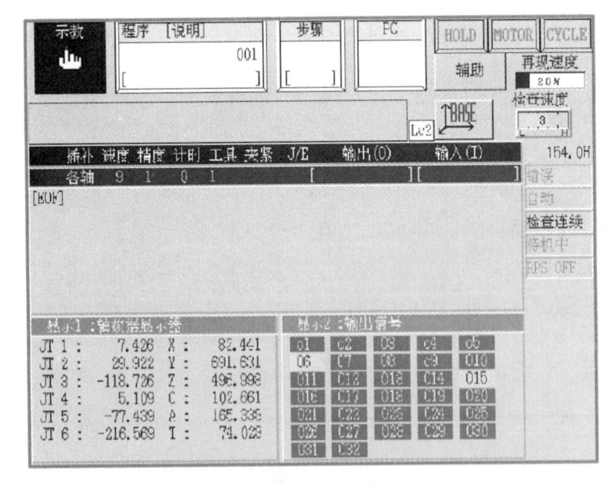

图5-29 创建的程序

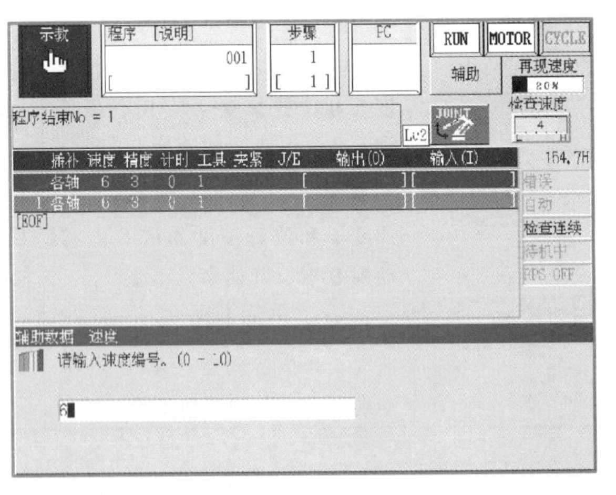

图5-30 修改速度等级

• 按下A+精度键，打开修改精度等级界面，输入精度编号后，按下登录键确认输入，如图 5-31 所示。

• “计时”“工具”“输入”“输出”等参数保持默认即可，无须修改。而“夹紧”参数要根据每步的夹具状态进行修改，修改方法为使用A+夹紧 1键来切换夹具的开合状态。

⑤ 重复步骤④的操作方法，按照表 5-7 所示，记录其他轨迹点运动指令（圆弧 1 和圆弧 2 必须同时出现），如图 5-32 所示。程序对应的运动过程为：运动到初始位置 A 的运动方式为各轴插补（曲线）；从位置 A 到位置 B 的运动方式为直线；从位置 B 到位置 C 的运动方式为各轴插补（曲线）；从位置 C 到位置 D，再到位置 E 的运动方式为圆弧插补。

通过直线圆弧轨迹运动的示教编程，进一步掌握川崎机器人综合命令示教编程的知识和操作方法，重点理解并掌握圆弧插补指令的应用。

⑥ 速度等级、精度等级、计时时间的含义以及修改默认参数的方法为：按下示教器上的菜单键，出现下拉菜单，按照图 5-33～图 5-38 所示方法进行操作。

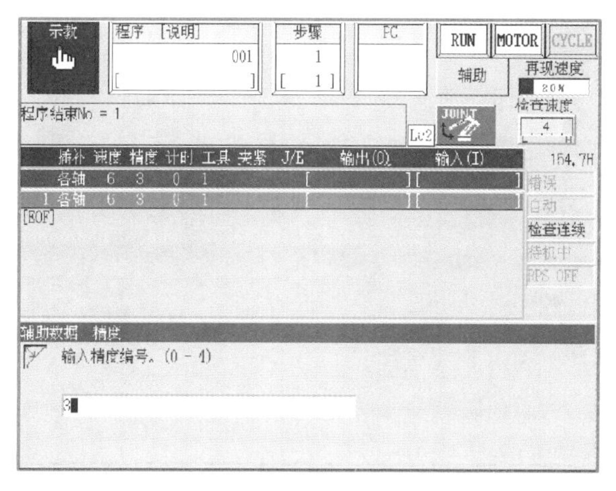

图 5-31　修改精度等级

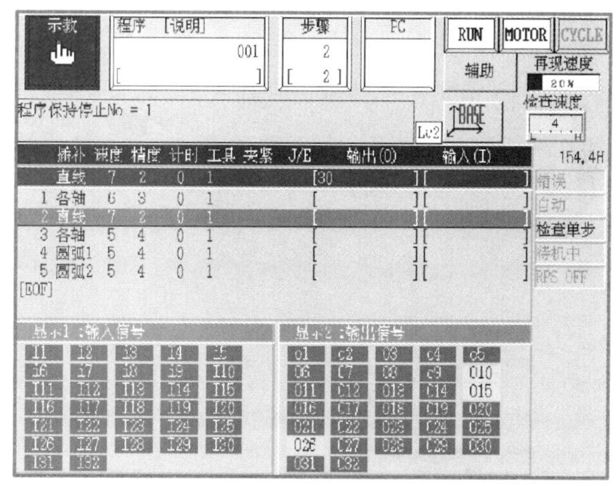

图 5-32　轨迹运动示教程序

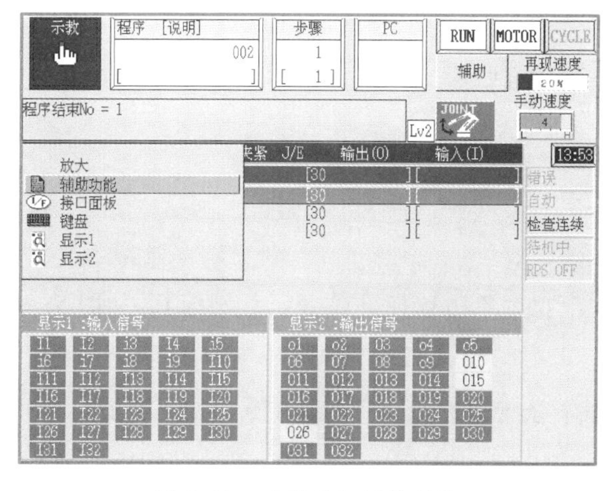

图 5-33　“菜单”下拉菜单

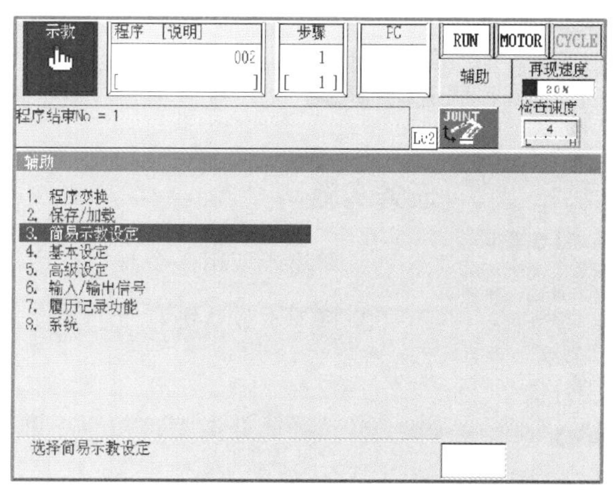

图 5-34　辅助功能

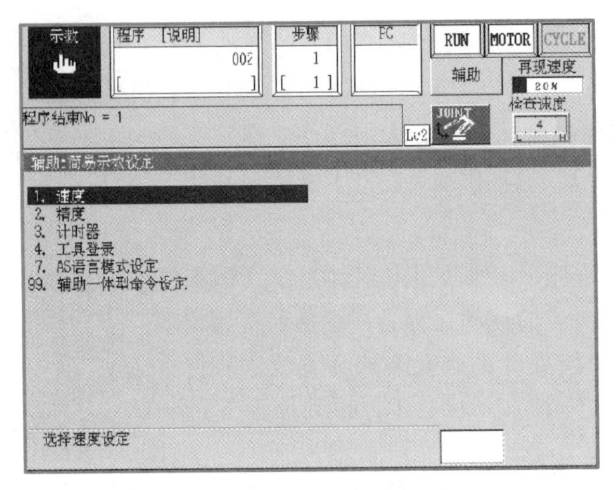

图 5-35 简易示教设定

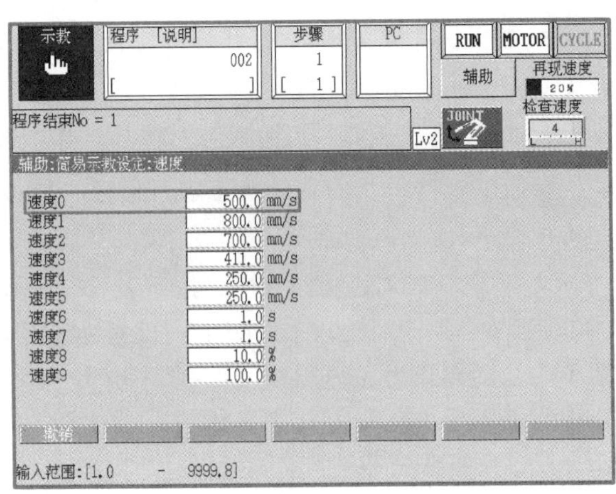

图 5-36 速度等级参数设定

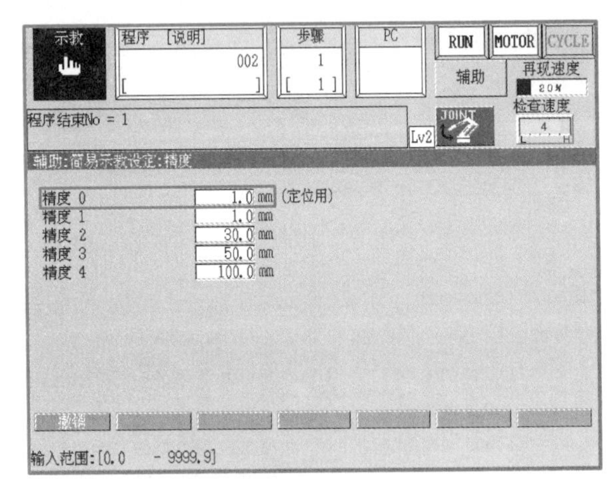

图 5-37 精度等级参数设定

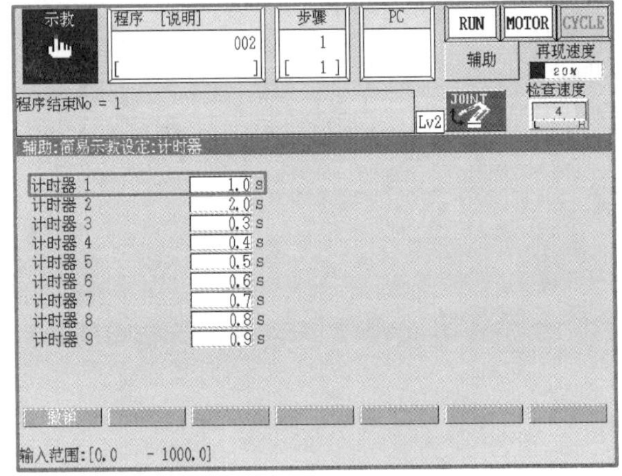

图 5-38 计时时间等级设定

提示

综合命令示教与位置示教是相对于机器人语言编程而言的，它是在示教编程过程中直接“记录”机器人运动轨迹上主要节点的位置、姿态信息以及一些辅助状态信息，再让机器人在“再现”模式下能够重复记录过的位置和姿态的一种编程方式。示教编程方式主要用于机器人运动轨迹无数学规律可循或者位置坐标不方便计算的情况。

任务4 位置（变量）示教编程

任务实施

① 新建或调用一个程序。

② 按下示教器键盘上的I键，在下拉菜单中选择【位置示教画面】，如图 5-39 所示。

③ 选择插补类型。按下↓键，插补类型将按下列顺序切换（按下↑键反向切换）：变量直接示教→变量连续示教→JMOVE→LMOVE→C1MOVE→C2MOVE→变量直接示教。

④ 当选择【变量直接示教】插补类型时，输入要示教位姿（位置）的变量名

称。按下→键把光标移动到【变量】，然后按下↵键，界面如图 5-40 所示。

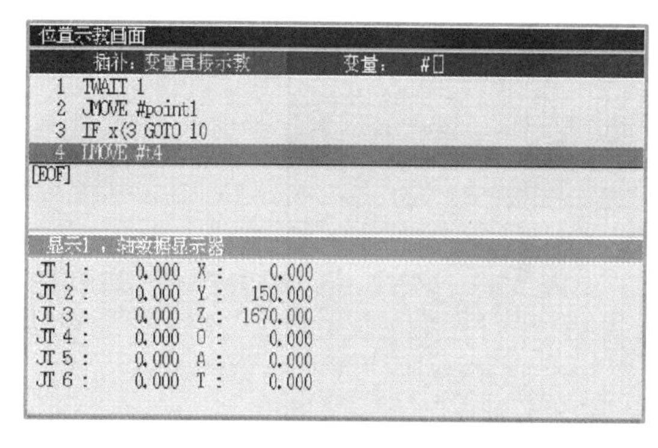

图 5-39　位置示教画面

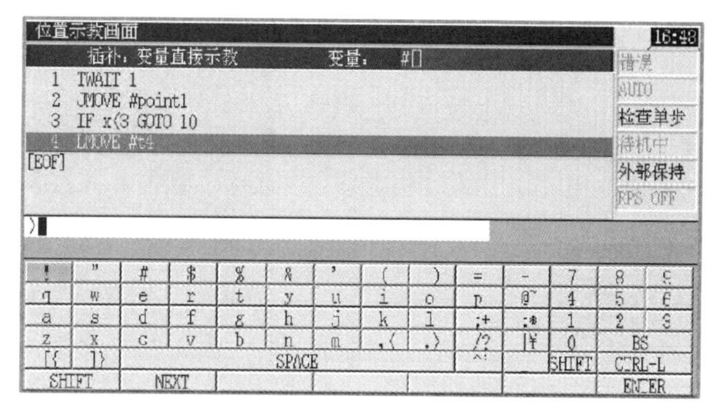

图 5-40　变量直接示教

⑤ 用键盘输入变量名称“#point1”，然后按下<ENTER>或↵键，如图 5-41 所示。

⑥ 把机器人移动到需要的位姿（位置）后，按下记录键来记录变量#point1 的位姿数据。确认信息将显示在系统信息栏中，如图 5-42 所示。

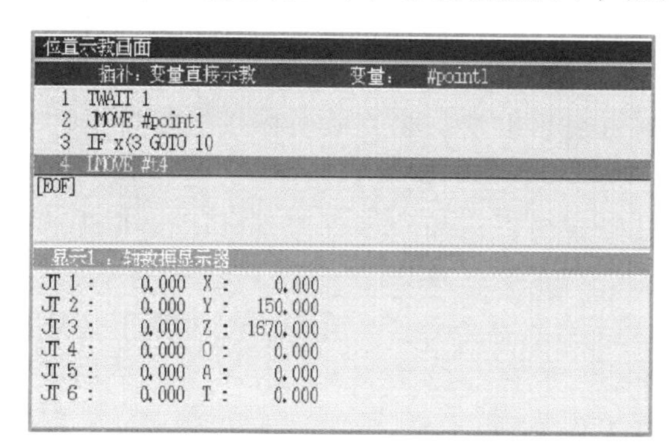

图 5-41　输入变量名

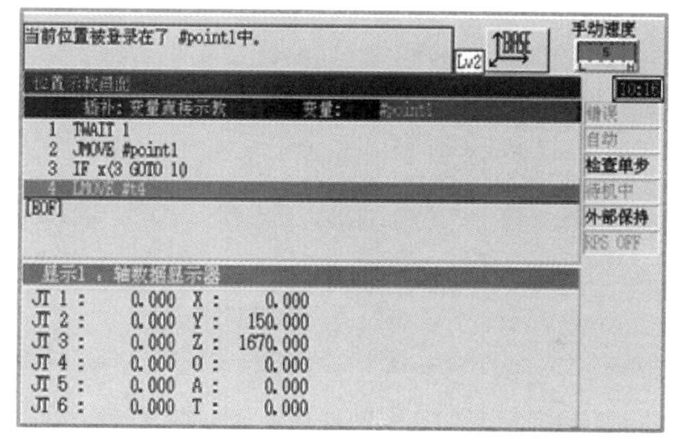

图 5-42　位置示教

⑦ 当选择【变量连续示教】插补类型时，示教过程和变量直接示教的示教过程基本相同，不同点在于每次按下记录键变量名将自动加 1。例如，如果变量名为#point，那么每次存储，变量名会按下列顺序变化：#point1→#point2→#point3→#point4→…。

任务 5　工件搬运示教编程

任务分析

本任务以工件搬运（数控机床上下料）为例，讲解川崎 RS10L 工业机器人综合命令示教方法的应用。本任务应用川崎工业机器人综合命令示教编程方式，编写机器人程序，控制机器人完成将工件从平面库中抓取，并将其搬运到机床平口钳夹具

教学课件
工件搬运
示教编程

指导视频
工件搬运
示教编程

位置的工作过程。工件搬运工作情境如图5-43所示。

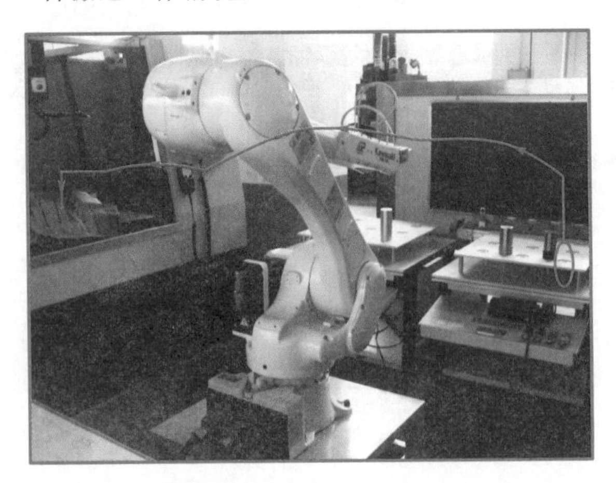

图5-43 工件搬运工作情境

任务实施

1. 机器人运动轨迹规划

工业机器人在工件搬运过程中的运动轨迹规划如图5-44所示。具体过程描述如下：

工业机器人从预先设定的HOME点起始出发，在关节坐标系下接近工件（圆柱棒料），调整工业机器人工具（手爪）位姿（在基坐标系下），使机器人工具位于工件正上方，打开工具，控制工具竖直向下运动至工件中部，闭合工具，夹紧工件，停顿1 s，将工件竖直提起，使工件脱离平面库至安全高度（移动过程不与其他工件发生干涉的安全高度）。调整工业机器人位姿，在关节坐标系下运动至机床门附近点，调整机器人位姿（在基坐标系下），并在基坐标系下运动至机床平口钳附近，调整机器人工具位姿，平移工件至平口钳正上方位置安全高度，再竖直向下运动使工件落于平口钳底，打开夹具，停顿1 s，夹具竖直向上运动至高于工件一定距离的安全高度，直线退出机床。调整机器人位姿，在关节坐标系下退回HOME点。

2. 工件搬运示教编程

选取工业机器人在工件搬运过程中运动轨迹上的一些关键位置点，作为机器人示教的节点，如图5-45中的P1~P8、P3′、P5′、P6′、P7′所示，其中带“′”与不带“′”的点为位置相同点，但由于手动示教较难使之重合，故可将其示教为相近的两点。

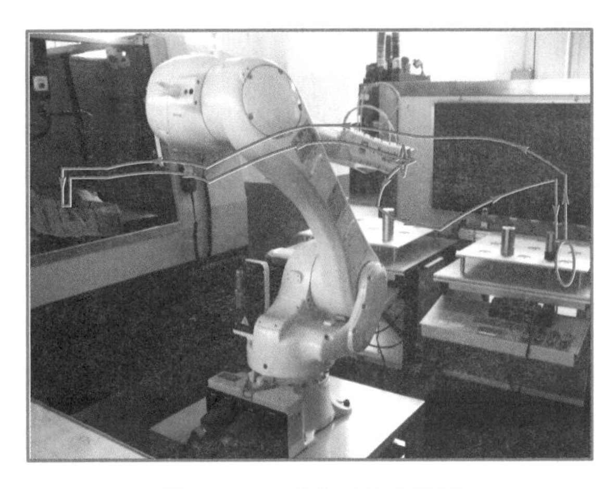

图 5-44　工件搬运轨迹规划

注：✧为机器人手爪 HOME 位置。

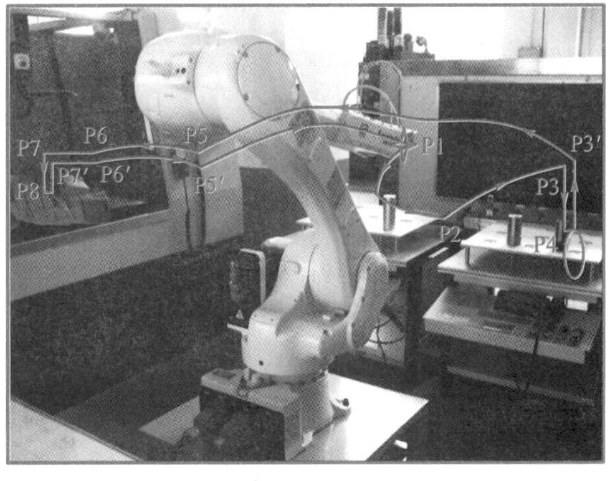

图 5-45　工件搬运运动轨迹节点

确定工件搬运过程中各节点间运动的综合命令要素和参数值，见表 5-8。

表 5-8　工件搬运综合示教命令要素与参数值

步骤	示教点	示教内容	命令要素和参数值					
			插补	速度	精度	计时	工具	夹紧
1	P1	机器人以各轴插补方式回到 HOME 点，并打开工具（机器人动作初始化）	各轴	9	2	0	1	
2	P2	机器人以各轴插补方式、速度 9 和位置精度 3 从 P1 移动到 P2，打开工具	各轴	9	3	0	1	
3	P3	机器人以直线插补方式、速度 9 和位置精度 3 从 P2 移动到 P3，保持工具打开状态	直线	9	3	0	1	
4	P4	机器人以直线插补方式、速度 5 和位置精度 4 从 P3 移动到 P4，闭合工具，并等待 1 个计时时间	直线	5	4	1	1	1
5	P3′	机器人以直线插补方式、速度 5 和位置精度 3 从 P4 移动到 P3′，保持工具闭合状态	直线	5	3	0	1	1
6	P5	机器人以各轴插补方式、速度 9 和位置精度 3 从 P3′移动到 P5，保持工具闭合状态	各轴	9	3	0	1	1

续表

步骤	示教点	示教内容	命令要素和参数值					
			插补	速度	精度	计时	工具	夹紧
7	P6	机器人以各轴插补方式、速度 9 和位置精度 3 从 P5 移动到 P6，保持工具闭合状态	各轴	9	3	0	1	1
8	P7	机器人以直线插补方式、速度 5 和位置精度 4 从 P6 移动到 P7，保持工具闭合状态	直线	5	4	0	1	1
9	P8	机器人以直线插补方式、速度 5 和位置精度 4 从 P7 移动到 P8，打开工具，并等待 1 个计时命令	直线	5	4	1	1	
10	P7′	机器人以直线插补方式、速度 5 和位置精度 3 从 P8 移动到 P7′，保持工具打开状态	直线	5	3	0	1	
11	P6′	机器人以直线插补方式、速度 5 和位置精度 3 从 P7′移动到 P6′，保持工具打开状态	直线	5	3	0	1	
12	P5′	机器人以各轴插补方式、速度 9 和位置精度 3 从 P6′移动到 P5′，保持工具打开状态	各轴	9	3	0	1	

根据表 5-8，在工业机器人示教器上新建程序，应用综合命令完成工件搬运程序，如图 5-46 所示。

提示

通过工件搬运示教编程，掌握工业机器人运动轨迹的规划方法。同时，通过工件的抓取操作，掌握调整机器人手爪与工件之间相对位置的方法。

教学课件

综合命令示教问题处理

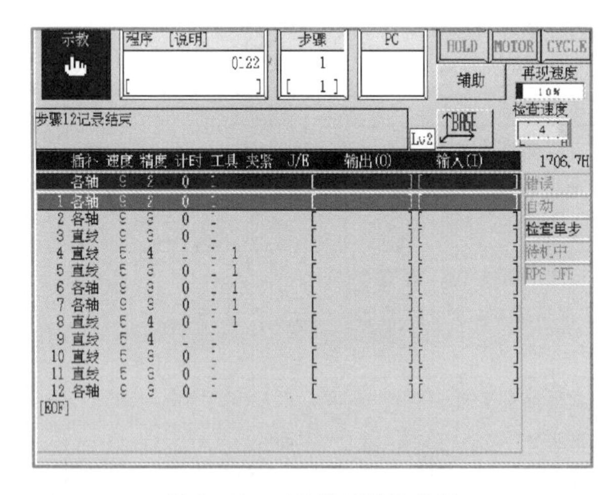

图 5-46 工件搬运示教程序

习　题

习题答案
项目 5

一、填空题

1. 川崎 RS10L 工业机器人程序的检查分为________和________两种方式。

2. 川崎 RS10L 工业机器人综合命令程序步骤数据包含________和________两种。

3. 川崎 RS10L 工业机器人的运行模式分为________和________。

4. 按下川崎 RS10L 工业机器人示教器键盘上的________键可以记录机器人当前的位姿数据和辅助数据。

5. 川崎 RS10L 工业机器人在程序中修改一行程序的位置数据的操作是按下________键和________键。

6. 川崎 RS10L 工业机器人在程序中同时修改一行程序的位置数据和辅助数据的操作是按下________键和________键。

7. 川崎 RS10L 工业机器人的示教分为________、________和________ 3 种。

8. 川崎 RS10L 工业机器人示教器键盘上的________键和________键可以控制手爪的开合。

9. 川崎 RS10L 工业机器人在程序中插入新的步骤的操作是按下________键和________键。

10. 川崎 RS10L 工业机器人在程序中删除一行程序步骤的操作是按下________键和________键。

二、选择题

1. 下面属于川崎 RS10L 工业机器人再现模式的是（　　）。

A. 步骤单步，再现一次　　B. 步骤单步，再现连续

C. 步骤连续，再现一次　　D. 步骤连续，再现连续

2. 适合于检查运行川崎 RS10L 工业机器人程序或程序步骤的再现模式是（　　）。

A. 步骤单步，再现一次　　B. 步骤单步，再现连续

C. 步骤连续，再现一次　　D. 步骤连续，再现连续

3. 川崎 RS10L 工业机器人综合命令要素“速度”共有（　　）挡。

A. 6　　B. 7　　C. 8　　D. 9

4. 川崎 RS10L 工业机器人综合命令要素“精度”共有（　　）挡。

A. 1　　B. 2　　C. 3　　D. 4

5. 下面不属于川崎机器人运动插补方式的是（　　）。

A. 直线　　B. 各轴　　C. 圆弧　　D. 样条曲线

三、简答题

1. 何谓工业机器人示教？示教的种类有哪些？

2. 何谓综合命令示教？

3. 综合命令示教编程有什么特点？适合在什么情况下应用？

4. 试简述直线插补模式和各轴插补模式的区别及应用。

5. 机器人在做圆弧运动时为何需要圆弧1和圆弧2两条运动指令?

6. 应用川崎机器人综合命令示教编程方式编写机器人程序，控制机器人完成将工件从右侧平面库中抓取，并将其搬运到左侧平面库对应位置的工作过程。工件搬运工作情境如图5-47所示，将工件搬运综合示教命令要素与参数值填入表5-9中。

图5-47 工件搬运

表5-9 工件搬运综合示教命令要素与参数值

步骤	示教点	示教内容	命令要素和参数值					
			插补	速度	精度	计时	工具	夹紧
1								
2								
3								
4								
5								
6								
7								
8								

续表

步骤	示教点	示教内容	命令要素和参数值					
			插补	速度	精度	计时	工具	夹紧
9								
10								
11								
12								
13								
14								
15								
16								

四、思考题

思考如图 5-48 所示某铝压铸件去毛刺工业机器人的示教编程(重点是机器人位姿调整和运动轨迹规划)。

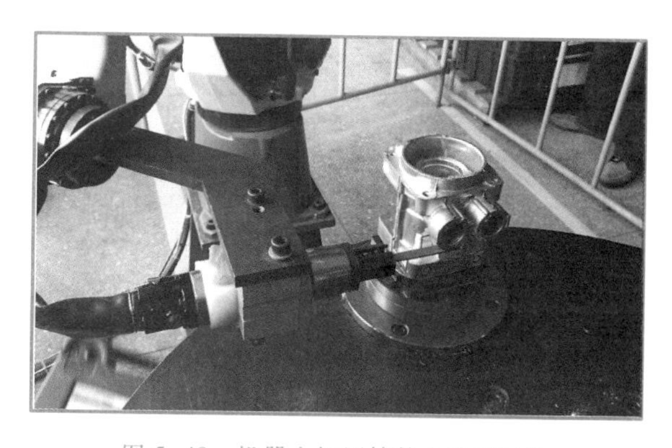

图 5-48　机器人铝压铸件去毛刺示教

视频

铝压铸件去毛刺机器人示教

项目 6

川崎工业机器人 AS 语言

AS 系统是川崎工业机器人的操作系统。AS 语言是在 AS 系统下用于编辑机器人程序的指（命）令、符号、运算等功能集合，使用户能够与 AS 系统进行简单人机交互的工业机器人高级语言。AS 语言与计算机高级语言类似。

知识目标

- 了解川崎工业机器人 AS 系统与 AS 语言的功能。
- 掌握 AS 语言变量的定义与示教方法，以及常用监控指令、程序命令的功能和格式。
- 掌握 AS 语言示教编程方法。

技能目标

- 能够完成控制川崎 RS10L 工业机器人做简单运动的 AS 语言示教编程。
- 能够检查、修改并再现运行 AS 语言示教程序。

思维导图

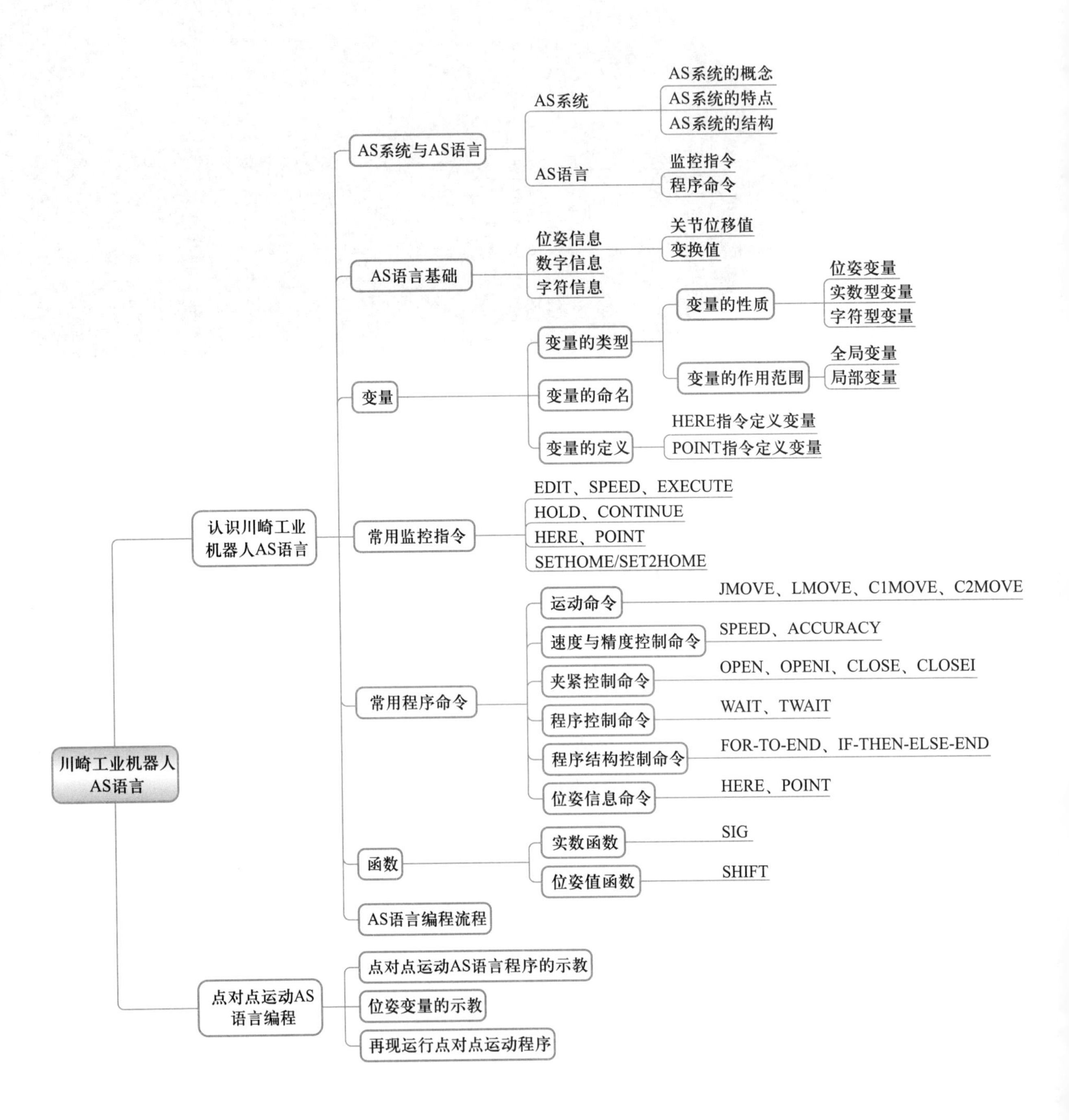

川崎工业机器人AS语言
认识川崎工业机器人AS语言
AS系统与AS语言
AS系统
AS系统的概念
AS系统的特点
AS系统的结构
AS语言
监控指令
程序命令
AS语言基础
位姿信息
关节位移值
变换值
数字信息
字符信息
变量
变量的类型
变量的性质
位姿变量
实数型变量
字符型变量
变量的作用范围
全局变量
局部变量
变量的命名
变量的定义
HERE指令定义变量
POINT指令定义变量
常用监控指令
EDIT、SPEED、EXECUTE
HOLD、CONTINUE
HERE、POINT
SETHOME/SET2HOME
常用程序命令
运动命令
JMOVE、LMOVE、C1MOVE、C2MOVE
速度与精度控制命令
SPEED、ACCURACY
夹紧控制命令
OPEN、OPENI、CLOSE、CLOSEI
程序控制命令
WAIT、TWAIT
程序结构控制命令
FOR-TO-END、IF-THEN-ELSE-END
位姿信息命令
HERE、POINT
函数
实数函数
SIG
位姿值函数
SHIFT
AS语言编程流程
点对点运动AS语言编程
点对点运动AS语言程序的示教
位姿变量的示教
再现运行点对点运动程序

任务 1　认识川崎工业机器人 AS 语言

相关知识

1. AS 系统与 AS 语言

(1) AS 系统简介

教学课件
川崎机器人 AS 系统与语言

AS 系统是川崎机器人的顶层控制系统，其按照给定的指令和程序控制机器人。通过 AS 系统，用户可以和机器人进行通信或用 AS 语言编写机器人运动控制程序。在程序运行过程中，还能执行以下各种功能：显示系统状态或定义机器人位姿（位置和姿态）变量，保存数据到外部存储设备，编写/编辑程序。

AS 系统被编写在机器人控制单元的永久存储器里，在电源开启时，AS 系统启动并等待命令输入。

① AS 系统的特点如下：

- 可以使机器人沿着连续路径（Continuous Path，CP）运动。
- 提供两种坐标系（即基坐标系和工件坐标系），可以按两种坐标系移动机器人。
- 坐标系可以按工作位姿的改变进行平移或旋转。
- 在示教位姿时，机器人可以保持工具的定向沿直线路径运动。
- 程序可以自由命名和保存，而没有程序数量的限制。
- 可以将每个操作定义为一个程序，并且可以将这些程序组合成一个复杂的程序（子程序）。
- 通过监控信号，在某个外部信号输入时，程序可以中断，挂起当前动作，并跳转到另一个不同的程序中（中断）。
- 没有运动指令的过程控制程序（Process Control program，PC 程序）可以与机器控制程序同时执行。
- 程序和位姿数据可以显示在屏幕上，也能存储在 USB 闪存等设备上。
- 编程工作可以在装有川崎终端软件（KRterm 或 KCwin32/KCwinTCP）的计算机上完成（离线编程）。

② AS 系统结构。川崎机器人 E 系列控制器与系统其他组成部分之间的关系如图 6-1、图 6-2 所示。

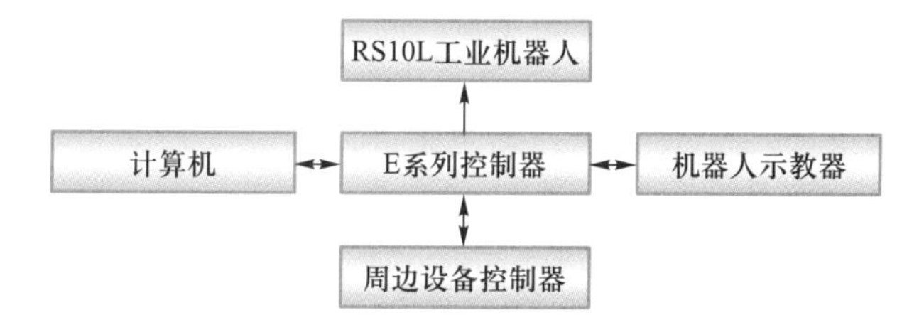

图 6-1　RS10L 机器人控制系统结构图

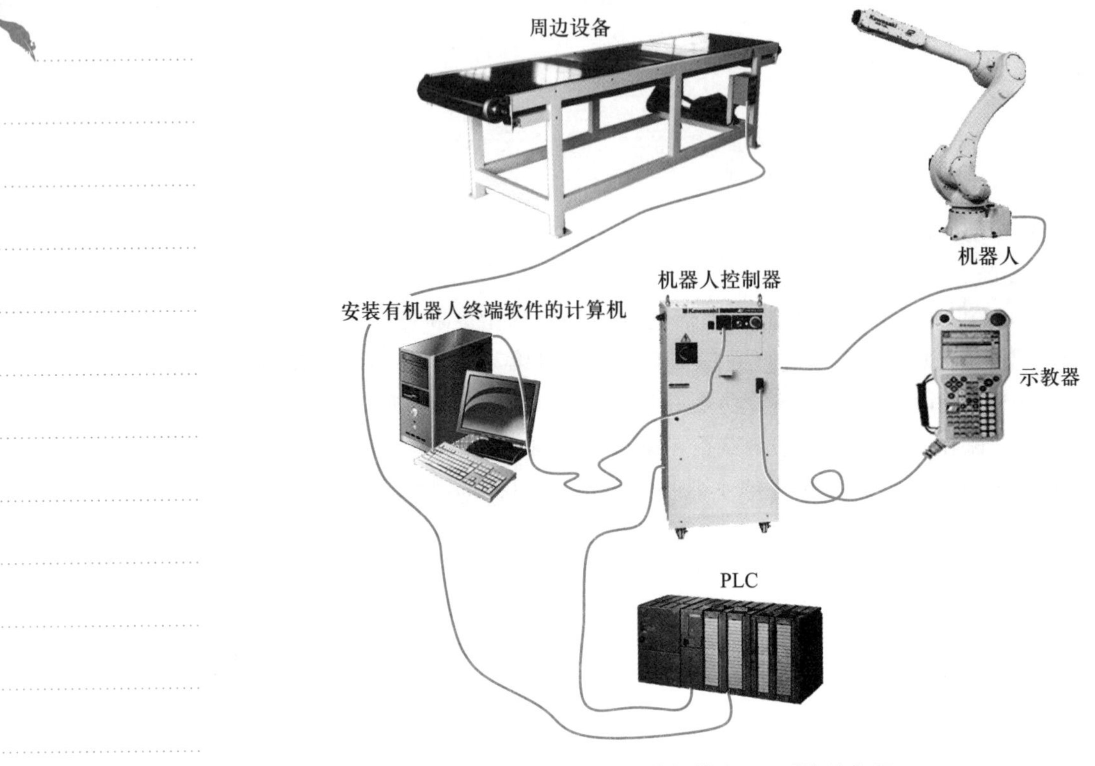

图6-2 工业机器人AS系统结构图

连接一台装有川崎终端软件（KRterm或KCwin32/KCwinTCP）的计算机到一台E系列控制器后，可以实现以下操作：

- 编写AS指令和命令。
- 向计算机保存，也可以从计算机装载数据（程序）。

示教器在机器人系统中的作用包括：

- 创建、选择、保存、装载程序。
- 显示程序名称和步骤。
- 手动控制机器人。
- 监视信号。
- 设置再现条件。

（2）AS语言

在AS系统中，以事先编写的程序来控制和运行机器人。在AS系统下，用于编辑机器人程序的指（命）令、符号、运算等功能集合，使用户能够与AS系统进行简单人机交互的高级语言即为AS语言。简单来讲，AS语言就是用于编写机器人运动控制程序的高级语言。

提示
相对于示教编程中使用的综合命令（或一体化命令），AS语言命令或指令又称为单一功能命令（指令）。

AS语言可以分成两种类型，即监控指令和程序命令。

监控指令（简称“指令”）：用来写入、编辑和执行程序。它们在画面显示的提示符（>）后面输入，并且被立即执行。

程序命令（简称“命令”）：用来引导机器人的动作，在程序中监视或控制外部信号等。程序是程序命令的集合。

AS 语言中有些监控指令也可以作为程序命令在程序中使用，如 HERE 既可作为监控指令，也可作为程序命令。

图片
监控指令和程序命令的输入

2. AS 语言基础

在 AS 系统中有三种类型的信息：位姿信息（Position & Pose，即包含位置和姿态信息）、数字信息和字符信息。

(1) 位姿信息

位姿信息是用来指定机器人在工作区域中的位置和姿态的信息。一般情况下，机器人的位置和定向指的是机器人工具中心点（Tool Center Point，TCP）的位置和工具（坐标）的定向，此位置和姿态被称为机器人的位姿。

教学课件
AS 语言基础

位姿由机器人的位置和面向方向来决定，因此机器人被命令移动时，以下两个方面同时执行。

- 机器人的 TCP 移动到指定位置。
- 机器人的工具坐标旋转到指定的姿态。

位姿数据用一套关节位移值（各轴值）或变换值（transformation value）来描述。

图片
关节位移值和变换值位姿数据

① 关节位移值（各轴值）。位姿信息以机器人各个轴的角位移给出。使用编码器值、角度位移是由角度值来计算并描述的。一旦决定了关节位移值，TCP 的位置和定向即唯一被指定。

例如，关节位移值由 JT1，…，JT6 按顺序表达，每个关节的位移值显示在关节编号之下：

		JT1	JT2	JT3	JT4	JT5	JT6
#pose	=	0.00,	33.00,	-15.00,	0,	-40,	30

② 变换值。用与参考坐标系的关系描述坐标系的位姿。一般情况下，它是指机器人的工具坐标系相对于基坐标系的变换值，如图 6-3 所示。位置由基坐标系的 TCP 的 XYZ 值给定，定向由基坐标系的工具坐标的欧拉 OAT 角度给定。通常使用的转换值是：工具变换值，描述工具坐标系相对于空工具坐标系的姿态；基于工件的变换值，描述工具坐标系相对于工件坐标系的姿态。

例如：

		X	Y	Z	O	A	T
pose	=	0.00,	1434,	300,	0,	0,	0

如果机器人有多于 6 个轴，额外轴的值以变换值显示。

例如：

		X	Y	Z	O	A	T	JT7
pose	=	0.00,	1434,	300,	0,	0,	0	1000

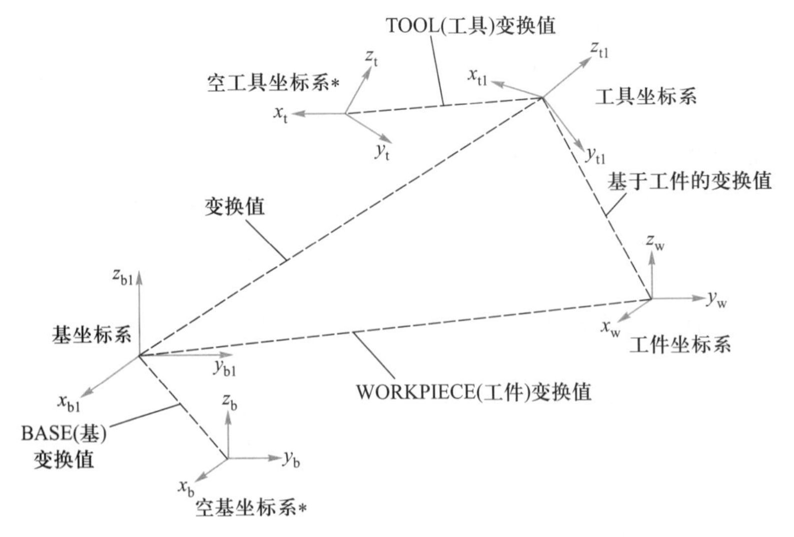

图6-3 工业机器人坐标系与变换值的关系

在描述工业机器人位姿信息时用关节位移值还是变换值各有利弊，可根据需要选用，见表6-1。

表6-1 关节位移值与变换值的优缺点

位姿数据种类	关节位移值（各轴值）	变换值
优点	◆ 再生精度高，机器人位姿形态不模糊	◆ 即使工具被改变，用于再现模式的工具坐标系原点也不会改变（空工具坐标系平移） ◆ 可以使用相对坐标系（如工件坐标系） ◆ 数据用XYZOAT值显示，便于处理
缺点	◆ 工具更换时TCP改变（空工具坐标系保持相同） ◆ 不能使用相对坐标系（如工件坐标系等）	◆ 如果BASE（基）或TOOL（工具）变换值改变，坐标系也将改变，因此必须全面理解任何改变对安全使用的影响 ◆ 如果在再现运转前没有进行设置，机器人形态可能会改变
应用建议	◆ 规定程序的开始位姿 ◆ 在用变换值描述位姿时或之前，规定机器人的形态 ◆ 用于其他共同的位姿	◆ 描述相对坐标，例如工件坐标系 ◆ 描述需要使用数字值和功能（函数）例如SHIFT进行改变的位姿 ◆ 描述需要通过传感器信息进行改变的位姿

（2）数字信息

在AS系统中，数字值和表达式可以用作数字信息。数字表达式是用数字和变量同运算符和函数相结合的一个值。数字表达式不仅可用于数学计算，也可作为参数用于监控指令和程序命令。

例如，在 DRIVE 指令中，需要指定 3 个参数，即关节编号、运动量和速度。参数不但可用数值，也可以使用表达式来表达。例如：

```
DRIVE  3,45,75                     /关节 3 以 75%的速度转动 45°
DRIVE  joint,(start+30)/2,75       /指定 joint=2,start=30 后,关节 2 以 75%的速度
                                   /转动 30°
```

用于 AS 系统的数字值可以分为以下三种类型。

① 实数。实数含有整数和小数，它可以是-3.4 E+38～3.4 E+38（-3.4×10^{38}～3.4×10^{38}）的整数、负数或 0。注意：前 7 位数字有效，但是通过计算后有效数字的位数可能会减少。

没有小数部分的实数叫作整数。其范围为-16 777 216～+16 777 215，对于超过此限制的数，前 7 位数字有效。整数通常用十进制数输入，虽然有时用二进制或十六进制表达更加方便。^B 表明数据用二进制方式输入，^H 表明数据用十六进制方式输入。

例如：

二进制/十六进制数	十进制数
^B101	5
^HC1	193
-^B1000	-8
-^H1000	-4096

② 逻辑值。逻辑值只有两种状态：ON（开）和 OFF（关），或 TRUE（真）和 FALSE（假）。值-1 被赋值给 TRUE 或 ON 状态，值 0 被赋值给 FALSE 或 OFF 状态。ON、OFF、TRUE 和 FALSE 作为 AS 语言被保留。

逻辑真=TRUE，ON，-1.0

逻辑假=FALSE，OFF，0.0

③ ASCII 值。显示一个 ASCII 字符的值，字符用前缀“′”来区分于其他值。

例如：′A、′1、′v、′%。

（3）字符信息

AS 系统中的字符信息用以引号（" "）括起来的一串 ASCII 字符来表示。引号用于表示字符串的开始和结束，不能用作字符串的一部分。ASCII 控制字符（如 CTRL、CR、LF 等）不能包含在字符串中。

例如：

指令输入提示符	指令	字符串
>	PRINT	"KAWASAKI"

3. 变量

在 AS 系统中，位姿信息、数字信息和字符信息都可以赋予名称，这些名称叫作变量。

教学课件
变量

(1) 变量的类型

根据变量的性质不同，将用作位姿信息、数字信息、字符信息的变量分别称为位姿变量、实数型变量、字符串变量。

根据变量的作用范围不同，可将变量分为两种类型：全局变量和局部变量。一般情况下，变量指的是全局变量。

① 全局变量。全局变量一旦被定义，将被保存在存储器中，可以在任何程序中使用。全局变量可以是位姿变量、实数型变量、字符串变量。

② 局部变量。局部变量在每次执行程序时都被重新定义，并且不保存在存储器中。局部变量以变量名称前带有一个“.”的变量来表示。

局部变量在几个程序使用相同的变量名，并且这些变量在每次程序运行时改变的情况下非常有用。局部变量也能用作为子程序的参数。

说　　明

① 局部变量不能用监控指令定义。

② 因为局部变量不保存在存储器中，局部变量.pose的值不能用下面的命令来显示：

```
>POINT.pose
```

要查看局部变量的当前值，可以在局部变量定义所在的程序中将它的值赋给一个全局变量，再用POINT指令即可：

```
POINT a=.pose                /在使用POINT指令前,执行定义局部(本地)变量的程序
>POINT a
  X[mm]      Y[mm]      Z[mm]      O[deg]      A[deg]      T[deg]
xxxxxxx    xxxxxxx    xxxxxxx    xxxxxxx     xxxxxxx     xxxxxxx
变化吗？(放弃请按RETURN键)↵
```

(2) 变量的命名

变量的命名规则如下：

① 变量的名称必须以英文开头。

② 可以使用的文字包括英文、数字、标点、下画线。

③ 没有大小写区分。

④ 变量名在15个字符内有效。

⑤ 各轴值以#号开头，如#pick1。

⑥ 变换值不加#号但要以英文开头，如pick1。

⑦ 字符串变量要用$记号开头，如$pick1。

⑧ 数组[ ]内的数字必须是0~9999的整数，如number[9999]。

⑨ 数组内的数字可以是三组，如number[1,1,1]。

⑩ 预定语句（AS系统规定的关键词）不能使用变量，如HERE、JMOVE。

⑪ 本地变量前要加“.”，如.answer。

⑫ 在用变换值作参数的情况下，前面要用“.&”开头，如.&pick。

⑬ 终端（键盘等）一次可以输入128个字符。

⑭ 子分类的参数最大为25个，如sub（a1，a2，…，a25）。

⑮ 输出信号为1~最大搭载点数（32，64，…）。

输入信号为1001~实际I/O点数（1032，1064，…）。

内部信号为2001~2256的数字使用量。

（3）变量的定义

① 位姿变量的定义。

教学课件
变量的定义

描述位姿信息的变量被称为位姿变量。位姿变量仅在有赋值时才被定义。它会保持未定义状态直到被赋予数值，如果执行了含未定义变量的程序，会报出错。

位姿变量在以下情况中很有用：

- 相同的位姿数据被重复利用而没有必要每次示教其位姿。
- 一个已定义的位姿变量可在不同的程序中使用。
- 一个已定义的位姿变量可以被用来或被改变来定义一个不同的位姿。
- 计算值可被用作位姿信息，以取代使用示教器对机器人进行耗时的示教工作。
- 位姿变量可以自由命名，使程序变得更易读。

位姿变量有以下三种定义方法。

方法一：用监控指令定义。

a. 用HERE指令把机器人的当前位姿数据存储在指定的变量名称下。

例1：使用关节位移值。

变量名以#开头（以区别于变换值），紧跟在指令后面，显示当前位姿的关节位移值：

```
>HERE  #pose↵
  JT1       JT2       JT3       JT4       JT5       JT6
xxxxxxx   xxxxxxx   xxxxxxx   xxxxxxx   xxxxxxx   xxxxxxx
变化吗？(放弃请按 RETURN 键)↵
>
```

例2：使用变换值。

紧跟在指令后面，显示当前位姿的变换值：

```
>HERE pose↵
 X[mm]     Y[mm]     Z[mm]     O[deg]    A[deg]    T[deg]
xxxxxxx   xxxxxxx   xxxxxxx   xxxxxxx   xxxxxxx   xxxxxxx
变化吗？(放弃请按 RETURN 键)↵
>
```

b. 用POINT指令使用另一个已定义的位姿变量来定义一个位姿，或通过终端输入数值来定义它。

例 1：使用关节位移值。

- 定义一个新的、未定义过的变量：

```
>POINT  #pose↵
  JT1         JT2         JT3         JT4         JT5         JT6
 0.000       0.000       0.000       0.000       0.000       0.000
变化吗？（放弃请按 RETURN 键）↵
>
```

输入新值，各值之间以逗号分隔：

```
xxx,xxx,xxx,xxx,xxx,xxx
```

- 改变一个已定义变量的值：

```
>POINT  #pose↵
  JT1         JT2         JT3         JT4         JT5         JT6
 10.000      20.000      30.000      40.000      50.000      40.000
变化吗？（放弃请按 RETURN 键）↵
>
```

输入要改变的值：

```
30,,,,20,      /将 JT1 和 JT5 的值改变为 30 和 20
```

- 替换一个已定义变量的值：

```
>POINT  pose_1=pose_2↵
  JT1         JT2         JT3         JT4         JT5         JT6
 10.000      20.000      30.000      40.000      50.000      40.000
变化吗？（放弃请按 RETURN 键）↵
>
```

显示要定义给 pose_1 的值（pose_2 的最新值）。按下↵键，将这个值设置给 pose_1，或用上述步骤修改它们。

例 2：使用变换值。

按照上述相同的步骤，只是变量名不能以#开头。

方法二：用程序命令定义。

a. 用 HERE 命令将机器人的当前位姿数据存储到指定名称下。

```
HERE  pose
```

b. 通过 POINT 命令使用一个已定义的位姿来替代一个位姿变量。

```
POINT  pose_1=pose_2
```

变量 pose_1 被已定义的变量 pose_2 的值代替，如果 pose_2 未定义，则报出错。

方法三：使用复合变换值。

复合变换值或相对变换值，即在两个坐标系之间的变换值，用在两个或多个过渡坐标系之间的变换值的组合来表达。

比如，plate 是相对于基坐标系的变换值的变量名，描述了平板上的坐标系。如果有相对于位置 plate 的物体的位姿被定义为 object，那么该物体相对于机器人基坐标系的复合变换值，可以用 plate+object 来描述（复合变换值的实例应用见项目 7 任务 6 双托盘码垛编程）。

在图 6-4 中，即使位姿 plate 改变（如平板移动），只有 plate 的变换值需要更新，而其他的可以像原来一样使用。

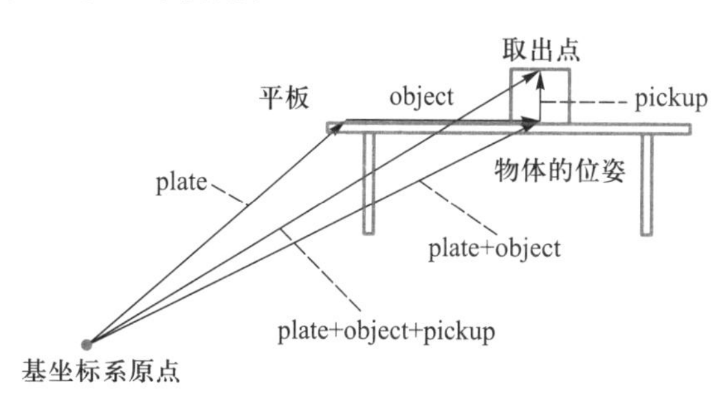

图 6-4　复合变换值

复合变换值可以用定义位姿变量的任何命令和指令来定义（用 HERE 最容易）。

首先，用示教器将机器人工具点移动到要命名为 plate 的位姿，然后输入以下指令将此位姿定义为 plate：

```
>HERE  plate↵
```

接下来，将机器人工具点移动到要命名为 object 的位姿，并输入：

```
>HERE  plate+object↵
```

变换值 object 现在定义为相对于 plate 的当前位姿（如果 plate 在此时仍未定义，object 将不能被定义并且报出错）。

最后，将机械手移动到捡起取出 object 的位姿，并输入：

```
>HERE  plate+object+pickup↵
```

最后的命令定义相对于变换值 object 的位姿变量 pickup。

如上所述，复合变换值通过几个独立变换值的“+”结合来定义。注意：在“+”和变换值之间不要留任何空格。用这种方法，可以结合任意多的变换值。

如果机器人要在指定为相对于 object 的 pickup 位姿处捡起 object，程序应该写为

> **提示**
> ① 不要改变相对变换值表达式中的变换值变量的顺序。例如，如果变换值变量 b 被定义为相对于变换值变量 a，表达式应该为 a+b，而不是 b+a。
> ② 示例中的位姿数据 object 和 pickup 被定义为相对于其他位姿数据。因此，不要使用 JMOVE object 或 LMOVE pickup 指令，除非确信它在程序中的目的和影响。

JMOVE plate+object+pickup 或 LMOVE plate+object+pickup。

在重复使用复合变换值时，可使用 POINT 命令来减少计算复合变换值的时间。例如，要接近位姿 pickup，然后向 pickup 位姿移动，可输入：

```
JAPPRO  plate+object+pickup,100          /接近 pickup 上方 100 mm
LMOVE  plate+object+pickup               /直线运动到 pickup
```

然而，如果输入以下命令，则可以节省计算时间：

```
POINT  x=plate+object+pickup             /计算目标位姿
JAPPRO  x,100                            /接近目标上方 100 mm
LMOVE  x                                 /直线运动到目标
```

这两个程序的结果动作相同，但是后者计算一次混合转换，因此执行时间更短。在这个简单例子中，执行时间的差异是很小的，但是在更复杂的程序中，可产生很大的差异，并且可以缩短整个循环时间。

② 实型变量的定义。

实型变量用赋值命令“=”来定义，给实型变量赋值的格式为：

```
Real_variable_name=numeric_value
```

例如：

```
a=10.5
count=i*2+8
Z[2]=Z[1]+5.2
```

左侧的变量可以是数值变量（如计数），也可以是数组元素（如 Z［2］）。变量仅在赋值时定义。

在赋值前，它一直处于未定义状态，如果执行了含有未定义变量的程序，将报出错。

右侧的数值可以是一个常数、一个变量或者是一个数学表达式。在处理赋值命令时，先计算赋值命令的右侧值，然后把这个值赋给左侧的变量。

如果命令左侧的变量是一个新变量或以前从未被赋值过，右边的值将被自动赋值给该变量。如果左侧变量是个已定义的变量，这个新值将替换此变量的当前值。

例如，指令 x=3 赋值 3 给变量 x。它读作“赋值 3 给 x”，而不是“x 等于 3”。下面的例子将清晰地解释其处理过程：

```
x=x+1
```

如果此例是一个数学等式，读作“x 等于 x 加 1”，但它没有意义；作为赋值命令，它应该读作“赋值 x 加 1 给 x”。这样，先计算 x 的当前值和 1 的和，然后把结果值作为一个新的数值赋值给 x。因此，这个等式要求首先定义 x，如下所示：

```
x=3
x=x+1
```

这时，x的结果值为4。

③ 字符串变量的定义。

字符串变量用赋值命令（=）定义，给字符串变量赋值的格式为：

```
$string_variable=string_value
```

例如：

```
$a1=$a2
$error mess[2]="time over"
```

左边的字符变量可以是一个变量（如$name），也可以是数组元素（如$line[2]）。只有当变量在被创建了名字并被赋予数值时，它才被定义。在赋值前，它一直处于未定义状态，如果执行了含有未定义变量的程序，将报出错。

右边的字符串可以是字符串常数、字符串变量或者是字符表达式。在处理赋值命令时，先计算赋值命令右侧的值，然后把这个值赋给左侧的变量。

```
$name="KAWASAKI  HEAVY  INDUSTRIES  LTD."
```

在上述命令中，把" "括起来的字符串赋值给变量$name，如果指令左侧的变量以前未被用过，此字符串将被自动赋值。如果左侧的变量是个已定义的变量，这个命令将用右侧的新字符串替换当前的字符串。

4. 常用监控指令

按下示教器键盘上的 菜单 键，在示教器触摸屏上将显示如图6-5所示的界面。从下拉菜单中选择【键盘】，界面如图6-6所示。

教学课件
AS语言的类型及常用监控指令

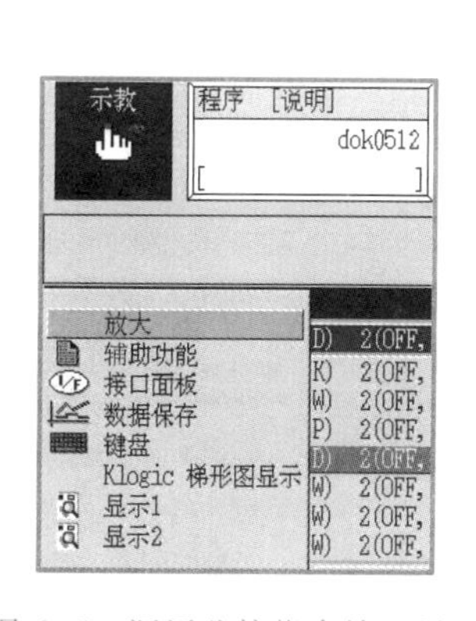

图6-5 调用监控指令输入界面

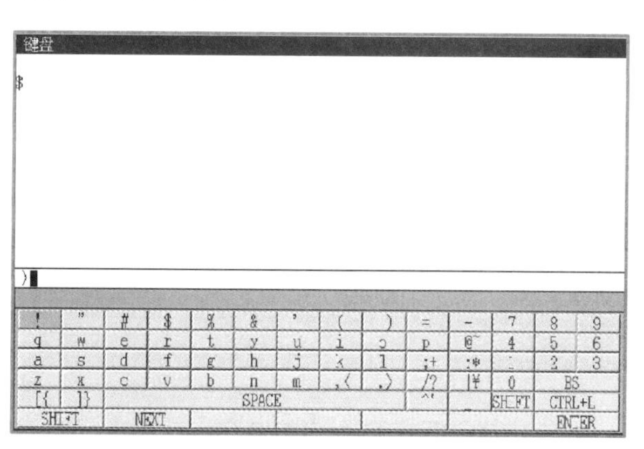

图6-6 监控指令输入界面

监控指令由一个表示指令的关键字和其后的参数组成。

(1) 编辑指令 EDIT

① 指令功能：进入创建或编辑程序的编辑模式。如果未指定程序名，则打开上一次编辑或停止（或因错误停止）的程序。如果指定的程序不存在，则创建一个新的程序；如果不指定步骤编号，则从被编辑过的上一步开始编辑；如果上一次程序执行过程中出现错误，那么选择出错处的那个步骤。

② 指令格式如下：

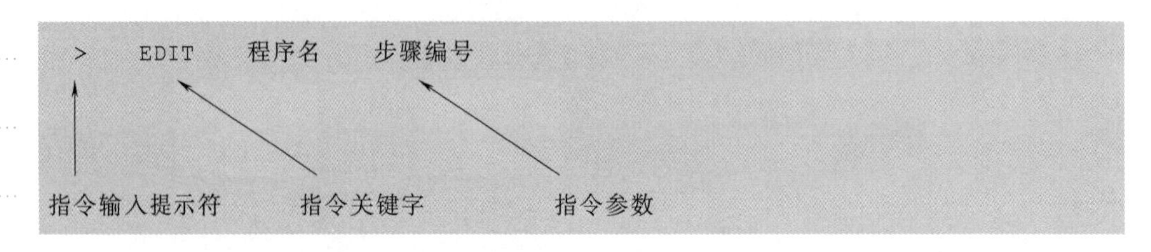

关键字和参数之间必须用空格隔开。

(2) 监控速度指令 SPEED

① 指令功能：设定机器人的监控速度（用最高速度的百分比表示）。机器人的运动速度由监控速度和程序速度（在程序中用SPEED命令设定）的乘积决定。如果监控速度设定为50，程序中设定的速度为60，那么机器人的最大速度是机器人最高速度的30%。

② 指令格式如下：

```
>SPEED  监控速度
```

③ 使用范例如下：

```
>SPEED  30                  /机器人监控速度被设定为最大速度的30%
```

(3) 程序执行监控指令 EXECUTE

① 指令功能：执行一个机器人程序。

② 指令格式如下：

```
>EXECUTE  程序名,执行循环数(可选)
```

③ 使用范例如下：

```
>EXECUTE  test,-1↵         /连续执行名为test的程序(程序连续执行直至被
                            / HALT等指令停止,或错误发生时停止)
>EXECUTE↵                  / 执行上次执行的程序(仅一个循环)
```

(4) 停止执行程序指令 HOLD

① 指令功能：立即停止机器人程序的执行。机器人运动被立即停止，但跟紧急停止不同，电动机电源不会关断。本指令与把HOLD/RUN的状态由RUN改变为HOLD具有相同的效果。用CONTINUE指令可继续程序执行。

② 指令格式如下：

```
>HOLD ↵
```

（5）继续程序的执行指令 CONTINUE

① 指令功能：继续（恢复）执行因 PAUSE 命令、ABORT 或 HOLD 指令，或因出错而停止的程序。

② 指令格式如下：

```
>CONTINUE ↵
```

（6）以当前姿态指定一个位姿变量指令 HERE

① 指令功能：用当前的位姿来指定一个位姿变量名。位姿可以用变换值、关节位移值或复合变换值的形式表达。

② 指令格式如下：

```
>HERE    位姿变量
```

③ 使用范例如下：

```
>HERE  #pick              ／定义机器人的当前位姿为#pick(关节位移值)
>HERE  place              ／定义机器人的当前位姿为place(变换值)
>HERE  plate+object       ／定义机器人的当前位姿为object,此位姿变量相对于
                          ／位姿plate(复合变换值)。如果plate未定义则出错
```

（7）定义一个位姿变量指令 POINT

① 指令功能：将“=”右边的位姿变量2赋值给“=”左边的位姿变量1。

② 指令格式如下：

```
>POINT  位姿变量1=位姿变量2
```

说　明

当“=”左边和右边的数值类型不同时，该指令的作用说明如下：

① POINT 变换值变量=关节位移值变量

右边的关节位移值变量被转换成变换值并赋值给左边的位姿变量。

② POINT 关节位移值变量=变换值变量，关节位移值变量

右边的变换值变量被转换成关节位移值并赋值给左边的位姿变量。如果指定了右边的关节位移值变量，则以关节位移值变量的关节位移值的形态来求左边位姿变量的关节位移值。如果未指定，则以机器人当前的形态来求关节位移值变量值。

③ 使用范例如下：

```
>POINT  #park↵        / 显示关节位移值变量#park的值(如果未定义,
                      / 则显示0,0,0,0,0,0)
```

```
 JT1     JT2     JT3     JT4     JT5     JT6
10.000 15.000 20.000 30.000 50.000 40.000
变化吗?(放弃请按RETURN键)
,,,-15
 JT1     JT2     JT3     JT4     JT5     JT6
10.000 15.000 20.000 -15.000 50.00 40.000
变化吗?(放弃请按RETURN键)
>POINT  pick1=pick          / 将pick的变换值赋值给pick1的变换值变量,
                            / 并显示此值以供修改
>POINT  pos0=#pos0          / 将关节位移值变量#pos0转换成变换值并将它赋值给
                            / 变量pos0
>POINT  #pos1=pos1,#pos2    / 用#pos2给定的机器人形态,将变换值的变量pos1
                            / 转换为关节位移值,并将它赋值给变量#pos1
```

(8) 设定机器人原点位置 SETHOME/SET2HOME

① 指令功能：设定和显示原点位姿（HOME位姿）。在AS系统中，可以设定两个原点位姿（HOME1和HOME2），用SETHOME指令设定HOME 1，用SET2HOME指令设定HOME 2。

② 指令格式如下：

```
>SETHOME    精度,HERE(可选)
>SET2HOME   精度,HERE(可选)
```

③ 使用范例如下：

```
>SETHOME 2                  / 设定2mm的精度,通过输入新值改变HOME位置
 JT1     JT2     JT3     JT4     JT5     JT6   精度[mm]
  0.      0.      0.      0.      0.      0.      2.
变化吗?(放弃请按RETURN键)
,90,-90
 JT1     JT2     JT3     JT4     JT5     JT6   精度[mm]
  0.     90.    -90.      0.      0.      0.      2.
变化吗?(放弃请按RETURN键)↵
>
>SETHOME  10,HERE           / 将当前位姿设定为HOME位姿。精度被设定为
                            / 10 mm,也即当机器人到达HOME位姿周围10 mm
                            / 范围内时,将输出表示机器人到达HOME位姿的
                            / HOME专用信号
```

5. 常用程序命令

新建或者打开程序后，按下示教器键盘上的I键，示教器触摸屏上显示如图6-7

所示的界面。从下拉菜单中选择【AS 语言示教画面】，界面显示如图 6-8 所示。

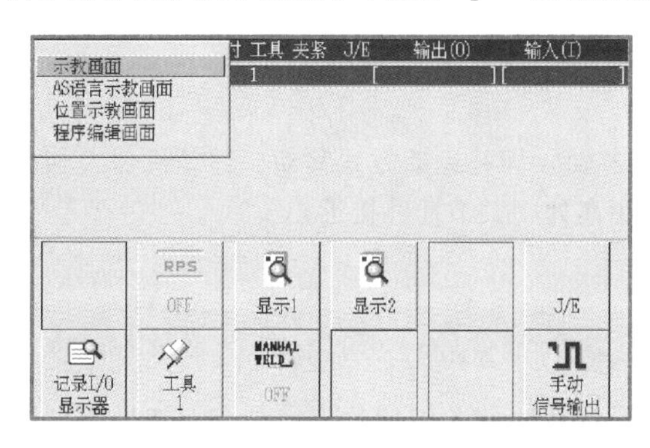

图 6-7　AS 语言输入选择界面

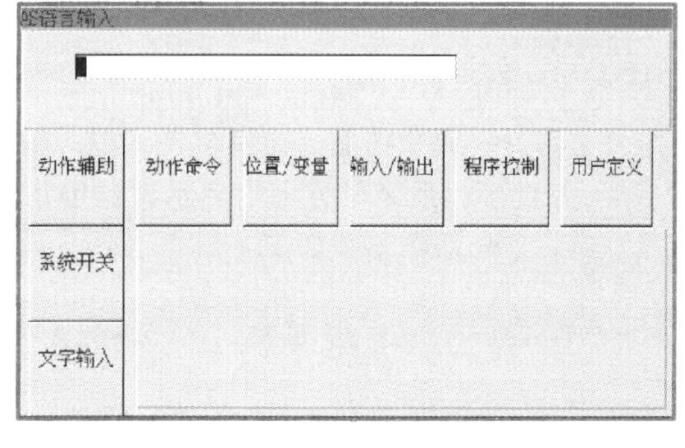

图 6-8　AS 语言输入界面

程序命令由一个表示命令的关键字和其后的参数组成。

例如，各轴插补运动命令如下：

关键字和参数之间必须用空格隔开。

教学课件
运动命令

指导视频
运动命令

(1) 运动命令

① 各轴插补运动命令 JMOVE。

• 命令功能：控制机器人以关节（各轴）插补运动方式移动，移动机器人至指定的位姿。机器人从起始位姿到结束位姿的整个运动过程中，各关节移动的行程相对于总行程的比例是相等的。

• 命令格式如下：

```
JMOVE　位姿变量
```

• 使用范例如下：

```
JMOVE　#pick
```

② 直线插补运动命令 LMOVE。

• 命令功能：控制机器人以直线插补运动方式移动，移动机器人至指定的位姿。TCP 沿着直线轨迹移动。

• 命令格式如下：

```
LMOVE　位姿变量
```

• 使用范例如下：

```
LMOVE  #pick
LMOVE  A+B
```

③ JAPPRO。

• 命令功能：控制机器人以关节（各轴）插补运动方式移动，移动机器人到在工具坐标系 Z 轴方向上离示教位姿指定距离处（关节插补接近）。

• 命令格式如下：

```
JAPPRO  位姿变量,距离
```

如果指定的距离为正值，机器人向工具坐标系 Z 轴的负方向运动；如果指定的距离为负值，机器人向工具坐标系 Z 轴的正方向运动。

• 使用范例如下：

```
JAPPRO  place,100        /以关节插补动作,向工具坐标系Z 轴方向上离位姿 place
                         /100 mm 处的位姿运动;place 是用变换值描述的位姿
```

④ LAPPRO。

• 命令功能：控制机器人以直线插补运动方式移动，移动机器人到在工具坐标系 Z 轴方向上离示教位姿指定距离处（直线插补接近）。

• 命令格式如下：

```
LAPPRO  位姿变量,距离
```

• 使用范例如下：

```
LAPPRO  place,100        /以直线插补动作,向工具坐标系Z 轴方向上离位姿 place
                         /100 mm 处的位姿运动;place 是用变换值描述的位姿
```

⑤ JDEPART。

• 命令功能：控制机器人以各轴插补运动方式移动，移动机器人到工具坐标系 Z 轴方向指定距离处的位姿（关节插补离开）。

• 命令格式如下：

```
JDEPART  距离
```

如果指定的距离为正值，机器人向工具坐标系Z 轴的负方向运动；如果指定的距离为负值，机器人向工具坐标系 Z 轴的正方向运动。

• 使用范例如下：

```
JDEPART  80              /机器人以各轴插补方式动作,向工具坐标系-Z 轴方向上的
                         /80 mm 处后退移动
```

⑥ LDEPART。

• 命令功能：控制机器人以直线插补运动方式移动，移动机器人到在工具坐标系 Z 轴方向指定距离处的位姿（直线插补离开）。

• 命令格式如下：

```
LDEPART  距离
```

• 使用范例如下：

```
LDEPART  200            / 以直线插补动作,向工具坐标系-Z 轴方向上的 200 mm 处后退
                        / 移动
```

⑦ HOME。

• 命令功能：控制机器人以关节插补方式移动，移动机器人到以 HOME 或 HOME2 定义的位姿处。

• 命令格式如下：

```
HOME
HOME2
```

• 使用范例如下：

```
HOME         / 以关节插补动作运动到用 SETHOME 命令设定的原点处
HOME2        / 以关节插补动作运动到用 SET2HOME 命令设定的第 2 原点处
```

⑧ DRIVE。

• 命令功能：移动机器人的单个关节。

• 命令格式如下：

```
DRIVE  关节编号,位移,速度
```

• 使用范例如下：

```
DRIVE  2,-10,75          / 将关节 2(JT2)从当前位姿转动-10°,速度为监控速度的 75%
```

⑨ DRAW。

• 命令功能：机器人从当前位姿以直线插补方式动作，按指定的速度，向 X、Y、Z 轴方向上指定的距离处移动，并且绕各轴旋转指定的旋转量。DRAW 命令按基坐标系移动机器人，TDRAW 命令按工具坐标系移动机器人。

• 命令格式如下：

```
DRAW  X 轴平移量,Y 轴平移量,Z 轴平移量,X 轴旋转量,Y 轴旋转量,Z 轴旋转量
```

• 使用范例如下：

```
DRAW  50,,-30      / 从当前位姿出发,以直线插补方式动作,在基坐标系的X 轴方向上移动
                   / 50 mm,并且在Z 轴方向上移动-30 mm
```

⑩ DELAY。

- 命令功能：停止机器人运动指定的时间。
- 命令格式如下：

```
DELAY  时间
```

- 使用范例如下：

```
DELAY  2.5               / 停止机器人动作 2.5 s
```

⑪ 圆弧插补运动命令 C1MOVE/C2MOVE。

- 命令功能：控制机器人沿着圆弧路径运动，移动机器人至指定的位姿。
- 命令格式如下：

```
C1MOVE  位姿变量
C2MOVE  位姿变量
```

- 使用范例如下：

◆ 三点圆弧（如图6-9所示）。

机器人以关节插补方式运动到C1，然后沿着由C1、C2、C3形成的圆弧作圆弧插补运动。

```
JMOVE  C1
C1MOVE  C2
C2MOVE  C3
```

◆ 多点圆弧（如图6-10所示）。

```
JMOVE  #a
C1MOVE  #b
C2MOVE  #c
C1MOVE  #d
C2MOVE  #e
```

◆ 特殊圆弧（如图6-11所示）。

```
LMOVE  #p1
C1MOVE  #p2
C1MOVE  #p3
C2MOVE  #p4
```

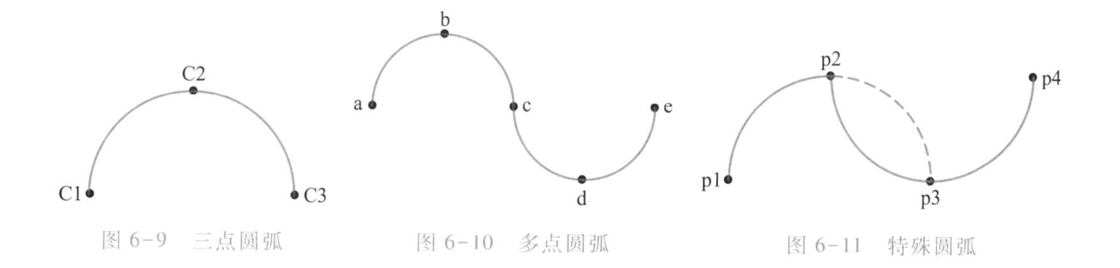

图 6-9 三点圆弧 图 6-10 多点圆弧 图 6-11 特殊圆弧

使用说明如下：

C1MOVE 命令将机器人移动到圆弧轨迹的中间位置点，C2MOVE 命令移动机器人至该圆弧轨迹的结束点。

要使机器人以圆弧插补动作进行移动，必须示教三个位姿点。在 C1MOVE 和 C2MOVE 命令中，这三个位姿是不同的。

C1MOVE：上一条运动命令的位姿、用作 C1MOVE 命令参数的位姿和下一条运动命令的位姿（C1MOVE 或 C2MOVE 命令）。

C2MOVE：上一条 C1MOVE 命令的位姿、在 C1MOVE 命令之前的运动命令和 C2MOVE 命令的位姿。

（2）速度与精度控制命令

① 设定运动速度命令 SPEED。

- 命令功能：指定机器人的运动速度。
- 命令格式如下：

```
SPEED  速度,旋转速度,ALWAYS(后两项可选)
```

- 使用范例如下：

```
SPEED  50                       / 将下一条命令的运动速度设定为最大速度的 50%
SPEED  20MM/ S ALWAYS           / TCP 的速度被指定为 20 mm/s,直至它被另一 SPEED 命令改变
                                /(当监控速度为 100%时)
SPEED  5 S                      / 设定下一条机器人运动命令的速度,使其在 5 s 内到达(该速度
                                / 是监控速度为 100%时 TCP 的速度)
SPEED  100 MM/S,10 DEG/S        / 指定下一条命令的运动速度。到达目标位姿所需时间长者优先
```

② 设定运动精度命令 ACCURACY。

ACCURACY 命令用于设置在各运动段末端机器人的定位精度（即当机器人进入此命令设置的范围内时，就认为已经到达了目标位姿，并开始向下一个目标运动）。

- 命令功能：指定判断机器人位姿时的精度。如果输入 FINE 参数，不论“距离”参数是否设定，仅当当前值和示教值一致时，决定机器人的位姿。
- 命令格式如下：

```
ACCURACY  距离,ALWAYS FINE(后两项可选)
```

提示

① 在 C1MOVE 命令之前，需有如下命令：ALIGN、C1MOVE、C2MOVE、DELAY、DRAW、TDRAW、DRIVE、HOME、JMOVE、JAPPRO、JDEPART、LMOVE、LAPPRO、LDEPART、STABLE、XMOVE。
② C1MOVE 命令后必须跟有 C1MOVE 或 C2MOVE 命令。
③ C1MOVE 命令必须先于 C2MOVE 命令。

教学课件

速度与精度控制命令

指导视频

速度与精度控制命令

• 使用范例如下：

```
ACCURACY 10 ALWAYS    / 将此命令的所有后继运动命令的精度范围设定为 10 mm
```

教学课件
夹紧控制命令

(3) 夹紧控制命令

① 打开夹具命令 OPEN 与 OPENI。

• 命令功能：打开机器人夹具（输出夹具打开信号）。OPEN 是指在下一运动命令开始时，输出夹具打开信号。OPENI 是指在当前运动命令完成时，输出夹具打开信号。

• 命令格式如下：

```
OPEN  夹具编号
OPENI  夹具编号
```

• 使用范例如下：

```
OPEN  1       / 当机器人开始下一运动时,将夹具打开信号送至夹紧 1 的控制阀
OPENI  1      / 一旦机器人完成当前运动,立即将夹具打开信号送至夹紧 1 的控制阀
```

② 关闭夹具命令 CLOSE 与 CLOSEI。

• 命令功能：夹紧机器人夹具（输出夹具夹紧信号）。CLOSE 是指在下一运动命令开始时，输出夹具夹紧信号。CLOSEI 是指在当前运动命令完成时，输出夹具夹紧信号。

• 命令格式如下：

```
CLOSE  夹具编号
CLOSEI  夹具编号
```

• 使用范例如下：

```
CLOSE  1       / 当机器人开始下一运动时,将夹具夹紧信号送至夹紧 1 的控制阀
CLOSEI  1      / 一旦机器人完成当前运动,立即将夹具夹紧信号送至夹紧 1 的控制阀
```

教学课件
程序控制命令

(4) 程序控制命令

① 程序等待命令 WAIT。

• 命令功能：使程序执行等待，直到指定的条件得到满足后继续程序的执行。

• 命令格式如下：

```
WAIT  条件
```

• 使用范例如下：

```
WAIT  SIG(1001,-1003)      / 暂停程序的执行,直到外部输入信号 1001(WX1)
                           / 为 ON、1003(WX3)为 OFF
WAIT  n>100                / 暂停程序的执行,直到变量 n 的值大于 100
```

② 程序等待命令 TWAIT。

• 命令功能：暂停程序的执行，直到指定的等待时间结束后继续程序的执行。

• 命令格式如下：

```
TWAIT 时间
```

• 使用范例如下：

```
TWAIT 0.5    / 等待 0.5 s,暂停程序的执行,等待时间满后继续程序的执行
```

(5) 程序结构控制命令

教学课件
程序结构控制命令

循环命令 FOR-TO-END。

• 命令功能：重复程序执行。此程序结构控制命令重复执行位于 FOR 和 END 语句之间的程序命令。在每次循环执行之后，循环变量增加给定的步进值。

对于每个 FOR 语句，必须有一个与之对应的 END 语句。

此程序结构控制命令的执行流程如下：

A. 赋给循环变量起始值。

B. 计算结束值和步进值。

C. 比较循环变量和结束值。

a. 如果步进值为正，且循环变量大于结束值，程序跳转到流程 G。

b. 如果步进值为负，且循环变量小于结束值，程序跳转到流程 G。

c. 上述 a 和 b 以外，程序跳转到流程 D。

D. 执行 FOR 语句之后的程序命令。

E. 当执行到 END 语句时，步进值被加到循环变量上。

F. 返回至流程 C。

G. 执行 END 语句之后的程序命令（在流程 C 中比较测试的循环变量的值不变）。

• 命令格式如下：

```
FOR 循环变量=起始值 TO 结束值
  ⋮
END
```

• 使用范例如下：

```
FOR row=1 TO max.row
POINT hole=SHIFT (start.pose BY(row-1)* 100,0,0)
  FOR col=1 TO max.col
    CALL pick.place
    POINT hole=SHIFT(hole BY 0,100,0)
  END
END
```

教学课件 位姿信息命令

(6) 位姿信息命令

① 以当前姿态指定一个位姿变量命令HERE。

- 命令功能：以当前位姿定义一个位姿变量。
- 命令格式如下：

```
HERE  位姿变量
```

- 使用范例参考HERE监控指令。

② 定义一个位姿变量命令POINT。

- 命令功能：将“=”右边的位姿变量2赋值给“=”左边的位姿变量1。
- 命令格式如下：

```
POINT  位姿变量1=位姿变量2
```

- 使用范例参考POINT监控指令。

教学课件 二进制信息命令

(7) 二进制信息命令

① 开启/关断外部I/O信号和内部信号命令SIGNAL。

- 命令功能：开启（ON）［或关断（OFF）］指定的外部信号（OX）或内部信号。如果信号编号为正，信号被开启（ON）；如果为负，信号被关断（OFF）；如果信号编号为0，则所有信号被关断（OFF）。
- 命令格式如下：

```
SIGNAL  信号编号
```

- 使用范例如下：

```
SIGNAL  -1,4,2010      /关闭外部输出信号1,打开外部输出信号4,打开内部信号2010
SIGNAL  -reset,4       /如果变量reset的值是正值,由这个值决定的输出信号
                       /被关断(OFF),输出信号4被开启为ON
```

② 在满足指定的条件之前，挂起程序的执行命令SWAIT。

- 命令功能：在指定的外部I/O信号或内部信号满足置位条件之前一直等待。如果全部指定信号都满足指定条件时，此命令结束，程序执行下一步骤。如果条件不满足，程序一直等在那一步骤处，直至条件满足。
- 命令格式如下：

```
SWAIT  信号编号
```

- 使用范例如下：

```
SWAIT  1001,1002         /在外部输入信号1001(WX1)和1002(WX2)
                         /都变成ON之前,一直等待
SWAIT  1,-2001           /在外部输出信号1(OX1)为ON和内部信号2001(WX1)
                         /为OFF之前,一直等待
```

教学课件
函数的应用

6. 函数

(1) 实数函数

返回指定的二进制信号状态的逻辑与（AND）SIG。

• 命令功能：返回指定的二进制信号状态的逻辑与（AND）。

计算所有指定的二进制信号状态的逻辑与，并返回结果值。如果所有指定信号的状态为真，则返回-1［真（TruE）的值］；否则，返回0［假（FALSE）的值］。其信号编号见表6-2。

表6-2　机器人信号编号

信号	编号
外部输出信号（机器人输出信号）	1~32
外部输入信号（机器人输入信号）	1001~1032
内部信号	2001~2960

• 命令格式如下：

```
SIG(信号编号1,信号编号2,…)
```

• 使用范例如下：

如果二进制I/O信号1001=ON，1004=OFF，20=OFF，那么：

```
SIG(1001)              / 返回外部输入信号1001值为-1,结果为真
SIG(1004)              / 返回外部输入信号1004值为0,结果为假
SIG(1001,1004)         / 返回外部输入信号1001和1004的结果与为-1,结果为真
SIG(1001,-1004,-20)    / 返回外部输入信号1001、1004和外部输出信号20的
                       / 结果与为-1,结果为真
```

(2) 位姿值函数

返回由原来位姿平移产生的变换值SHIFT。

• 命令功能：返回将参数“变换值变量”描述的位姿沿着各基坐标轴（X、Y、Z）平移指定距离而得到的位姿的变换值。

• 命令格式如下：

```
SHIFT(变换值变量  BY  X轴平移量,Y轴平移量,Z轴平移量)
```

• 使用范例如下：

如果变换值变量x的变换值为（200，150，100，10，20，30），那么：

```
POINT  y=SHIFT(x BY 5,-5,10)        / x按指定值平移到(205,145,110,
                                    / 10,20,30),并且这些值被赋给变量y
```

7. AS语言编程流程

AS语言编程流程如图6-12所示。

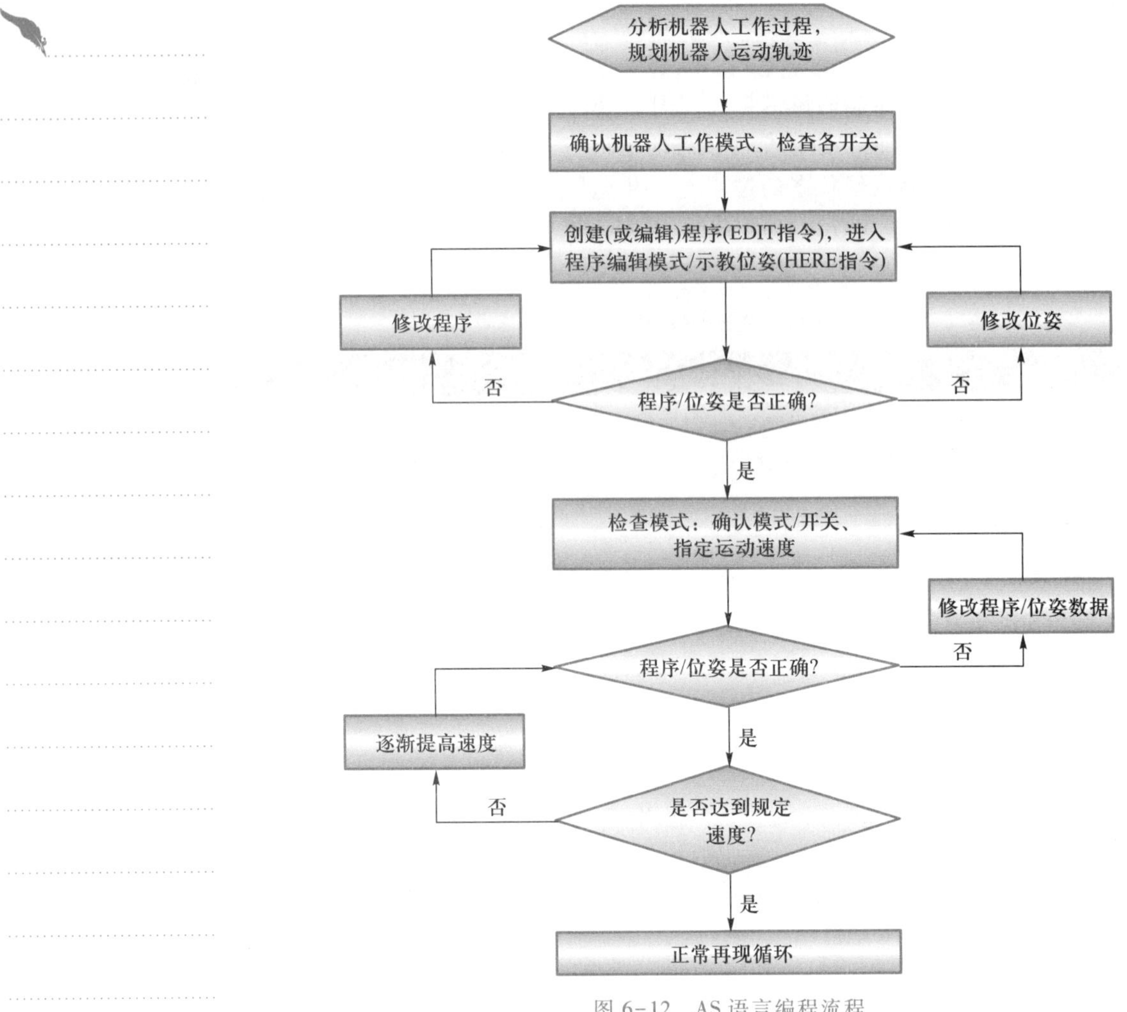

图6-12 AS语言编程流程

任务2 点对点运动AS语言编程

任务分析

如图6-13所示，机器人做简单的两点运动，其运动过程为机器人由#pick1点以直线插补方式运动到#pick2点，再由#pick2点以各轴插补方式运动到#pick1点，并往复运动。

变量#pick1和#pick2表达了机器人的两个位置和姿态。在执行程序之前，可按本项目任务1中介绍的变量的定义方法，示教这两个位姿变量。示教步骤为通过手动操作将机器人移动到#pick1目标位置后，通过菜单栏打开键盘，输入监控命令HERE #pick1，按回车键，此时系统提示是否定义当前位姿为pick1，按回车键即确定。同样建立#pick2位姿变量（位姿变量的示教可在编程前完成，也可在编程后、运行程序前完成。但如果在位姿变量定义前即运行程序，系统将报错）。

任务实施

1. AS 语言编程

（1）方法一：通过示教器编辑程序

① 在示教界面的<调用程序>输入框中输入数字，新建一个程序，如图 6-14 所示。

② 按下示教器键盘上的 I 键，在示教器触摸屏上显示如图 6-15 所示界面。从下拉菜单中选择【AS 语言示教画面】，界面显示如图 6-16 所示。

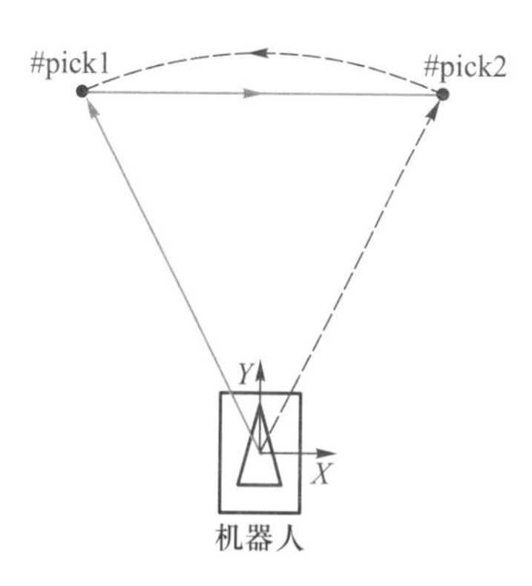

图 6-13　点对点运动 AS 语言编程

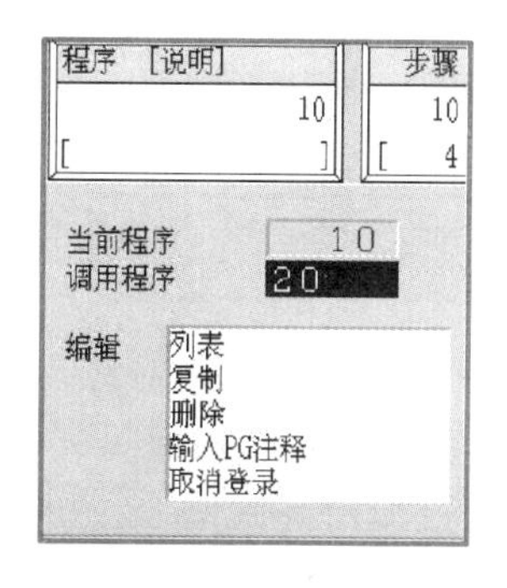

图 6-14　新建程序

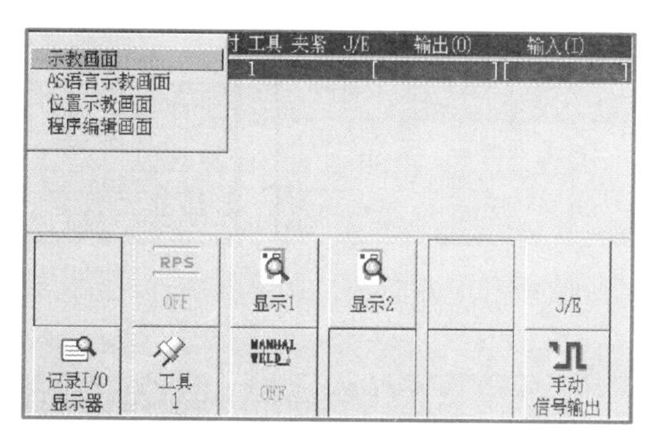

图 6-15　编程方式选择

③ 点击<动作命令>，出现动作命令组，按下↓键移动光标到 SPEED，按下↵键，将 SPEED 命令输入到命令行，再用数字键输入 100，点击<动作命令>，按下↓键移动光标到 ALWAYS，按下↵键，将 ALWAYS 输入程序行。再按下↵键将输入完成的程序行记录至程序中。

④ 同理，完成 ACCURACY 10 ALWAYS 程序行的输入与记录。

⑤ 点击<动作辅助>，显示如图 6-17 所示的界面。

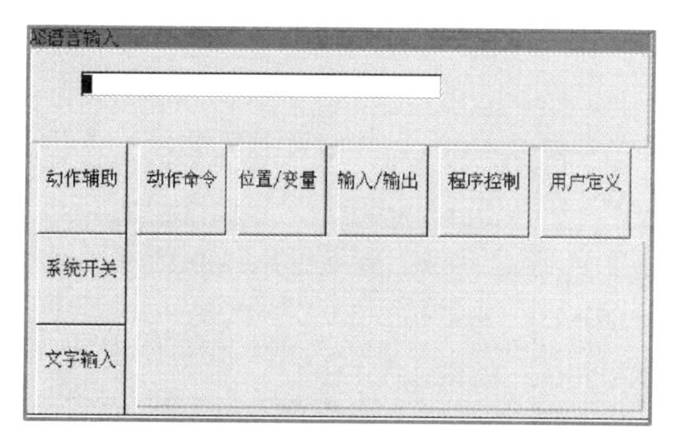

图 6-16　AS 语言示教界面

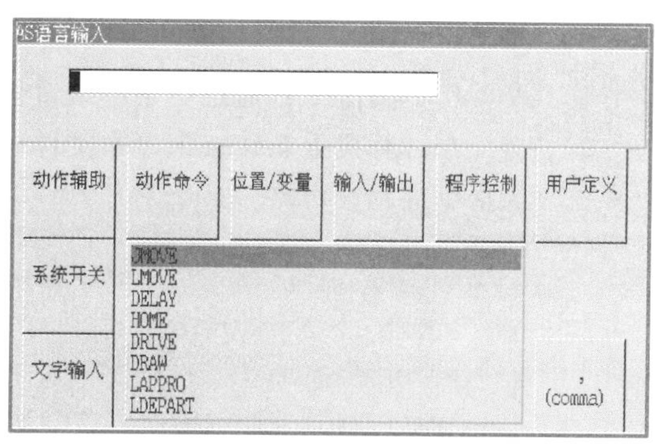

图 6-17　动作辅助命令组

⑥ 按下↓键移动光标到JMOVE，按下↵键，将JMOVE命令输入命令行，如图6-18所示。

⑦ 点击<位置/变量>显示出已登记的位姿变量列表。由于#pick1还没示教，在显示的变量列表中没有#pick1。点击<文字输入>，键盘界面显示如图6-19所示。输入#pick1，按下<ENTER>或↵键，界面如图6-20所示。

⑧ 按下↵键记录第3步。

⑨ 同理，输入LMOVE #pick2，界面如图6-21所示。

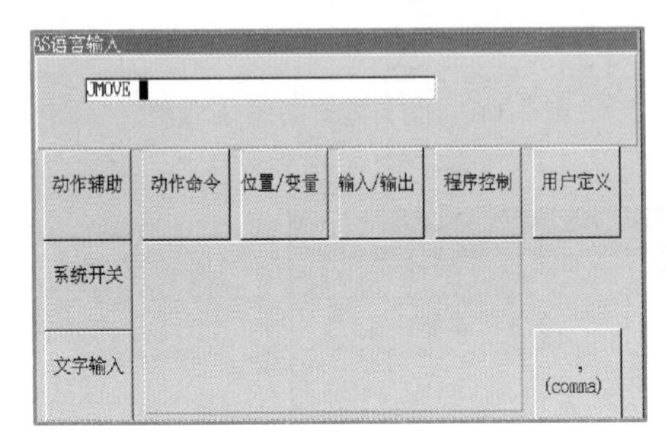

图6-18 输入插补命令JMOVE

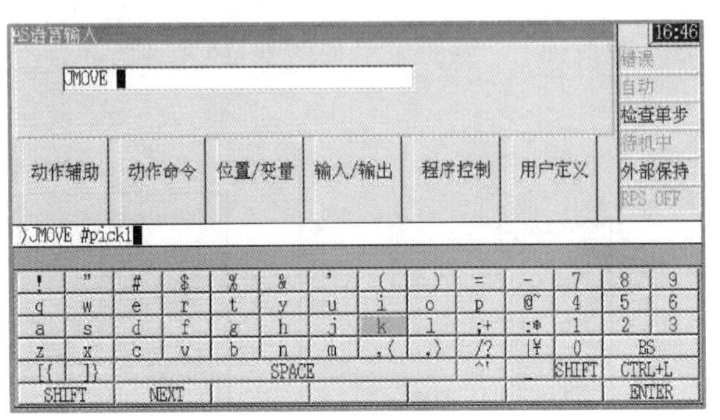

图6-19 通过键盘输入位姿变量名称

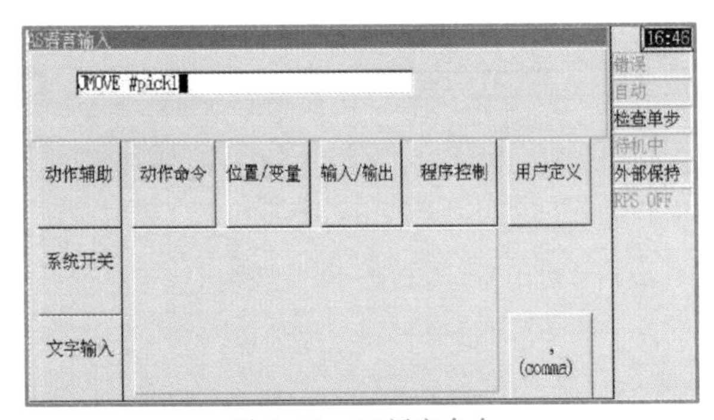

图6-20 AS语言命令

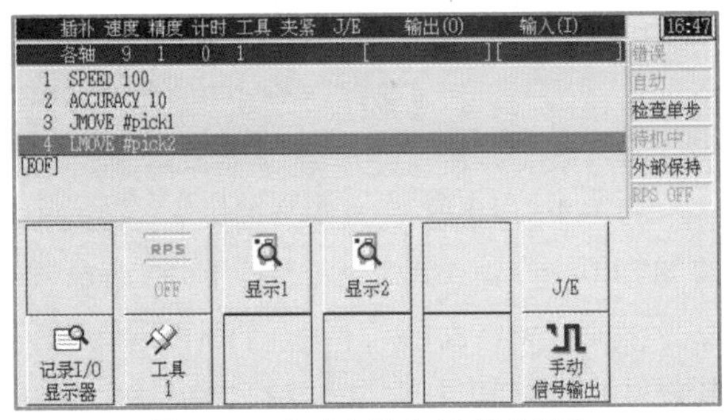

图6-21 点对点运动AS语言程序

按同样的方法，通过选择AS语言示教和已登记的变量在各步的输入来创建新程序。

(2) 方法二：通过记事本编辑程序

在计算机上新建一记事本文件（文件名为test.txt），并编辑下列指令（“/”后为指令注释，可略）。

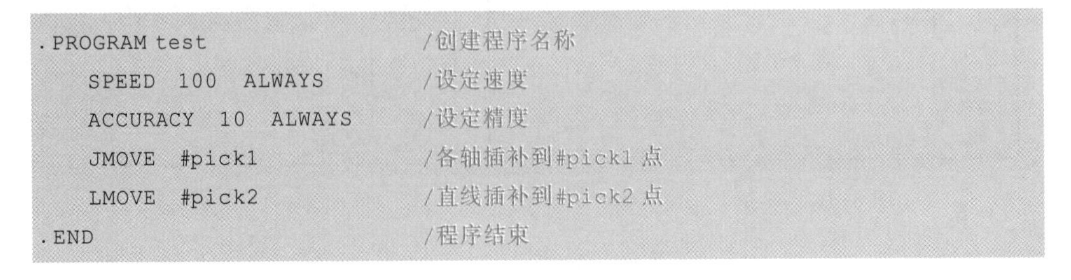

```
.PROGRAM test                  /创建程序名称
   SPEED  100  ALWAYS          /设定速度
   ACCURACY  10  ALWAYS        /设定精度
   JMOVE  #pick1               /各轴插补到#pick1点
   LMOVE  #pick2               /直线插补到#pick2点
.END                           /程序结束
```

完成程序编辑后保存，然后将文件扩展名改写为 pg（即文件名为 test. pg）。将此程序文件写入 U 盘，再将 U 盘插入机器人控制柜的 USB 接口中。打开机器人示教器，按下菜单键，在触摸屏的下拉菜单中选择【辅助功能】→【保存/加载】，如图 6-22 所示。

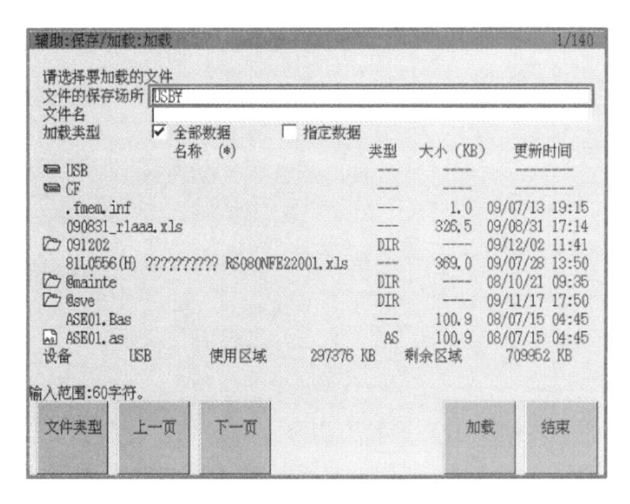

图 6-22 程序加载

此时可以看到 U 盘中的全部文件，选中建立的 test. pg 文件，点击<加载>，系统将会把程序加载进机器人控制系统。随后，点击示教器上的<程序>，选择【列表】，找到建立的 test 程序并登录。此时，机器人登录为 test 程序。

（3）方法三：通过 AS 程序编辑模式创建和编辑程序

输入“EDIT test ↵”，创建名为 test 的程序。

屏幕显示如下内容：

```
> EDIT test ↵
PROGRAM test
1 ?
```

AS 等待输入第 1 个步骤。在“1?”后面输入“SPEED 100 ALWAYS ↵”，显示如下：

```
>EDIT test
.PROGRAM test
1? SPEED 100 ALWAYS ↵
2?
```

输入第 2 个步骤“ACCURACY 10 ALWAYS ↵”，如下：

```
> EDIT test
.PROGRAM test
1? SPEED 100 ALWAYS
2? ACCURACY  10  ALWAYS ↵
3?
```

用同样的方法输入程序的其他部分。在输入步骤时，可按 Backspace（退格）键来修正错误，完成后按下↵键。

如果在输入了有错误的步骤后按下↵键，将显示出错信息，并且该步骤会被拒绝。此时，应重新输入步骤。在整个程序输入完成后，屏幕应该显示如下内容：

```
>EDIT test
.PROGRAM
1 ? SPEED 100 ALWAYS
2 ? ACCURACY  10  ALWAYS
3 ? JMOVE  #pick1
4 ? LMOVE  #pick2
5 ? E↵
>
```

最后一步输入的“E ↵”不是机器人指令，而是退出编辑模式的指令。

现在程序完成了。在程序执行时，AS 系统将按照步骤顺序依次执行，即从步骤 1 到步骤 4。

2. 示教位姿变量

在 test 程序中定义了#pick1 和#pick2 两个位姿变量，在运行 test 程序前须先示教出这两个点的实际位置。示教方法为通过示教器手动操作机器人移动到#pick1 目标位置后，按下示教器上的[菜单]键打开键盘，在命令输入行输入命令“HERE #pick1”后按下↵键，此时系统要求确定是否定义当前位姿为#pick1，按下↵键确定，并同样建立#pick2 点。完成上述操作后，#pick1 与#pick2 的位姿变量建立，如图 6-23 所示。

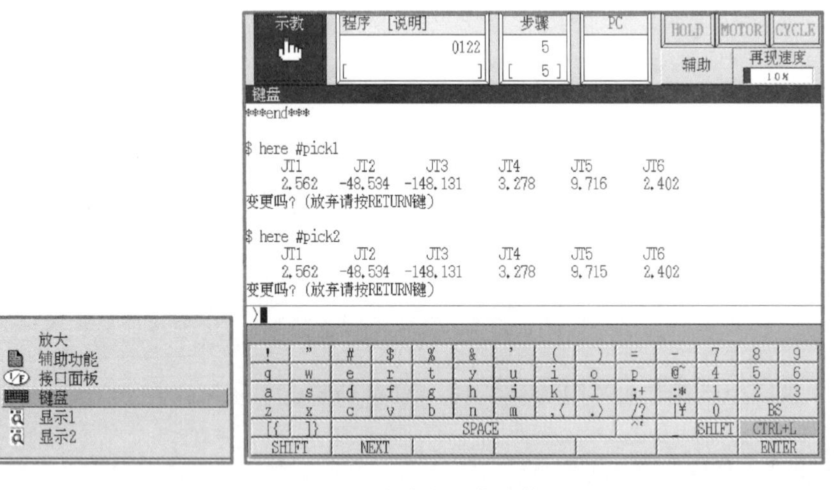

图 6-23 位姿变量的示教

3. 检查并再现程序

点对点运动程序 test. pg 的检查与再现运行方法可参阅项目 5 任务 1 中关于程序

的检查、修改与再现运行程序的方法，也可参考下面的方法对程序进行操作。

（1）执行机器人控制程序

要执行一个程序，可将TEACH/REPEAT开关拨到“REPEAT”位置，再确认示教器的示教锁开关在 OFF 位置，然后开启电动机电源，并将 HOLD/RUN（保持/运转）的状态由 HOLD（保持）改为 RUN（运转）。

① 通过 EXECUTE 指令运行程序。

首先，设置监控速度。机器人将在执行程序时按此速度运动。速度必须设定得低于 30%，一开始的速度可设置为 10%，如下：

```
>SPEED 10↵
```

用 EXECUTE 指令开始执行，输入如下指令：

```
> EXECUTE test↵
```

这时，机器人应该执行选定的任务。如果它不像预期的那样运动，可将 HOLD（保持）状态改变为 RUN（运转）状态。机器人将减速、停止。情况紧急时，可按下操作面板或示教器上的紧急停止按钮，此时制动器动作，机器人立即停止。

如果机器人正以 10%的速度动作，应逐渐升高速度，如下：

```
> SPEED 30↵            / 机器人以 30%的速度操作
> EXECUTE test↵
> SPEED 80↵            / 机器人以 80%的速度操作
> EXECUTE  test↵
```

再发出 EXECUTE 指令一次后，就可以使用操作面板上的A+CYCLE START键来执行程序。

如果要执行程序多于一次循环，可在程序名后输入重复循环的次数。

```
> EXECUTE demo,5↵      / 执行 5 次
> EXECUTE demo,-1↵     / 连续不断地执行程序
```

② 通过 PRIME 指令（预先准备好）运行程序。

用与使用 EXECUTE 指令时相同的方式设置监控速度，并执行 PRIME 指令，如下：

```
>PRIME demo↵
```

此时机器人准备执行此程序。按下操作面板上的A+CYCLE START键开始执行。也可以用 CONTINUE 指令来启动执行。

③ 通过 STEP（步骤）指令或检查前进/后退键运行程序。

此时可以通过一步一步单步执行程序来检查程序的动作和内容。

(2) 停止程序

提示

在使用[检查前进/后退]键时，机器人在每个运动指令执行完毕后暂停执行。在机器人执行过程中，有些监控指令不能使用。同样，在执行过程中也不能再次输入EXECUTE指令。

有几种方法可停止程序的运行。下面按从最紧急到最不紧急的顺序，说明三种方法。

① 按下操作面板或示教器上的紧急停止按钮，制动器动作，机器人立即停止。除非有紧急情况，否则最好使用方法②和③。

② 将HOLD/RUN（保持/运转）的状态由RUN（运转）改变为HOLD（保持），机器人减速并停止。

③ 输入ABORT指令，使机器人在完成当前步骤（动作命令）后停止，如下：

```
>ABORT ↵
```

HOLD指令也可以用来停止程序执行，如下：

```
>HOLD ↵
```

提示

通过简单的点对点运动AS语言示教编程，学习并掌握AS语言示教编程的基本方法，理解并应用位姿变量，掌握位姿变量的示教方法。

(3) 继续机器人控制程序

几种恢复继续执行程序的方法如下。

① 如果机器人是用紧急停止按钮停止的，应释放紧急停止的锁定，并开启电动机电源。按下[A]+[CYCLE START]键后，机器人开始运动。

② 当使用[HOLD]（保持）键停止机器人时，按下[A]+[RUN]键将其状态改变为RUN。

③ 要从执行了ABORT或HOLD指令或程序执行因出错而中止的情况中恢复执行，可用CONTINUE指令恢复继续执行程序（当从出错状态重新执行时，在恢复继续执行前，错误必须被复位），如下：

```
>CONTINUE ↵
```

习 题

习题答案
项目6

一、填空题

1. AS语言指令可以分成两种类型：________指令和________命令。

2. 在AS系统中有三种类型的信息：________、________和________。

3. 工业机器人的位姿信息包含________和________两个方面的信息。

4. 位姿数据可用________和________来描述。

5. 在AS系统中，位姿信息、数字信息和字符信息都可以赋予名称，这些名称叫作________。

6. plate是相对于基坐标系的变换值的变量名，描述了平板上的坐标系，如果有相对于位置plate的物体的位姿被定义为object，那么该物体object相对于机器人基坐标系的复合变换值可以用＿＿＿＿＿＿来描述。

7. 指令＿＿＿＿的功能是将当前姿态指定给一个位姿变量。

8. 指令 HERE 的参数可以是＿＿＿＿、＿＿＿＿和＿＿＿＿。

9. 指令＿＿＿＿的功能是立即停止程序的执行。

10. 指令＿＿＿＿的功能是继续执行停止的程序。

11. 程序行“DRAW 50，，-30”的含义是从当前位姿出发，以直线插补方式移动，在基坐标系的＿＿＿＿轴方向上移动 50 mm，并且在＿＿＿＿轴方向上移动-30 mm。

12. 程序行“JAPPRO place，100”的含义是以＿＿＿＿插补动作，向＿＿＿＿ *Z* 轴正方向上的、离 place 位姿 100 mm 处的位姿运动。

13. 程序行“LAPPRO place，100”的含义是以＿＿＿＿插补动作，向＿＿＿＿ *Z* 轴正方向上的、离 place 位姿 100 mm 处的位姿移动。

14. 程序行“JDEPART 80”的含义是机器人工具以＿＿＿＿插补动作、向工具坐标系＿＿＿＿方向上的 80 mm 处后退移动。

15. 程序行“LDEPART 80”的含义是机器人工具以＿＿＿＿插补动作、向工具坐标系＿＿＿＿方向上的 80 mm 处后退移动。

16. 机器人的运动速度由＿＿＿＿速度和＿＿＿＿速度（在程序中用 SPEED 命令设定）的乘积决定。

17. OPENI 命令是在当前运动命令＿＿＿＿时，输出夹具打开信号。

18. CLOSEI 命令是在当前运动命令＿＿＿＿时，输出夹具夹紧信号。

19. 程序行“WAIT SIG（1001，-1003）”的含义是暂停程序的执行，直到外部输入信号 1001（WX1）为＿＿＿＿，并且 1003（WX3）为＿＿＿＿。

20. 程序段“FOR row=1 To 3;FOR col=1 TO 3;循环体;END;END;”中的循环体部分语句一共要执行＿＿＿＿次。

21. 程序行“HERE plate+object”的功能是定义机器人的当前位姿为＿＿＿＿，此位姿变量相对于位姿＿＿＿＿，如果＿＿＿＿未定义则出错。

22. ＿＿＿＿命令的功能是开启（或关断）指定的外部信号或内部信号。

23. 程序行“SIGNAL -1，4，2010”的功能是设定外部输出信号 1 为＿＿＿＿，4 为＿＿＿＿，内部信号 2010 为＿＿＿＿

24. 如果二进制 I/O 信号 1001=ON，1004=OFF，20=OFF，那么程序行“SIG（1001）”的功能是返回外部输入信号 1001 值为＿＿＿＿，结果为＿＿＿＿；程序行“SIG（1001，-1004，-20）”的功能是返回外部输入信号 1001、1004 和外部输出信号 20 的结果与为＿＿＿＿，结果为＿＿＿＿。

25. 如果变换值变量 x 的变换值为（200，150，100，10，20，30），那么“POINT y=SHIFT（x BY 5，-5，10）”的结果是 x 按指定值平移到（＿＿＿＿，＿＿＿＿，＿＿＿＿，＿＿＿＿，＿＿＿＿，＿＿＿＿），并且这些值被赋给变量＿＿＿＿。

二、选择题

1. 在命令提示符“>”后输入并立即生效的是（　　）。

A. 监控指令 B. 程序命令
C. 监控指令和程序命令 D. 综合命令

2. 能够立即停止当前程序执行的指令是（ ）。
A. ABORT B. HOLD C. STOP D. KILL

3. 执行完当前程序步骤后程序停止的指令是（ ）。
A. ABORT B. HOLD C. STOP D. KILL

4. 以各轴插补方式移动机器人的命令是（ ）。
A. JMOVE B. LMOVE C. C1MOVE D. C2MOVE

5. 以直线插补方式移动机器人的命令是（ ）。
A. JMOVE B. LMOVE C. C1MOVE D. C2MOVE

6. 控制机器人在两点之间以最短时间运动的命令是（ ）。
A. JMOVE B. LMOVE C. C1MOVE D. C2MOVE

7. 控制机器人在两点之间以最短距离运动的命令是（ ）。
A. JMOVE B. LMOVE C. C1MOVE D. C2MOVE

8. 程序段“FOR row =1 To 3;循环体;END”中的循环体部分语句一共要执行（ ）次。
A. 1 B. 2 C. 3 D. 4

9. 让机器人走出一个整圆需要（ ）个位姿点。
A. 1 B. 2 C. 3 D. 4

10. 如果监控速度设定为 50，程序中设定的速度为 60，那么机器人的最大速度是机器人最高速度的（ ）。
A. 25% B. 30% C. 45% D. 80%

三、判断题

1. 川崎 RS10L 工业机器人 AS 语言程序以 .PROGRAM 开始，以 .END 结尾。（ ）

2. 川崎 RS10L 工业机器人再现运行时需将控制器上的 TEACH/REPEAT 开关转向“REPEAT”一侧且将示教器上的 T. LOCK 开关转向“ON”。（ ）

3. 相对于示教编程中使用的综合命令（或一体化命令），AS 语言命令或指令又称为单一功能命令（指令）。（ ）

4. 监控指令是用来写入、编辑和执行程序的指令，它们在提示符“>”后面输入，并且被立即执行。（ ）

5. 程序命令用来引导机器人的动作，在程序中监视或控制外部信号等，程序是程序命令的集合。（ ）

6. AS 语言中有些监控指令也可以作为程序命令在程序中使用，如 HERE 既可作为监控指令，也可作为程序命令。（ ）

7. 位置由基坐标系的 TCP（工具中心点）的 XYZ 值给定，定向由基坐标系的工具坐标的欧拉 OAT 角度给定时称为变换值。（ ）

8. 用各轴值描述机器人位姿信息的优点是再生精度高，机器人位姿形态不模

糊。(　　)

9. ' 1 是一个 ASCII 字符的数字值。(　　)

10. "KAWASAKI"是一个字符数据信息。(　　)

11. . pose 是一个全局变量。(　　)

12. #pick 是各轴值位姿变量。(　　)

13. pick 是变换值位姿变量。(　　)

14. $pick 是字符串变量。(　　)

15. 如果变换值变量 b 被定义为相对于变换值变量 a，表达式应该为 a+b。(　　)

16. 指令“x=3”的含义是赋值 3 给变量 x，它读作“赋值 3 给 x”。(　　)

17. 指令“POINT　变换值变量 = 关节位移值变量”的含义是将右边的关节位移值变量转换成变换值并赋值给左边的位姿变量。(　　)

18. 指令“POINT　关节位移值变量 = 变换值变量”的含义是将右边变换值变量转换成关节位移值并赋值给左边的位姿变量。(　　)

19. 指令“EXECUTE　程序名”的功能是执行一个机器人程序。(　　)

20. 指令“EXECUTE　test，-1”的功能是连续执行名为 test 的机器人程序（程序连续执行直至被 HALT 等指令停止，或错误发生时停止）。(　　)

21. 指令 ABORT 和 HOLD 的功能都是停止机器人的运行，所以它们功能一样。(　　)

22. 监控指令 HOLD 与紧急停止按钮的功能相同。(　　)

23. HOME 命令是以各轴插补方式控制机器人回到预设的零位。(　　)

24. 命令“C1MOVE #a1”的执行结果是从起始点到#a1 点之间走圆弧。(　　)

25. C1MOVE 命令必须先于 C2MOVE 命令。(　　)

26. 程序行“DRIVE 2，-10，75”的含义是将关节 2（JT2）从当前位姿转动 -10°，速度为监控速度的 75%。(　　)

27. 程序行“SPEED 50”的含义是将下一条运动指令的速度指定为最大速度的 50%。(　　)

28. 机器人在运动过程中并不是完全到达目标点的位姿，而是到达精度命令 ACCURACY 指定的精度值范围内。(　　)

29. 程序行“ACCURACY 1”比“ACCURACY 10”在运动过程中更接近目标点位置。(　　)

30. 程序行“TWAIT 0.5”的含义是暂停程序的执行，直到指定的时间（0.5s）结束。(　　)

31. FOR-TO-END 命令的功能是重复执行位于 FOR 与 END 之间的程序。(　　)

32. 每个 FOR 语句一定与一个 END 语句对应。(　　)

33. FOR-TO-END 命令可以多重嵌套使用。(　　)

34. 指令“POINT #park”的功能是显示关节位移值变量#park 的值（如果未定义，则显示 0，0，0，0，0，0）。(　　)

35. 程序行“SWAIT 1001，1002”的功能是在外部输入信号 1001 和 1002 都变成 ON 之前一直等待。(　　)

36. 命令 TWAIT、WAIT、SWAIT 的参数都是输入/输出信号。(　　)

37. 位姿值函数 SHIFT 的参数一定为变换值。(　　)

38. 示教 (Teach) 是通过对机器人进行编程，让机器人能够按照程序做出正确的运动与动作的过程。(　　)

39. 再现 (Repeat) 是机器人重复执行程序的过程。(　　)

40. 川崎 RS10L 工业机器人示教与再现模式由控制柜上的 TEACH/REPEAT 开关和示教器上的 T. LOCK 开关共同控制。(　　)

四、编程题

用 AS 语言编写零件搬运的机器人程序。零件搬运示意图如图 6-24 所示。

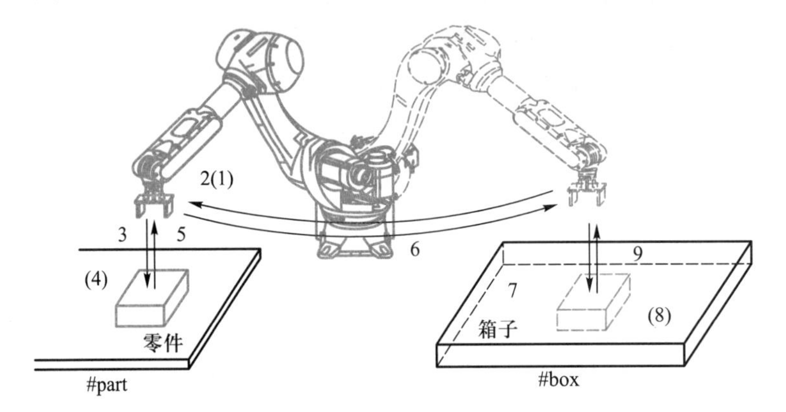

图 6-24　零件搬运示意图

项目 7

AS 语言高级应用

本项目以工业机器人做复杂轨迹运动、码垛为例，讲解川崎 RS10L 工业机器人 AS 语言的高级应用。

知识目标

- 掌握川崎工业机器人 AS 语言常用的命令、指令格式与功能。
- 掌握川崎工业机器人 AS 语言编程的方法。

技能目标

- 能够规划工业机器人的运动过程，确定机器人运动的关键节点。
- 能够示教机器人的关键位姿变量。
- 能够应用 AS 语言编程，完成川崎机器人工件抓取、轨迹运动以及码垛操作。

思维导图

AS语言高级应用
多边形轨迹运动编程
多边形轨迹运动过程分析
多边形轨迹运动AS语言示教编程
运动命令
JMOVE
LMOVE
速度与精度控制命令
SPEED、ACCURACY
夹紧控制命令
CLOSEI、OPENI
位姿信息命令
POINT
程序控制命令
TWAIT
位姿函数
SHIFT
位姿变量示教
HERE
程序的检查、修改与再现运行
S形轨迹运动编程
码垛(Palletize)编程
单行单列码垛
平面码垛
立体码垛
双托盘码垛
码垛动作过程分析
码垛示教编程
运动命令
JMOVE、LMOVE、DRAW
C1MOVE、C2MOVE
HOME
速度与精度控制命令
SPEED、ACCURACY
夹紧控制命令
CLOSEI、OPENI
程序结构控制命令
FOR-TO-END
位姿信息命令
POINT
位姿函数
SHIFT
程序控制命令
TWAIT
位姿变量示教
HERE
码垛程序的检查、修改与再现运行
子程序技术的应用
CALL
RETURN

任务 1　多边形轨迹运动编程

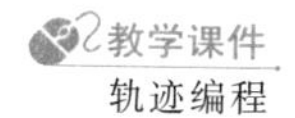

任务分析

工业机器人从 p1 出发，下降到零件拾取点 p11（p1 正下方 100 mm 处），拾取零件，重新回到 p1，按照给定的路径，控制机器人走出如图 7-1 所示的多边形轨迹，机器人运动到 p6 后，下降到零件放置点 p61（p6 正下方 100 mm 处），然后回到 p6，最后经 p7 返回起始点 p1。其轴侧图如图 7-2 所示。

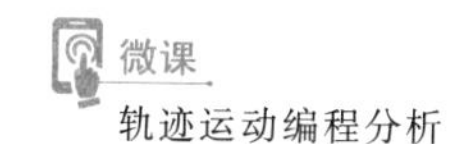

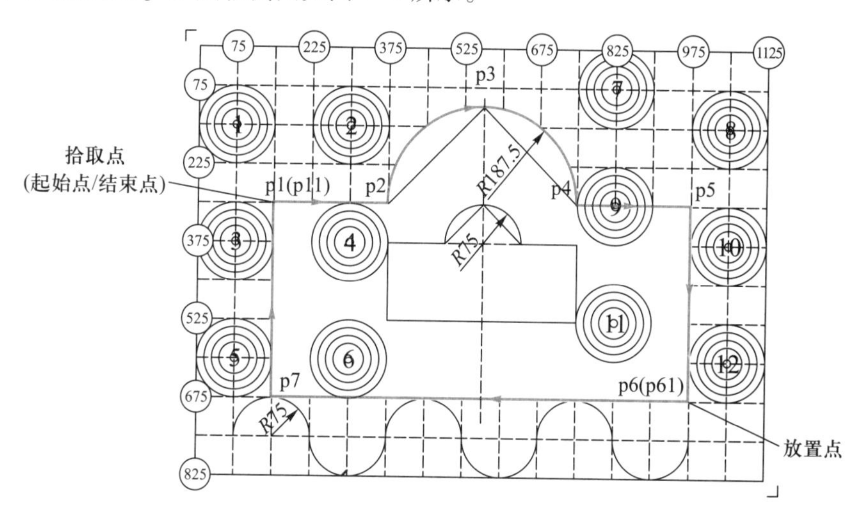

图 7-1　多边形轨迹

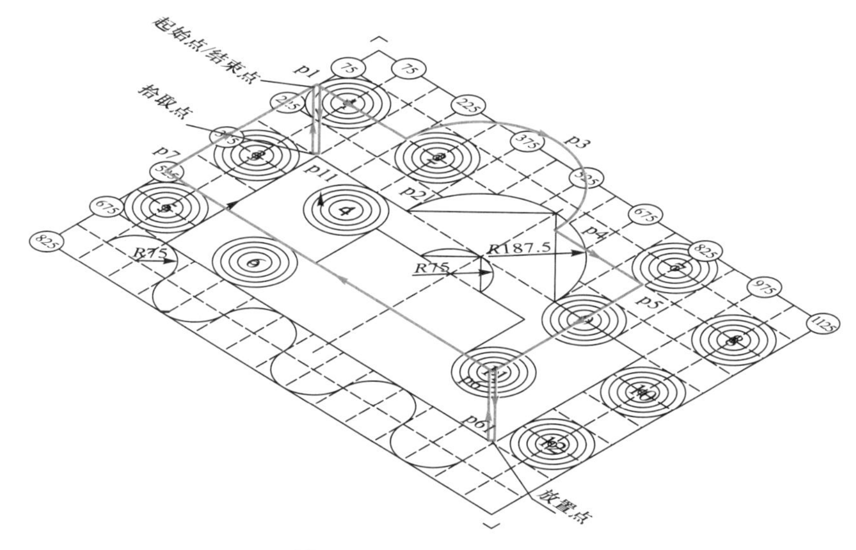

图 7-2　多边形轨迹轴侧图

任务实施

指导视频
轨迹编程

提示
通过多边形轨迹运动的AS语言示教编程，学习并掌握AS语言示教的综合运用，掌握工业机器人做复杂动作且进行精确轨迹运动的示教编程方法。

程序开始部分先用位姿变量定义命令POINT和位姿偏移函数SHIFT定义多边形轨迹上的各个节点，并赋予这些节点以不同的变量名，然后应用AS语言的运动命令、速度精度命令、夹具控制命令等完成机器人的运动控制。

在用AS语言定义多边形轨迹各个节点的位姿变量时，必须示教其中一个基准点的位姿变量，其他位姿变量以此为基准进行偏移。

如图7-3所示，在机器人进行棒料抓取并做多边形轨迹运动的过程中，选择机器人抓取棒料的位置作为基准位置，将它定义为p11（p11需要在程序运行前应用AS语言的HERE指令示教），其他节点的位姿通过程序中的POINT命令和SHIFT函数计算得到。

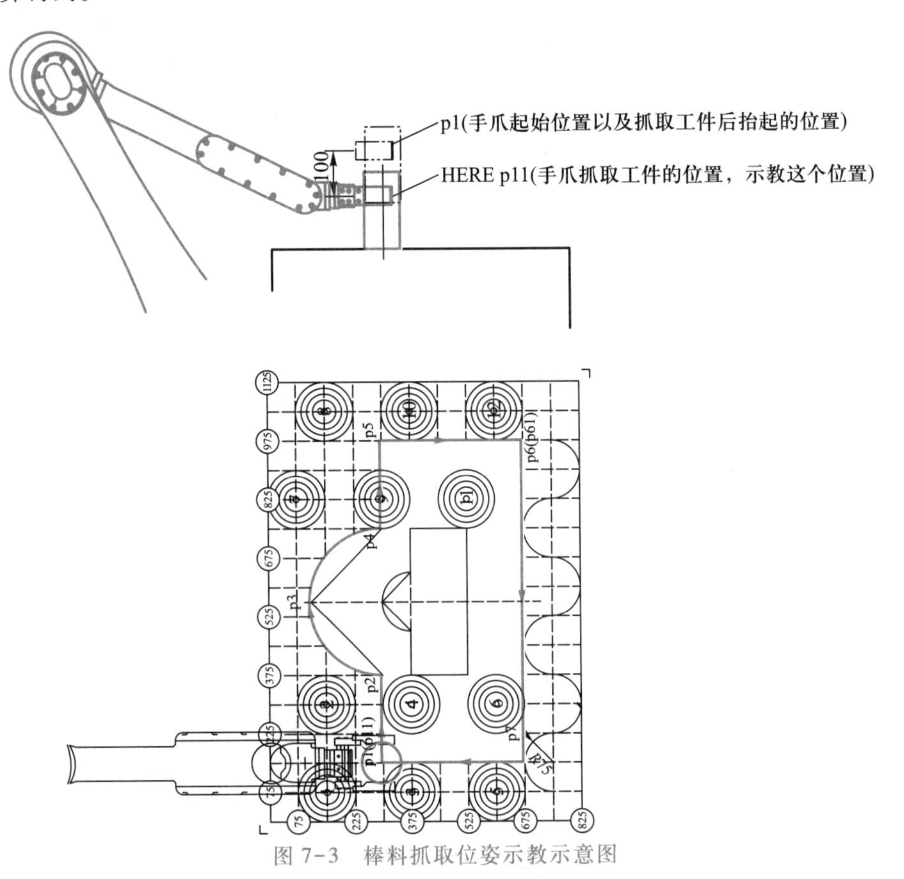

图7-3 棒料抓取位姿示教示意图

应用川崎机器人AS语言编写的多边形轨迹运动程序如下：

```
.PROGRAM polygon.move
    POINT p1=SHIFT(p11 BY 0,0,100)      / p11是工业机器人抓取棒料的位姿,程序运行
                                        / 前需要示教这个位姿变量,位姿变量示教示意
                                        / 图见图7-3
    POINT p2=SHIFT(p1 BY 225,0,0)
```

```
    POINT p3=SHIFT(p2 BY 187.5,187.5,0)
    POINT p4=SHIFT(p3 BY 187.5,-187.5,0)
    POINT p5=SHIFT(p4 BY 225,0,0)
    POINT p6=SHIFT(p5 BY 0,-375,0)
    POINT p61=SHIFT(p6 BY 0,0,-100)
    POINT p7=SHIFT(p6 BY -825,0,0)
    SPEED 100
    ACCURACY 10
    OPENI 1
    JMOVE p1
    SPEED 50
    ACCURACY 1
    LMOVE p11
    TWAIT 1
    CLOSEI 1
    TWAIT 1
    LMOVE p1
    LMOVE p2
    C1MOVE p3
    C2MOVE p4
    LMOVE p5
    LMOVE p6
    LMOVE a61
    TWAIT 1
    OPENI 1
    TWAIT 1
    LMOVE p6
    LMOVE p7
    LMOVE p1
.END
```

任务 2　S 形轨迹运动编程

任务分析

工业机器人从 a1 出发，下降到零件拾取点 a11（a1 正下方 100 mm 处），拾取零件，重新回到 a1，按照给定的路径，控制机器人走出如图 7-4 所示的 S 形轨迹，机器人运动到 a7 后，下降到零件放置点 a71（a7 正下方 100 mm 处），然后回到 a7，最后返回起始点 a1。其轴侧图如图 7-5 所示。

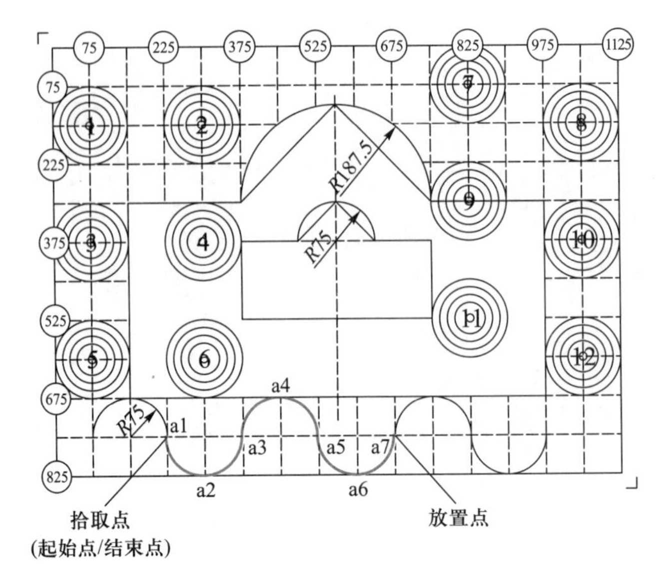

图 7-4 S 形轨迹

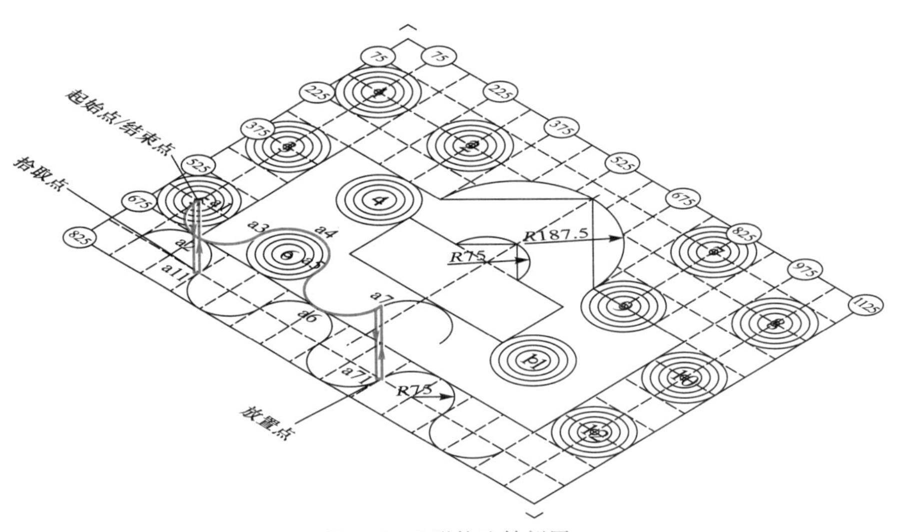

图 7-5 S 形轨迹轴侧图

任务实施

程序开始部分先用位姿变量定义命令 POINT 和位姿偏移函数 SHIFT 定义 S 形轨迹上的各个节点，并赋予这些节点不同的变量名，然后应用 AS 语言的运动命令、速度精度命令、夹具控制命令等完成机器人的运动控制。

在用 AS 语言定义 S 形轨迹各个节点的位姿变量时，必须示教其中一个基准点的位姿变量，其位姿变量以此为基准进行偏移。

如图 7-6 所示，在机器人进行棒料抓取并做 S 形轨迹运动的过程中，选择机器人抓取棒料的位置作为基准位置，将它定义为 a11（a11 需要在程序运行前应用 AS 语言的 HERE 指令示教），其他节点的位姿通过程序中的 POINT 命令和 SHIFT 函数计算得到。

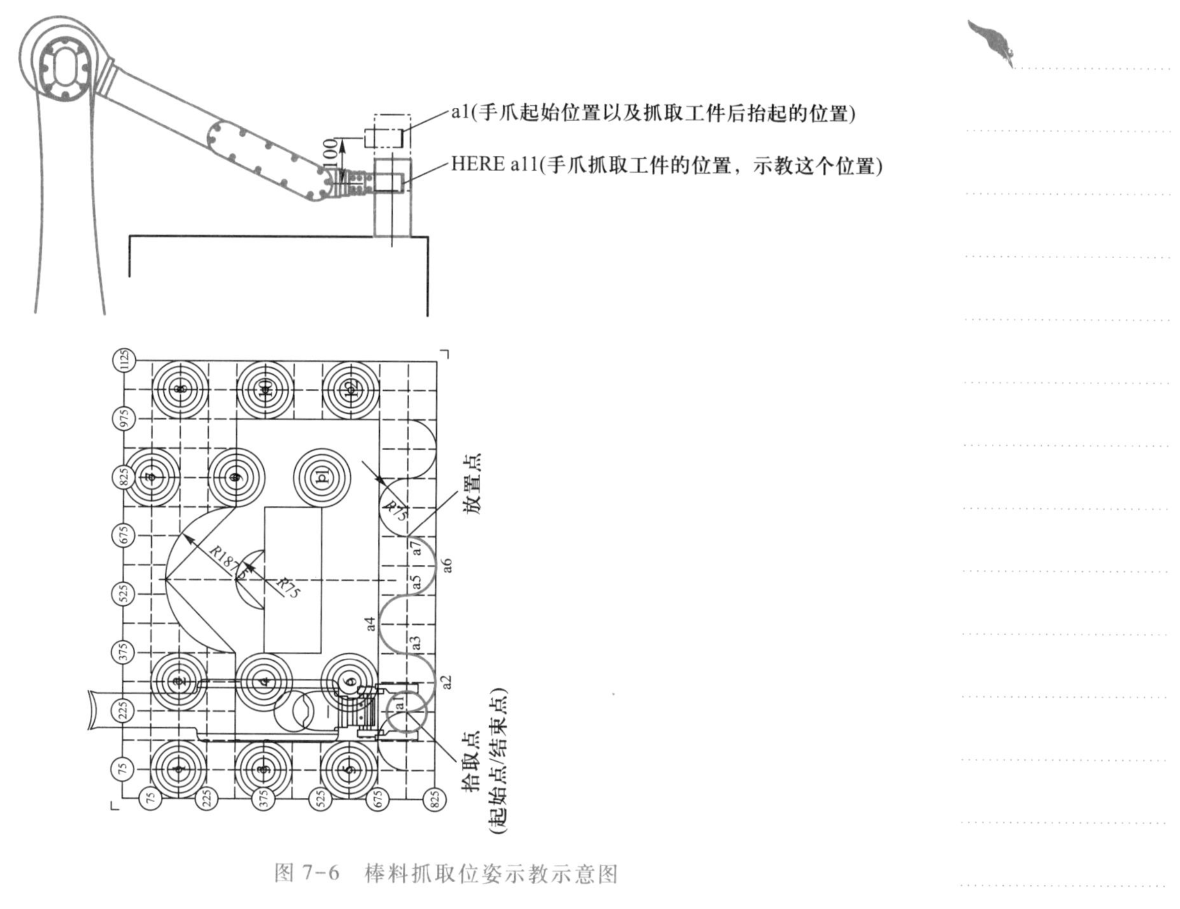

图 7-6　棒料抓取位姿示教示意图

应用川崎机器人 AS 语言编写的 S 形轨迹运动程序如下：

```
.PROGRAM s.move
    POINT a1=SHIFT(a11 BY 0,0,100)          /a11 是工业机器人抓取棒料的位姿，程序
                                            / 运行前需要示教这个位姿变量，位姿变量
                                            / 示教示意图见图 7-6
    POINT a2= SHIFT(a1 BY 75,-75,0)
    POINT a3= SHIFT(a2 BY 75,75,0)
    POINT a4=SHIFT(a3 BY 75,75,0)
    POINT a5= SHIFT(a4 BY 75,-75,0)
    POINT a6= SHIFT(a5 BY 75,-75,0)
    POINT a7= SHIFT(a6 BY 75,75,0)
    POINT a71= SHIFT(a7 BY 0,0,-100)
    SPEED 100
    ACCURACY 10
    OPENI 1
    JMOVE a1
    SPEED 50
```

```
    ACCURACY 1
    LMOVE a11
    TWAIT 1
    CLOSEI 1
    TWAIT 1
    LMOVE a1
    C1MOVE a2
    C2MOVE a3
    C1MOVE a4
    C2MOVE a5
    C1MOVE a6
    C2MOVE a7
    LMOVE a71
    TWAIT 1
    OPENI 1
    TWAIT 1
    LMOVE a7
    JMOVE a1
.END
```

教学课件
单行单列码垛编程

指导视频
码垛的总体介绍

任务 3 单行码垛编程

提示
为简化编程，将托盘和托盘上的零件都平行于工业机器人基坐标系的 XY 平面。另外，暂不考虑外部 I/O 信号（如 SWAIT、SIGNAL 等命令）对送料器和机器人的连锁控制及同步处理。

任务分析

码垛是指机器人将工件（产品）根据一定的排列或者摆放要求码放在一起，由零散变整齐，方便后续的包装、存储与转移，是工业机器人在工厂自动化领域的主要应用之一。本项目将讲解单行（单列）码垛、平面码垛、立体码垛、双托盘码垛等各种码垛的 AS 语言编程方法。本任务主要完成单行码垛编程。

工业机器人将零件（$\phi 60\times 160$ 棒料）从送料器到位工位（位姿#a 正下方 200 mm 处）上捡起，并依次从右到左（起始放置位置为位姿 start 正下方 200 mm 处）放置到平面托盘的中间行三个（一行三列）工位上（放置工位如图 7-7 中的点所示，各工位间间距为 190 mm）。

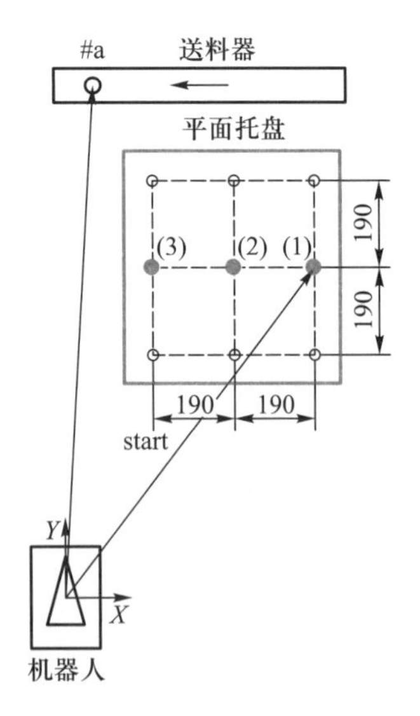

图 7-7 单行码垛示意图

微课
单行单列码垛编程分析

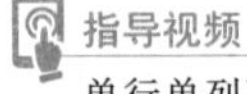
指导视频
单行单列码垛编程

任务实施

单行码垛主要应用 AS 语言的程序结构控制命令 FOR-TO-END 完成一行三列码放位置的计算和循环动作。

为减少变量定义，在进行单行码垛编程时，须示教棒料抓取处正上方的位姿变量和开始码垛处正上方的位姿变量。如图 7-8 所示，选择输送带棒料到位工位正上方 200 mm 的位置作为抓取前的位姿，将它定义为位姿变量#a，选择单行码垛的第一个码垛工位正上方 200 mm 的位置作为开始码垛的位姿，将它定义为位姿变量 start（#a 和 start 需要在程序运行前应用 AS 语言的 HERE 指令示教，位姿变量的定义方法参考项目 6 任务 1。

> 提示
> 安装机器人与托盘时要找正，托盘码垛工位须平行于工业机器人基坐标系的 X 轴。

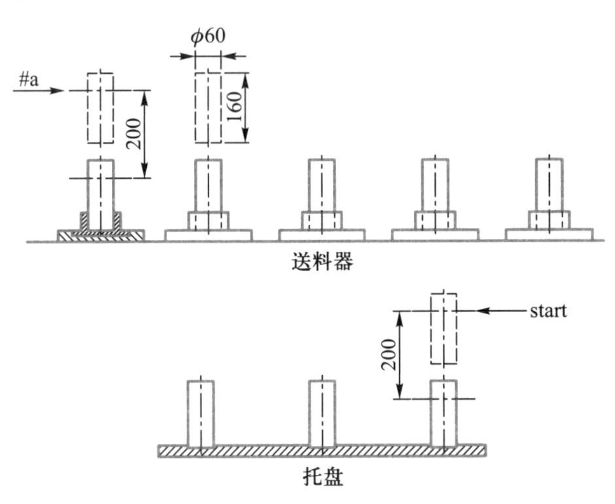

图 7-8　单行码垛位姿示教

应用川崎机器人 AS 语言编写的单行码垛程序如下：

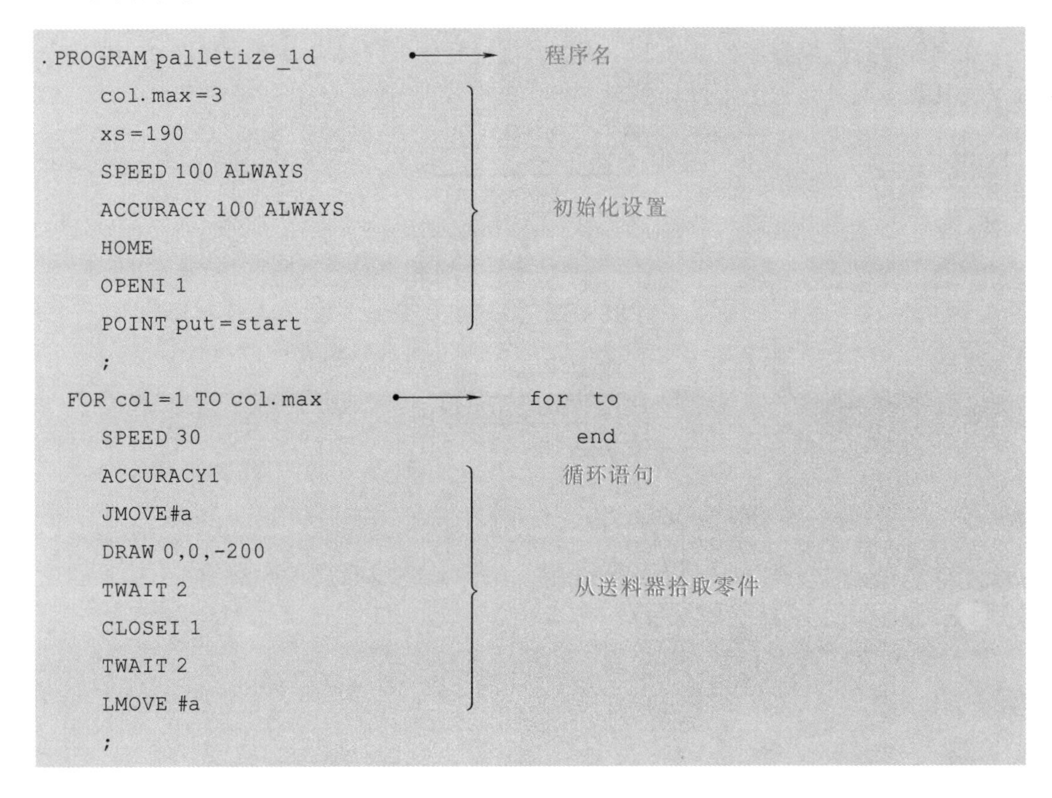

```
.PROGRAM palletize_1d
    col.max=3
    xs=190
    SPEED 100 ALWAYS
    ACCURACY 100 ALWAYS
    HOME
    OPENI 1
    POINT put=start
    ;
  FOR col=1 TO col.max
    SPEED 30
    ACCURACY1
    JMOVE#a
    DRAW 0,0,-200
    TWAIT 2
    CLOSEI 1
    TWAIT 2
    LMOVE #a
    ;
```

```
    JMOVE put                         }
    SPEED 30                          }
    ACCURACY 1                        }
    DRAW 0,0,-200                     }
    TWAIT 2                           }  放置零件到托盘工位
    OPENI 1                           }
    TWAIT 2                           }
    LMOVE put                         }
    ;
    POINT put=SHIFT(put BY-xs,0,0)    ●——→ 位姿变量变换
   END                                ●——→ 循环结束
.END                                  ●——→ 程序结束
```

在示教位姿变量#a 时，先通过机器人手爪在棒料抓取位置的试夹，找正棒料与机器人手爪的位置，夹紧工件，应用 AS 语言偏移指令 DRAW，向机器人基坐标系下 *Z* 轴正方向偏移 200 mm（即 DRAW 0，0，200 mm）到#a 的位姿，并用 HERE 指令定义#a。点动抓取棒料的机器人，通过试放找到第一个码垛的工位，再应用 AS 语言偏移指令 DRAW，向机器人基坐标系下 *Z* 轴正方向偏移 200 mm（即 DRAW 0，0，200）到 start 的位姿，并用 HERE 指令定义 start。定义位姿变量#a 和 start 的过程如图 7-8 所示，在定义位置变量的过程中机器人一直抓紧棒料，不能变换夹紧的位置。

任务拓展

在理解单行码垛程序的基础上，请读者自行完成单列码垛编程［如图 7-9 所示，在平面托盘中间一列三个工位（一列三行）上码垛］。

> 提示
> 安装机器人与托盘时要找正，托盘码垛工位须平行于工业机器人基坐标系的 *X* 轴和 *Y* 轴。

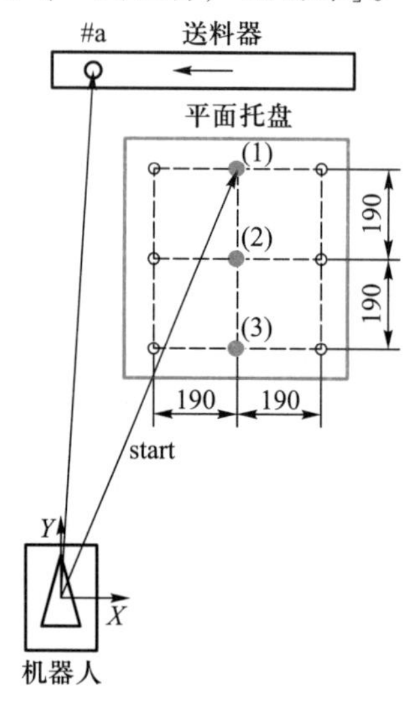

图 7-9 单列码垛示意图

任务 4 平面码垛编程

任务分析

工业机器人将零件（ϕ60×160 棒料）从送料器到位工位（位姿#a 正下方 200 mm 处）上捡起，并依次（起始放置位置为位姿 start 正下方 200 mm 处）放置到平面托盘的三行三列工位上（放置工位如图 7-10 中的点所示，各工位间间距为 190 mm）。

任务实施

平面码垛主要应用 AS 语言的程序结构控制命令 FOR-TO-END 并进行双重嵌套，以完成三行三列码放位置的计算和循环动作。

为减少变量定义，与单行码垛编程时的位姿变量示教相同，平面码垛编程时须示教棒料抓取处正上方的位姿变量和开始码垛处正上方的位姿变量。如图 7-8 所示，选择输送带棒料到位工位正上方 200 mm 的位置作为抓取前的位姿，将它定义为位姿变量#a，选择单行码垛的第一个码垛工位正上方 200 mm 的位置作为开始码垛的位姿，将它定义为位姿变量 start（#a 和 start 需要在程序运行前应用 AS 语言的 HERE 指令示教）。

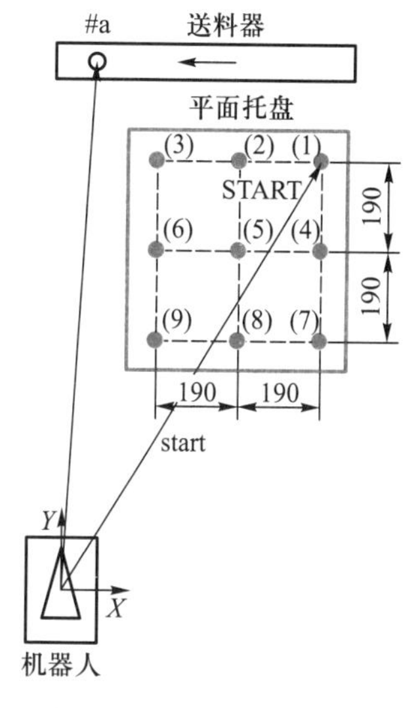

图 7-10 平面码垛示意图

应用川崎机器人 AS 语言编写的平面码垛程序如下：

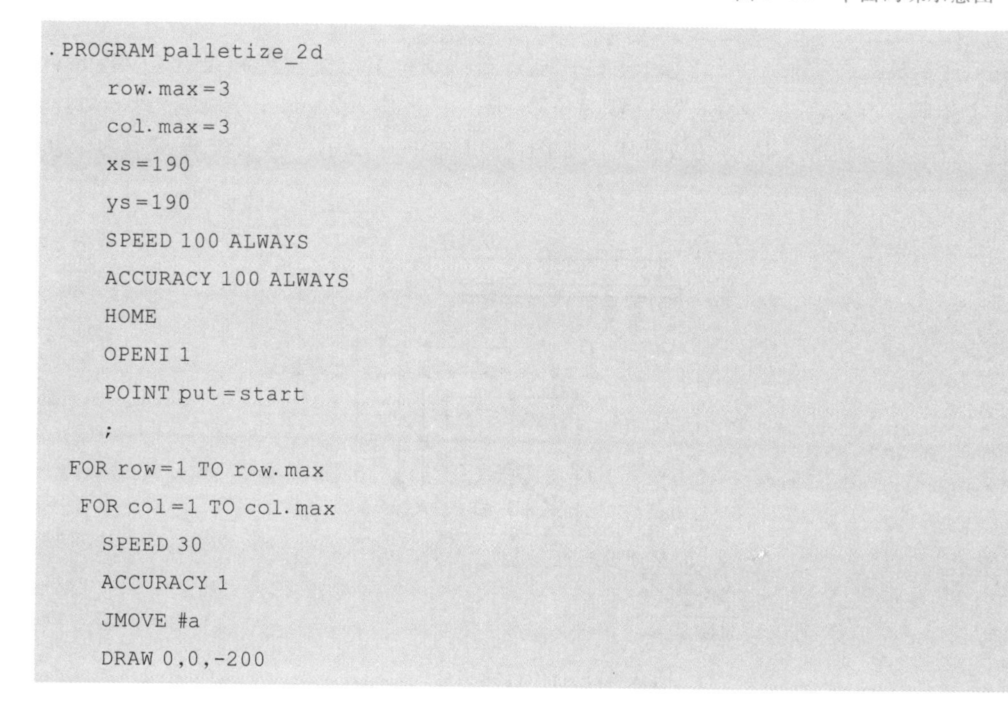

```
.PROGRAM palletize_2d
    row.max=3
    col.max=3
    xs=190
    ys=190
    SPEED 100 ALWAYS
    ACCURACY 100 ALWAYS
    HOME
    OPENI 1
    POINT put=start
    ;
  FOR row=1 TO row.max
   FOR col=1 TO col.max
    SPEED 30
    ACCURACY 1
    JMOVE #a
    DRAW 0,0,-200
```

教学课件
平面码垛编程

提示
为简化编程，将托盘和托盘上的零件都平行于工业机器人基坐标系的 *XY* 平面。另外，暂不考虑外部 I/O 信号（如 SWAIT、SIGNAL 等命令）对送料器和机器人的连锁控制及同步处理。

微课
平面码垛编程分析

指导视频
平面码垛编程

提示
安装机器人与托盘时要找正，托盘码垛工位须平行于工业机器人基坐标系的 *X* 轴和 *Y* 轴。

```
    TWAIT 2
    CLOSEI 1
    TWAIT 2
    LMOVE #a
    ;
    JMOVE put
    SPEED 30
    ACCURACY 1
    DRAW 0,0,-200
    TWAIT 2
    OPENI 1
    TWAIT 2
    LMOVE put
    ;
    POINT put=SHIFT(put BY-xs,0,0)
  END
    POINT put=SHIFT(start BY 0,-ys*row,0)
 END
.END
```

教学课件
立体码垛编程

任务 5 立体码垛编程

微课
立体码垛编程分析

任务分析

工业机器人将零件（$\phi60\times160$ 棒料）从送料器到位工位（位姿#a 正下方200 mm处）上捡起，并依次（起始放置位置为位姿 start 正下方 200 mm 处）放置到平面托盘的三行三列三层的工位上（放置工位如图 7-11 中的点所示，各工位间间距为 190 mm）。

提示
为简化编程，将托盘和托盘上的零件都平行于工业机器人基坐标系的 *XY* 平面。另外，暂不考虑外部 I/O 信号（如 SWAIT、SIGNAL 等命令）对送料器和机器人的连锁控制及同步处理。

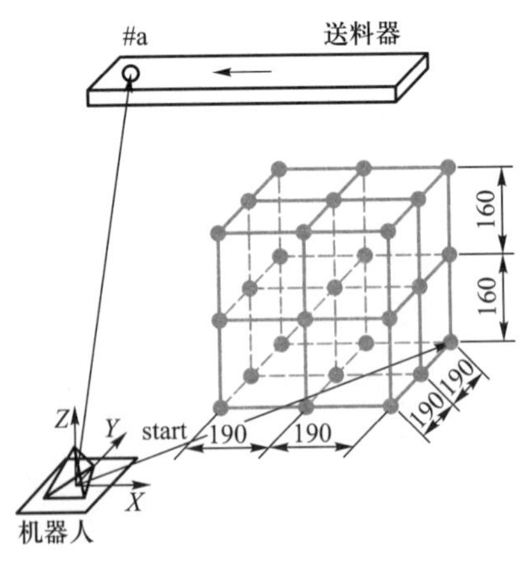

图 7-11 立体码垛示意图

任务实施

立体码垛主要应用 AS 语言的程序结构控制命令 FOR-TO-END 并进行三重嵌套，以完成三行三列三层码放位置的计算和循环动作。

为减少变量定义，与单行码垛编程时的位姿变量示教相同，立体码垛编程时须示教棒料抓取处正上方的位姿变量和开始码垛处正上方的位姿变量。如图 7-8 所示，选择输送带棒料到位工位正上方 200 mm 的位置作为抓取前的位姿，将它定义为位姿变量 #a，选择立体码垛的第一个码垛工位正上方 200 mm 的位置作为开始码垛的位姿，将它定义为位姿变量 start（#a 和 start 需要在程序运行前应用 AS 语言的 HERE 指令示教）。

应用川崎机器人 AS 语言编写的立体码垛程序如下：

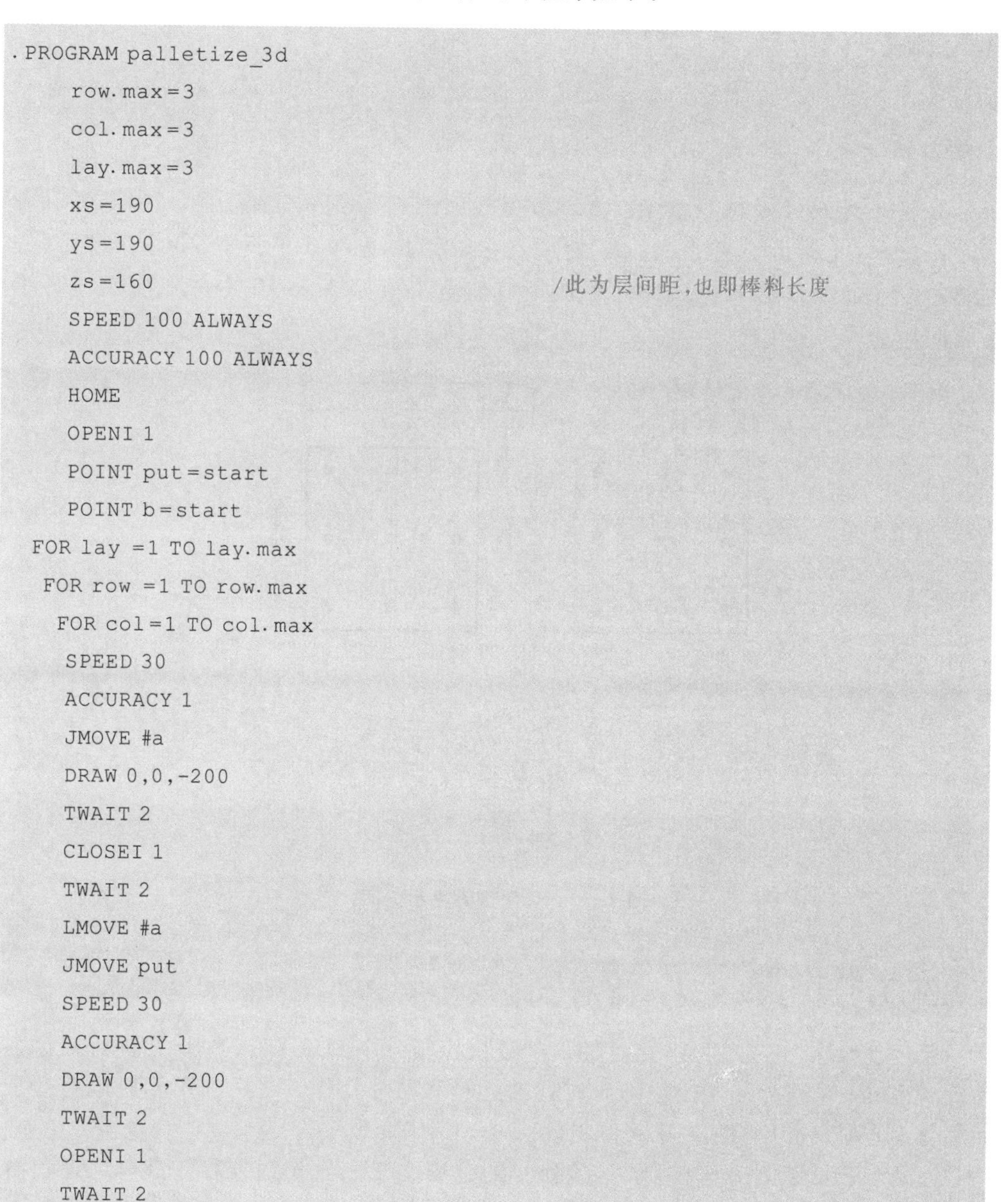

```
.PROGRAM palletize_3d
    row.max=3
    col.max=3
    lay.max=3
    xs=190
    ys=190
    zs=160                              /此为层间距,也即棒料长度
    SPEED 100 ALWAYS
    ACCURACY 100 ALWAYS
    HOME
    OPENI 1
    POINT put=start
    POINT b=start
 FOR lay =1 TO lay.max
  FOR row =1 TO row.max
   FOR col=1 TO col.max
    SPEED 30
    ACCURACY 1
    JMOVE #a
    DRAW 0,0,-200
    TWAIT 2
    CLOSEI 1
    TWAIT 2
    LMOVE #a
    JMOVE put
    SPEED 30
    ACCURACY 1
    DRAW 0,0,-200
    TWAIT 2
    OPENI 1
    TWAIT 2
```

指导视频

立体码垛编程

视频

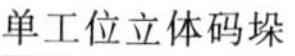

单工位立体码垛

提示

安装机器人与托盘时要找正，托盘码垛工位须平行于工业机器人基坐标系的 X 轴和 Y 轴。

```
     LMOVE put
    POINT put=SHIFT(put BY-xs,0,0)
    END
    POINT put=SHIFT(b BY 0,-ys*row,0)
    END
  POINT b=SHIFT(start BY 0,0,zs*lay)
  POINT put=b
  END
.END
```

任务6 双托盘码垛编程

教学课件
双托盘码垛编程

任务分析

微课
双托盘码垛编程分析

工业机器人将零件（$\phi60\times160$ 棒料）从送料器到位工位（位姿#a 正下方 200 mm 处）上捡起，并依次（起始放置位置为位姿 start 正下方 200 mm 处）放置到每个平面托盘的三行三列的工位上（放置工位如图 7-12 中的点所示，各工位间间距为 190 mm）。

提示
为简化编程，将托盘和托盘上的零件都平行于工业机器人基坐标系的 XY 平面。另外，暂不考虑外部 I/O 信号（如 SWAIT、SIGNAL 等命令）对送料器和机器人的连锁控制及同步处理。
托盘规格以及相对于机器人的位置完全相同，先放托盘 A，托盘 A 放满后，再继续放在托盘 B，托盘 B 放满后码垛结束。

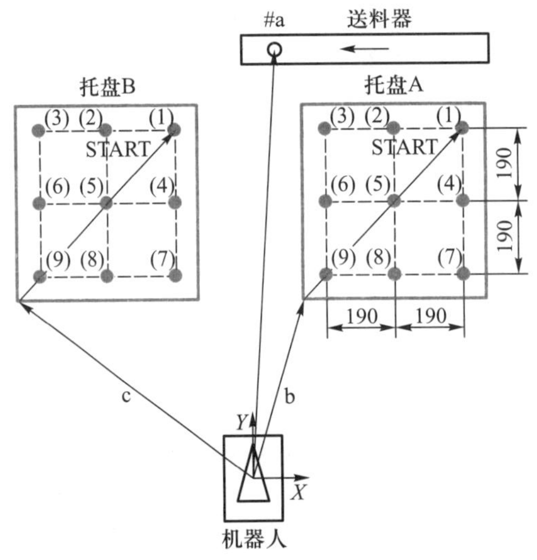

图 7-12 双托盘码垛示意图

任务实施

指导视频
双托盘码垛编程

双托盘码垛主要应用 AS 语言的程序结构控制命令 FOR-TO-END 并进行双重嵌套，以完成一个三行三列托盘码放位置的计算和循环动作，之后利用相对位姿变量和复合位姿变量进行相邻两个托盘的码垛。

为减少变量定义，与单行码垛编程时的位姿变量示教相同，双托盘码垛编程时须示教棒料抓取处正上方的位姿变量。如图 7-8 所示，选择输送带棒料到位工位正上方200 mm的位置作为抓取前的位姿，将它定义为位姿变量#a，选择托盘A和B的左下角点正上方200 mm的位置作为托盘的相对位姿，定义为位姿变量b和c，再将托盘A的第一个码放位置的正上方200 mm处定义为b+start（特别强调，托盘A的第一个码放位置正上方200 mm处要示教为b+start，而不是示教为start。#a、b、c以及start需要在程序运行前应用AS语言的HERE指令示教）。

应用川崎机器人AS语言编写的双托盘码垛程序如下：

```
.PROGRAM palletize_relative
    row.max=3
    col.max=3
    xs=190
    ys=190
    SPEED 100 ALWAYS
    ACCURACY 100 ALWAYS
    HOME
    OPENI 1
    flg=0
    POINT pallet=b
    ;
    10POINT d=pallet+start
    POINT put=d
    FOR row=1 TO row.max
     FOR col=1 TO col.max
      SPEED 30
    ACCURACY 1
    JMOVE #a
    DRAW 0,0,-200
    TWAIT 2
    CLOSEI 1
    TWAIT 2
    DRAW 0,0,200
    ;
    JMOVE put
    DRAW 0,0,-200
    TWAIT 2
    OPENI 1
    TWAIT 2
    DRAW 0,0,200
    ;
    POINT put=shift(put BY-xs,0,0)
     end
    ;
```

提示

安装机器人与托盘时要找正，托盘码垛工位须平行于工业机器人基坐标系的X轴和Y轴。

提示

通过单行（单列）码垛、平面码垛、立体码垛以及双托盘码垛的AS语言示教编程，掌握工业机器人码垛的工作流程和编程方法，学习并掌握AS语言高级命令（如程序结构控制命令FOR-TO-END）的综合应用，掌握码垛编程中关键位置变量的示教与使用。

```
    POINT put=SHIFT(d BY 0,-ys*row,0)
    END
    IF flg<>0 GOTO 30
    flg=1
    POINT pallet=c
    GOTO 10
    30 type"***end***"
    STOP
.END
```

任务 7　子程序技术的应用

任务分析

教学课件
子程序调用

提示
为简化编程，将托盘和托盘上的零件都平行于工业机器人基坐标系的 *XY* 平面。另外，暂不考虑外部 I/O 信号（如 SWAIT、SIGNAL 等命令）对送料器和机器人的连锁控制及同步处理。

工业机器人将零件（$\phi 60\times160$ 棒料）从送料器到位工位（位姿#a 正下方 200 mm 处）上捡起，并依次（起始放置位置为位姿 start. pose 正下方 200 mm 处）放置到平面托盘三行三列的工位上（放置工位如图 7-13 中的点所示，各工位间间距为 190 mm）。

由于机器人在平面码垛时抓取的位置相同，且码放的位置之间也有确定的相对位置关系，因此可采用子程序技术来进行平面码垛编程。将工件抓取和码放的动作过程做成子程序，在码垛的过程中重复调用，码放的位置通过给位置变量赋予不同的值加以改变，从而完成平面码垛。

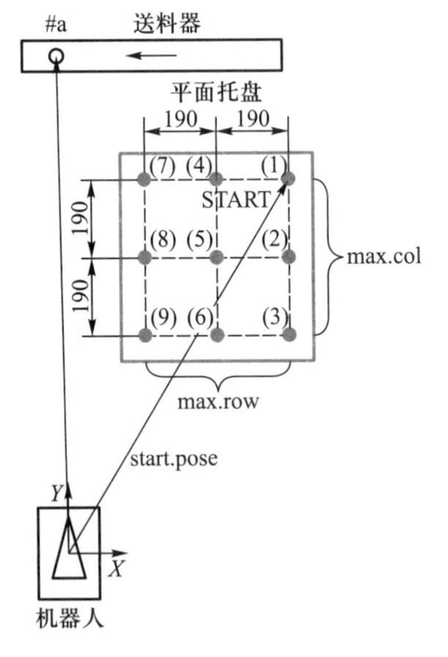

图 7-13　平面码垛示意图（子程序调用）

相关知识

在一个机器人程序中，如果机器人的其中某些动作完全相同或相似，为了简化程序，可以把这些重复的程序段单独列出，并按一定的格式编程成子程序。主程序在执行过程中如果需要某一子程序，可通过调用指令来调用该子程序（如图 7-14 所示），子程序执行完后又返回到主程序，继续执行后面的程序段，而且子程序可以嵌套。

应用子程序技术编写的机器人程序结构更加简洁、清晰，而且可读性大大提高。

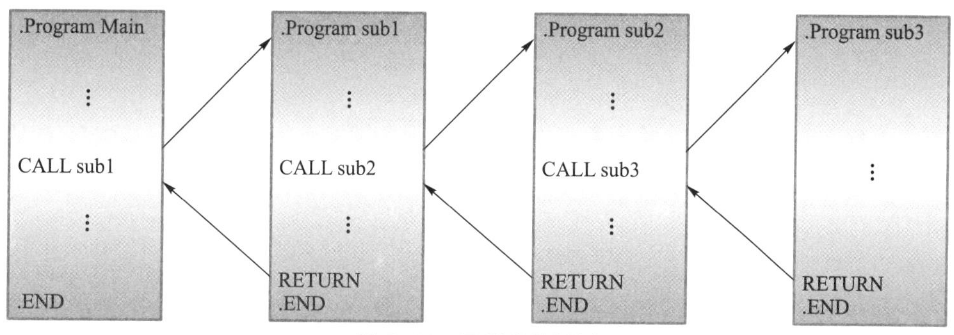

图 7-14　子程序的调用

任务实施

与前面几种码垛方式相同，在执行程序前示教位姿变量#a（拾取零件处正上方 200 mm 的位姿）和位姿变量 start. pose（开始码垛处正上方的 200 mm 位姿）。

应用川崎机器人 AS 语言子程序技术编写的平面码垛主程序如下：

```
.PROGRAM palletize.main
    max.row =3
    max.col =3
    xs=190
    ys=190
    SPEED 100 ALWAYS
    ACCURACY 100 ALWAYS
    HOME
    OPENI 1
    ;
    FOR row=1 TO max.row
      POINT put=SHIFT(start.pose BY-(row-1)* 190,0,0)
     FOR col=1 TO col.max
       CALL pickplace.sub                              / 调用子程序
       POINT put=SHIFT(put BY 0,-190,0)
     END
    END
.END
```

> 提示
> 安装机器人与托盘时要找正，托盘码垛工位须平行于工业机器人基坐标系的 X 轴和 Y 轴。

> 提示
> 通过运用子程序技术完成平面码垛的 AS 语言示教编程，学习并掌握 AS 语言的子程序编程方法，让 AS 语言程序结构更加简洁、清晰，程序可读性更强。

应用川崎机器人 AS 语言子程序技术编写的平面码垛子程序如下：

```
.PROGRAM pickplace.sub
   SPEED 30
   ACCURACY 1
   JMOVE #a
   DRAW 0,0,-200
   TWAIT 2
   CLOSEI 1
   TWAIT 2
   LMOVE #a
   ;
   SPEED 30
   ACCURACY 1
   JMOVE put
   DRAW 0,0,-200
   TWAIT 2
   OPENI 1
   TWAIT 2
   LMOVE put
   ;
   RETURN
.END
```

习　题

习题答案
项目 7

1. 应用川崎机器人 AS 语言，控制机器人完成图 7-15、图 7-16 所示轨迹的运动编程，并在起始点和结束点有抓放零件（ϕ 60×160 棒料）的动作。

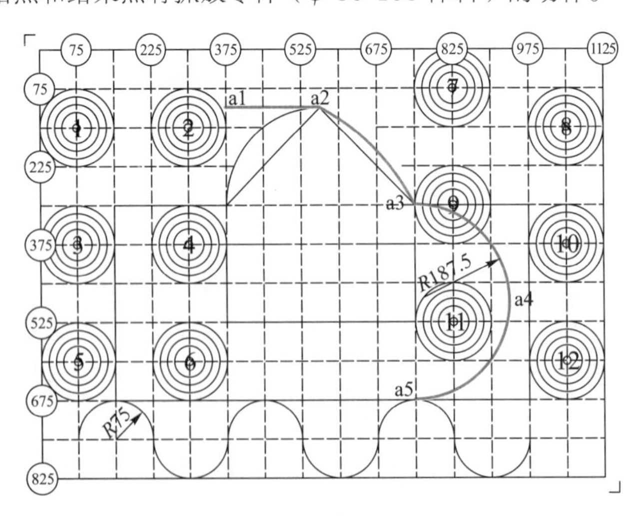

图 7-15　运动轨迹 1

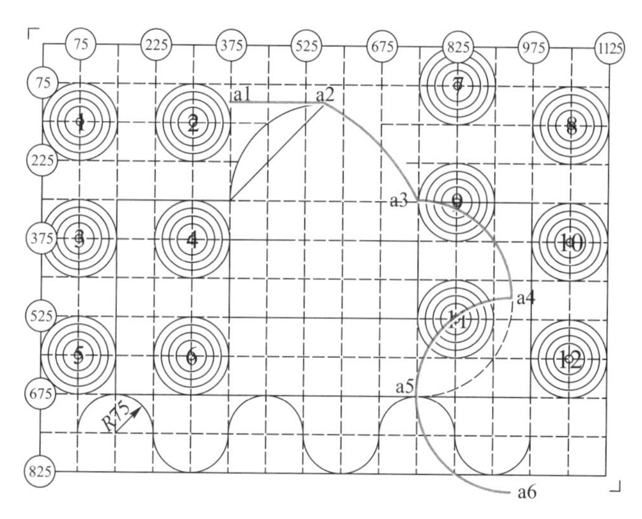

图 7-16 运动轨迹 2

2. 思考码垛类型为如图 7-17、图 7-18 所示垛形时的码垛编程。

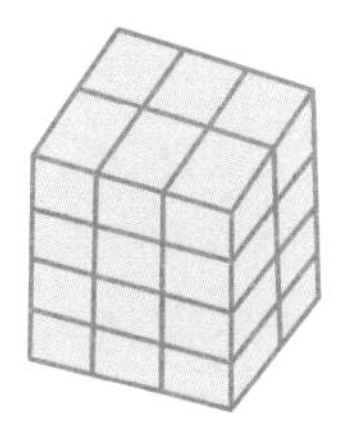

图 7-17 码垛 1

图 7-18 码垛 2

项目 8

川崎工业机器人参数设定

工业机器人的正常运行要设定必要的参数。川崎工业机器人的参数设定功能位于【辅助功能】中，系统参数设置包括：① 简易示教设定，如在综合命令示教（一体化示教）编程中选用的“速度”“精度”“计时”等要素的各个等级参数设置；② 基本示教设定，如示教/检查时机器人的运动速度设置以及机器人的原点位姿设置等；③ 高级设定，如调零和系统开关功能。

知识目标

- 了解川崎 RS10L 工业机器人运行的基本参数及设定方法。
- 掌握川崎 RS10L 工业机器人基本示教设定及高级设定的方法。

技能目标

- 能够完成川崎 RS10L 工业机器人数据的保存与加载。
- 能够完成川崎 RS10L 工业机器人简易示教设定、基本示教设定以及高级设定。

思维导图

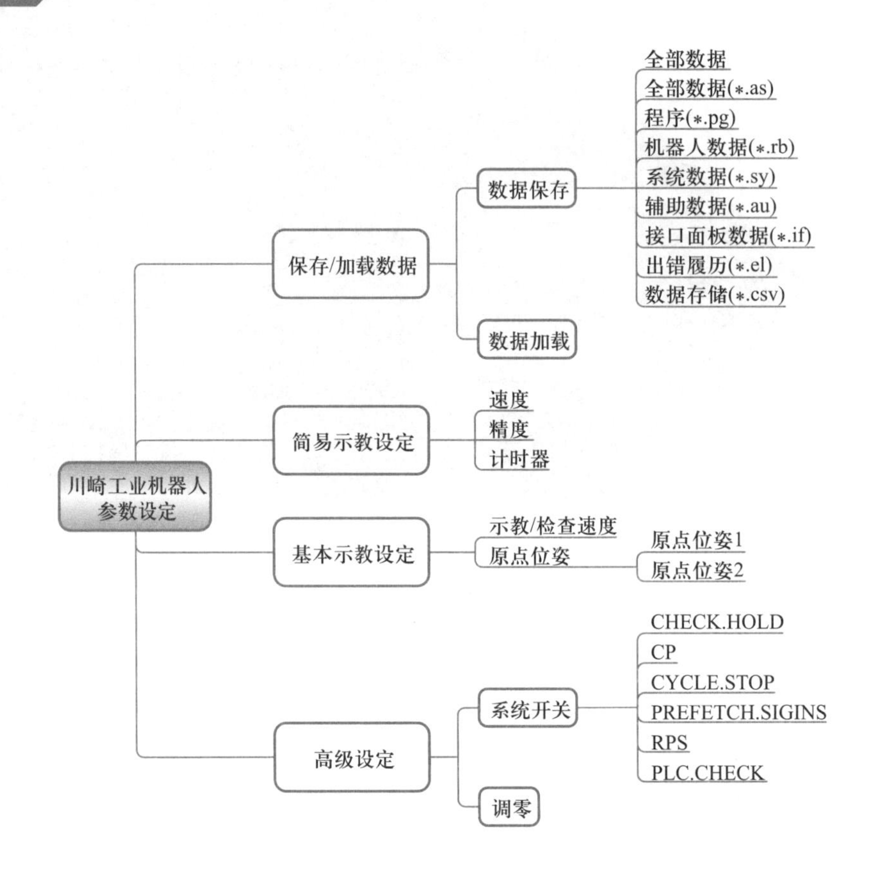

川崎工业机器人参数设定
保存/加载数据
数据保存
全部数据
全部数据(*.as)
程序(*.pg)
机器人数据(*.rb)
系统数据(*.sy)
辅助数据(*.au)
接口面板数据(*.if)
出错履历(*.el)
数据存储(*.csv)
数据加载
简易示教设定
速度
精度
计时器
基本示教设定
示教/检查速度
原点位姿
原点位姿1
原点位姿2
高级设定
系统开关
CHECK.HOLD
CP
CYCLE.STOP
PREFETCH.SIGINS
RPS
PLC.CHECK
调零

任务 1 保存/加载数据

任务分析

工业机器人数据的保存与加载是保证其正常工作的重要操作。为了防止机器人程序和运行参数的丢失，应定期保存工业机器人的程序和运行数据。机器人程序和运行数据也可以通过外部存储器加载到机器人控制器中。

任务实施

按下示教器上的 菜单 键，显示下拉菜单，用↓键移动光标至【辅助功能】选项，按下↵键，进入【辅助】功能界面。川崎工业机器人的辅助功能包含 8 个一级参数设置功能，如图 8-1 所示，一级功能下面又有多级子功能，参数的详细分类及功能明细参见附录 1。川崎机器人的辅助功能包括显示操作机器人或编程时的主要数据、设定有关机器人动作和操作的数据、执行维护功能。

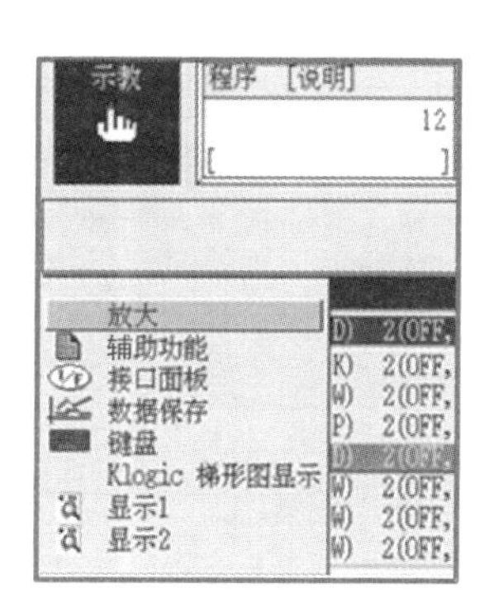

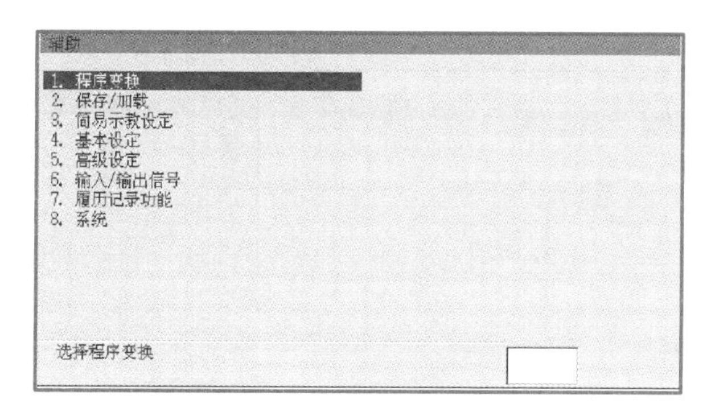

图 8-1 川崎 RS10L 工业机器人的辅助功能

1. 数据保存（辅助 0201）

“保存”功能能够将工业机器人控制器存储器中的程序和其他数据保存到 USB 闪存中，详细操作方法如下。

① 将 USB 闪存插到控制器面板的 USB 端口上，根据图 8-1 进入【辅助功能】→【保存/加载】→【保存】界面。

② 选择保存设备。把光标移动到【USB】，并按下↵键选择 USB 闪存，如图 8-2 所示。

③ 选择保存数据的文件夹。把光标移动到需要的文件夹名并按下↵键来打开文件夹。确认指定的文件夹名显示在【文件的保存场所】框内，如图 8-3 所示。按下 R 键，返回到上一级文件夹。

④ 把光标移动到【文件的保存场所】框内，点击界面左下角的<文件类型>，在弹出的菜单中选择需要的文件类型并按下↵键，如图 8-4 所示。

⑤ 从文件一览表中选择需要保存的文件，或把光标移动到【文件名】框内并点击界面左下角的<输入文件名>，输入文件名后按<ENTER>键，如图 8-5 所示。

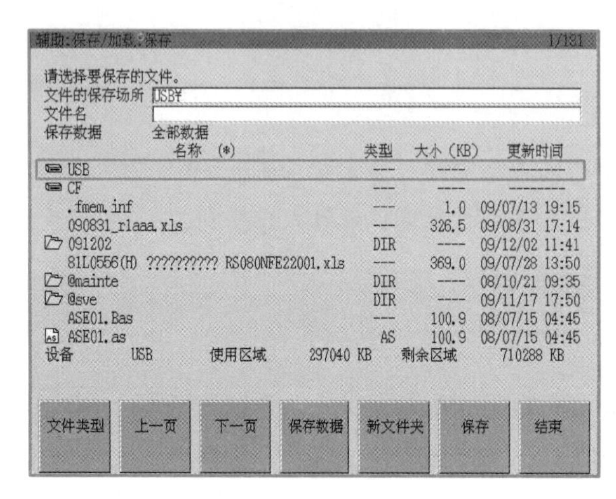

图 8-2 选择保存设备

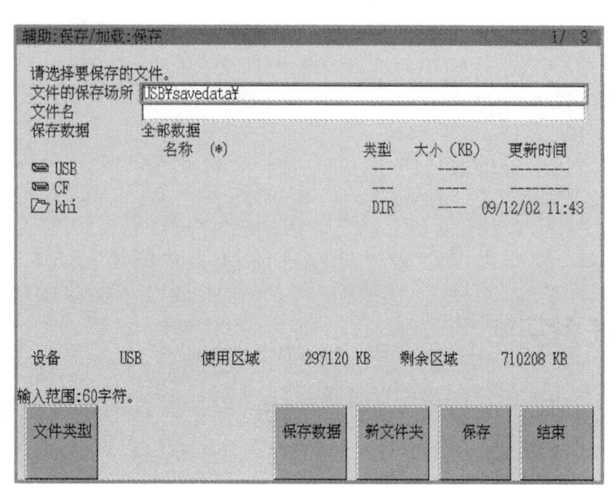

图 8-3 选择保存数据的文件夹

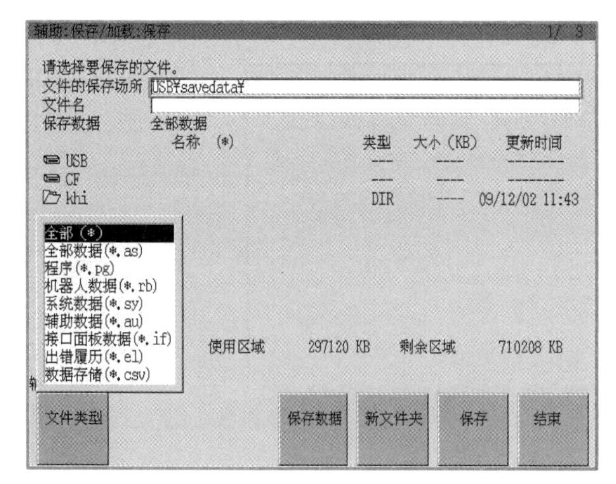

图 8-4 选择保存数据的文件类型

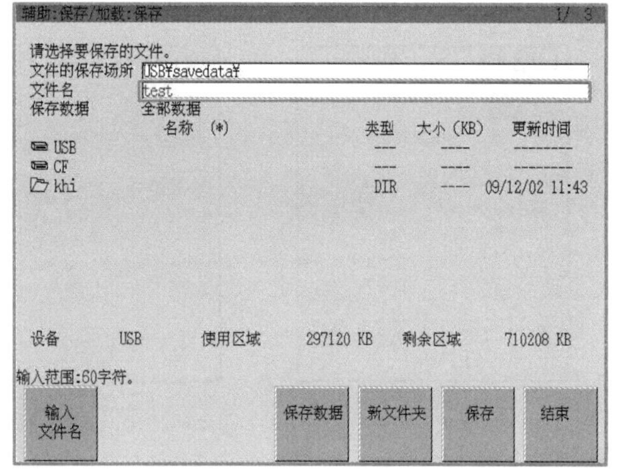

图 8-5 选择保存的文件

⑥ 点击<保存数据>就会显示图 8-6 所示界面，选择需要的文件类型。

⑦ 如果设定正确，点击<保存>，显示确认对话框，要执行保存操作应选择【是】，要取消操作则选择【否】，如图 8-7 所示。

⑧ 当界面中显示“文件存盘完毕”时，保存结束。

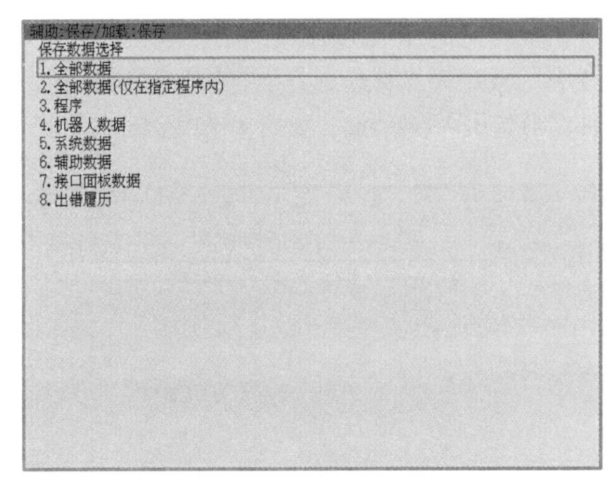

图 8-6　保存数据选择

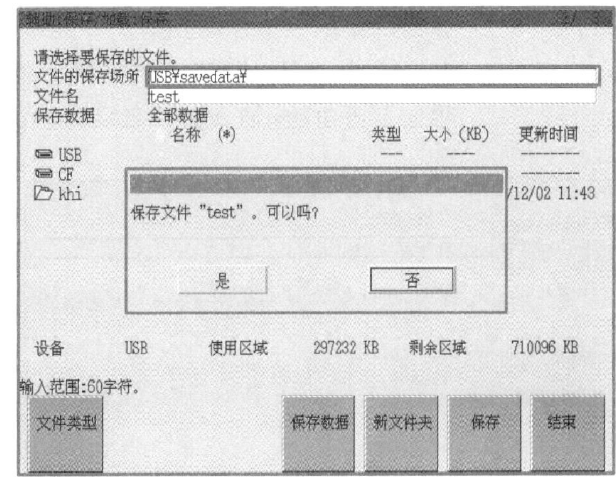

图 8-7　确认保存

2. 数据加载（辅助 0202）

“加载”功能用于将保存在外部存储装置（如 USB 闪存或 CF）文件中的数据加载到机器人控制器存储器，操作方法如下。

① 将 USB 闪存插到控制器附件面板的 USB 端口上，根据图 8-1 进入【辅助功能】→【保存/加载】→【加载】界面。

② 选择加载的设备。把光标移动到【USB】并按下↵键来选择 USB 闪存，如图 8-8所示。

③ 选择包含需要加载文件的文件夹。把光标移动到目标文件夹名并按下↵键来打开文件夹。确认指定的文件夹名显示在【文件的保存场所】框内，如图 8-9 所示。按下R键，返回到上一级文件夹。

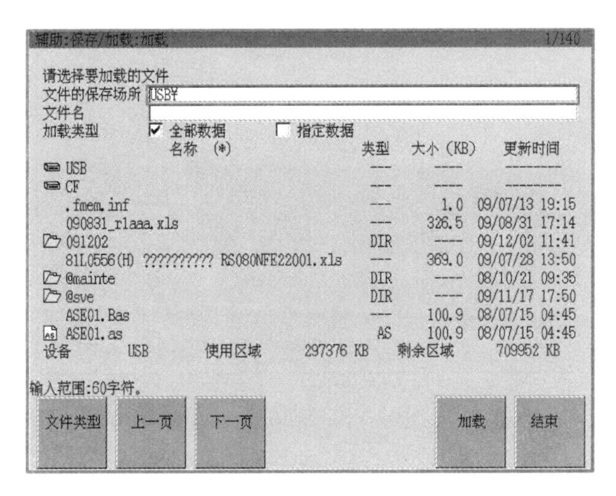

图 8-8　选择加载设备

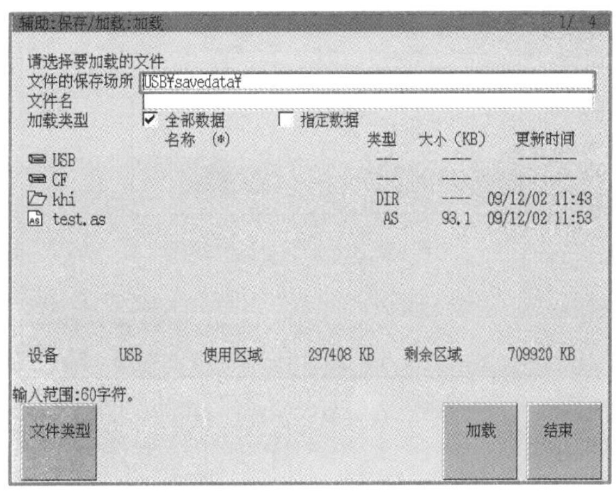

图 8-9　选择加载的文件夹

④ 把光标移动到【文件的保存场所】框内，点击界面左下角的<文件类型>，在弹出的菜单中选择需要的文件类型并按下↵键，如图 8-10 所示。

⑤ 从文件一览表中选择要加载的文件，或把光标移动到【文件名】框内并点击界面左下角的<输入文件名>，输入文件名后按<ENTER>键，如图 8-11 所示。

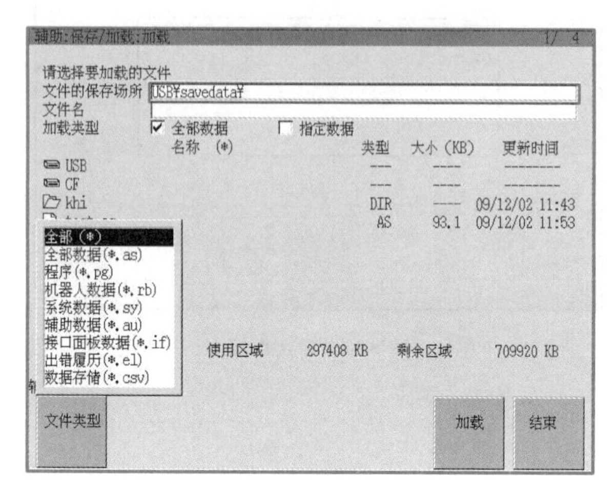

图 8-10 选择加载的文件类型

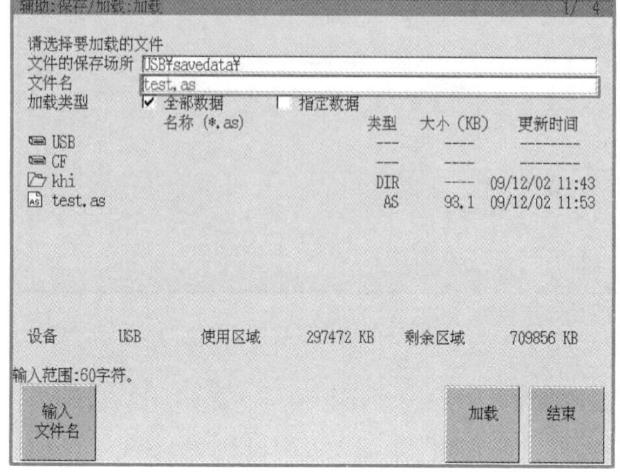

图 8-11 选择加载的文件

⑥ 如果设定正确，点击<加载>，显示确认对话框，要执行加载操作应选择【是】，要取消操作则选择【否】，如图 8-12 所示。

⑦ 显示确认信息。输入“0”可取消机器人数据的加载，输入“1”可加载机器人数据，如图 8-13 所示。

⑧ 当界面中显示“文件加载完毕”时，加载结束。

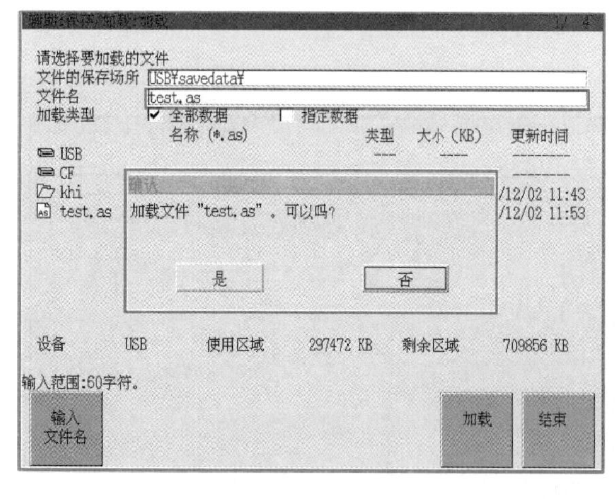

图 8-12 确认加载文件

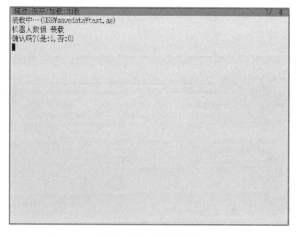

图 8-13 确认加载

说　　明

对各种文件类型说明如下。

- 全部数据：将存储器中的全部程序和其他数据保存/加载到 USB/CF 闪存上。
- 全部数据（仅在指定程序内）（＊.as）：将存储器中的全部程序和其他数据以指定的文件名，保存/加载到 USB/CF 闪存上。
- 程序（＊.pg）：将指定的程序数据，以指定的文件名，保存/加载到 USB/CF 闪存上。如果已保存的程序调出其他程序（子程序），也保存/加载调出的程序。
- 机器人数据（＊.rb）：以指定的文件名，将系统数据，如专用信号设定数据和调零数据等，保存/加载到 USB/CF 闪存上。
- 系统数据（＊.sy）：将系统数据，以指定的文件名，保存/加载到 USB/CF 闪存上。
- 辅助数据（＊.au）：将一体化示教的要素命令（辅助数据），如速度、精度、计时器和工具设定等的参数值，用指定的文件名，保存/加载到 USB/CF 闪存上。
- 接口面板数据（＊.if）：将接口面板界面上设定的开关数据，以指定的文件名，保存/加载到 USB/CF 闪存上。
- 出错履历（＊.el）：将存储器中的最后 1 000 条出错履历，包括错误代码、信息、日期、时间，以指定的文件名，保存/加载到 USB/CF 闪存上。
- 数据存储（＊.csv）：以指定的文件名，存储数据到 USB/CF 闪存上。

任务 2　简易示教设定

教学课件
简易示教设置与原点设置

任务分析

川崎工业机器人辅助功能下的简易示教设定包含速度、精度、计时器等参数设定。

任务实施

1. 速度（辅助 0301）

在【辅助功能】→【简易示教设定】→【速度】界面，可以设置综合命令要素“速度”的参数数据。速度数据设定为最大速度的百分比（%），如图 8-14 所示。

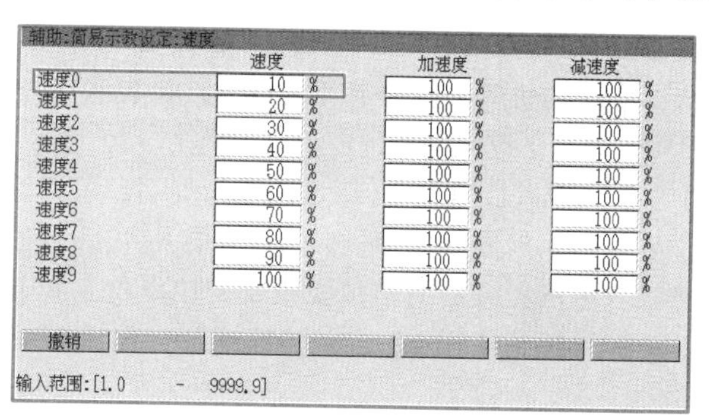

图 8-14　综合命令要素“速度”参数设定

2. 精度（辅助 0302）

“精度”用于设置在各运动段末端机器人的定位精度（即当机器人进入此命令设置的范围内时，就认为已经到达了目标位姿，并开始向下一个目标运动）。

在【辅助功能】→【简易示教设定】→【精度】界面，可以设置综合命令要素“精度”的参数数据，如图 8-15 所示。

3. 计时器（辅助 0303）

在【辅助功能】→【简易示教设定】→【计时器】界面，可以设置综合命令要素“计时”的参数数据，如图 8-16 所示。

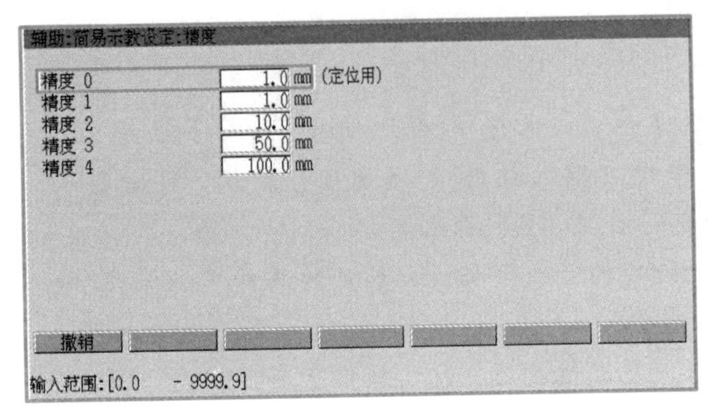

图 8-15 综合命令要素“精度”参数设定

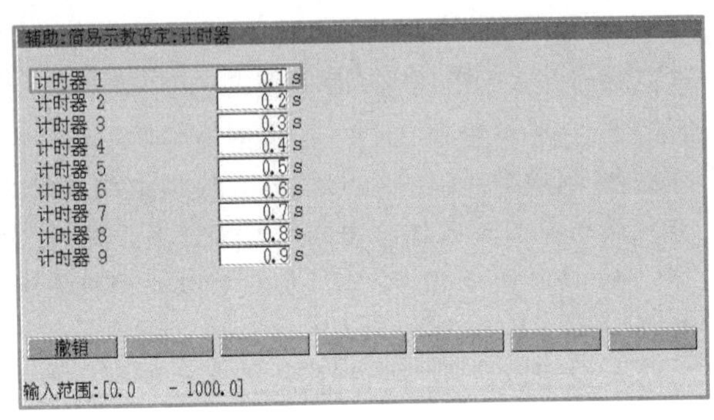

图 8-16 综合命令要素“计时”参数设定

任务 3 基本示教设定

任务分析

通过“基本示教设定”，可以设定“示教/检查速度”，以及川崎机器人的原点位姿。

任务实施

1. 示教/检查速度（辅助 0401）

在【辅助功能】→【基本设定】→【示教/检查速度设定】界面，可以通过【速度 1】到【速度 5】来设定示教或检查运行时的低、中和高速，其中【速度 1】设定进给增量，如图 8-17 所示。

2. 原点位姿（辅助 0402）

原点位姿是指人为预设的机器人的一个（或两个）位姿状态，机器人在执行 AS 指令 HOME（或 HOME2）时会返回这个位姿。

> 提示
> 示教器操作界面中的显示为“位置”，这属于汉化问题，对机器人来说，“位姿”一词较为准确，包括位置和姿态两个方面。

在【辅助功能】→【基本设定】→【原点位置】界面，可以设置两个机器人的原点位姿，即原点位姿 1 和原点位姿 2，如图 8-18、图 8-19 所示。在设定原点位姿时可以有两种设置方式：将机器人的当前位姿设置为原点位姿和通过输入各轴的转动角度来确定原点位姿（原点位姿设定效果等同于 AS 语言指令 SETHOME 和 SET2HOME）。

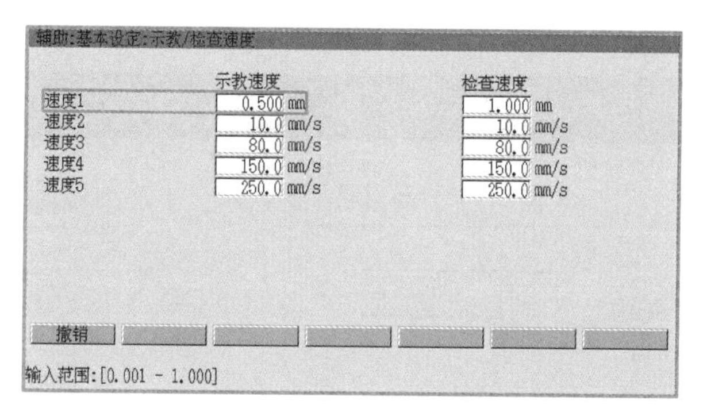

图 8-17 示教/检查速度的设定

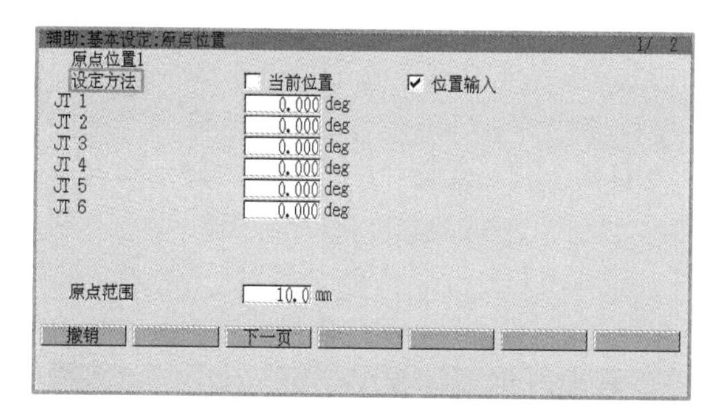

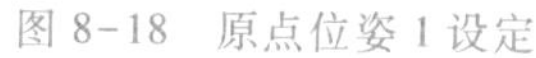
图 8-18 原点位姿 1 设定

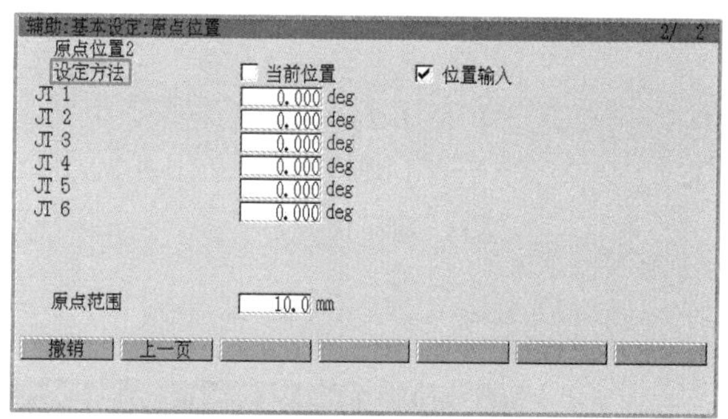

图 8-19 原点位姿 2 设定

当机器人进入以原点位姿 1（或 2）为圆心的圆形区域时，向外输出原点信号。该圆形区域的半径就是这个原点范围。在设置机器人原点位姿时，原点范围值须设置在5~10 mm 之间。

任务 4 高级设定

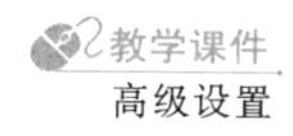

任务分析

川崎机器人的高级设定主要包括机器人各轴的调零，以及系统开关的设定和应用。

相关知识

1. 系统开关 PREFETCH. SIGINS

在 AS 系统中，可以通过设置系统开关 PREFETCH. SIGINS 改变程序执行和机器人动作的时序。

当 PREFETCH. SIGINS 为 ON 时，事先处理信号。在机器人开始执行当前的运动指令时，立即执行到下一个运动指令前的所有指令。

应用 1 见表 8-1。

表 8-1 应 用 1

程序（部分）	PREFETCH. SIGINS ON	PREFETCH. SIGINS OFF
JMOVE part1 SIGNAL 1 JMOVE part2 SIGNAL 2	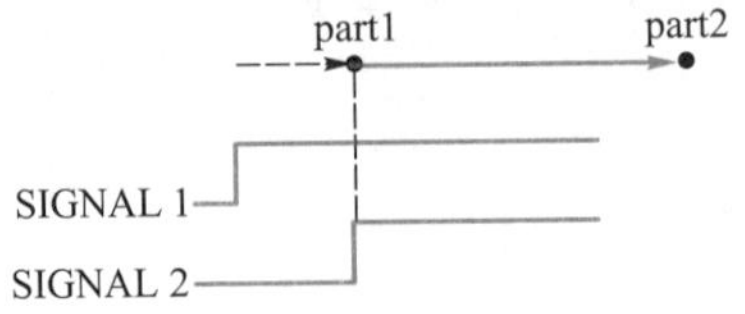 part1 part2 SIGNAL 1 SIGNAL 2	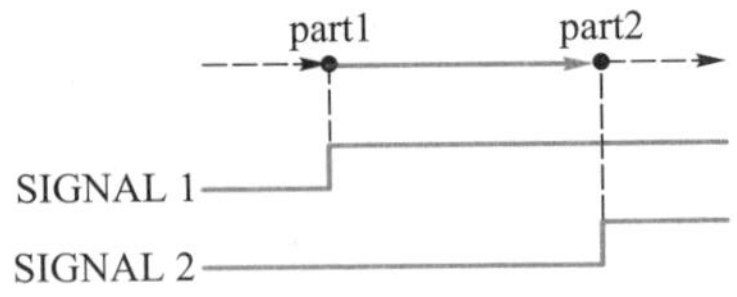 part1 part2 SIGNAL 1 SIGNAL 2

当 PREFETCH. SIGINS 为 ON 时，只要机器人开始向 part1 移动，外部信号 1（SIGNAL 1）立即被输出。当程序到达第二个 JMOVE 命令时，等待机器人到达 part1，然后执行该命令。一旦机器人到达 part1，它开始移向 part2，同时，外部信号 2（SIGNAL 2）被输出。

当 PREFETCH. SIGINS 为 OFF 时，在机器人到达运动命令的目的地并且轴一致之后，输出信号。

应用 2 见表 8-2。

表 8-2 应 用 2

程序（部分）	运动轨迹	机器人动作
1 JMOVE #b 2 SIGNAL 1 3 a=2 4 LMOVE #c 5 SIGNAL 2 6 SPEED 50 7 LMOVE #d 8 SIGNAL 3	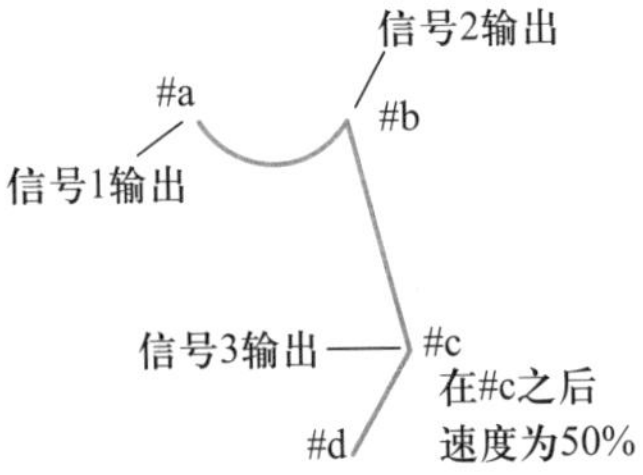 信号2输出 #a #b 信号1输出 信号3输出 #c 在#c之后速度为50% #d	若程序在机器人在#a 处时执行，执行步骤顺序如下： ① 在#a 处，机器人为 JMOVE #b 作运动规划，并且开始向#b 运动 ② 一旦运动开始，下一步骤 SIGNAL 1 被马上执行，即机器人离开#a 后，信号 1 立即变成 ON ③ 执行进程到达步骤 4，规划 LMOVE #c 并等待机器人到达#b ④ 一旦机器人到达#b，机器人立即开始向#c 运动。执行进程到达步骤 7（规划 LMOVE #d 的运动），并等待机器人到达#c

当系统开关 PREFETCH. SIGINS 为 ON 时，程序处理下一步直到机器人到达指定的位姿。但时序受到其他设置和指令/命令的影响，如 WAIT 或 CP 开关。WAIT 指令挂起步骤的进程直到条件被满足。当 CP 开关为 OFF 时，程序处理运动命令步骤前的所有步骤，并在处理结束前在那里停止运动。

2. 系统开关 CP

CP（Continue Path）即连续路径控制。机器人执行了一系列的运动，在运动段之间做出平滑的转向，并不在各目标位姿停止，见表 8-3。

表 8-3　平滑转向

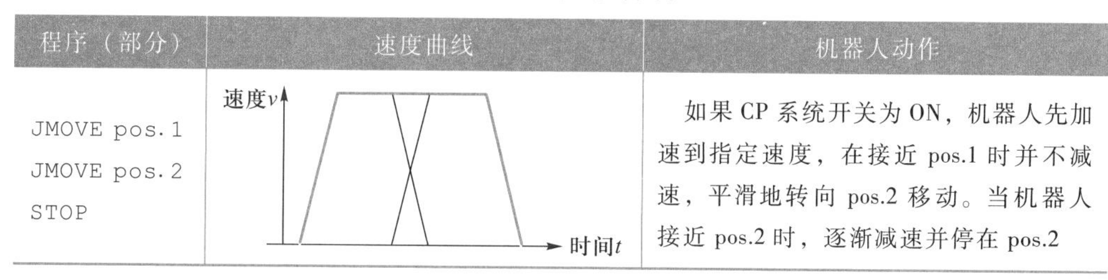

程序（部分）	速度曲线	机器人动作
JMOVE pos.1 JMOVE pos.2 STOP	速度v 时间t	如果 CP 系统开关为 ON，机器人先加速到指定速度，在接近 pos.1 时并不减速，平滑地转向 pos.2 移动。当机器人接近 pos.2 时，逐渐减速并停在 pos.2

有些命令可以暂停程序的执行，直到机器人真正到达目标位姿，被称为 CP 运动的中断（Break）。如果机器人必须在执行稳态操作时（如关闭手爪）保持静止，就可以使用执行命令，见表 8-4。

表 8-4　运动的中断

程序（部分）	程序执行过程	说明
JMOVE pos.1 BREAK SIGNAL1	当前位姿　pos.1 信号1	JMOVE 命令控制机器人向 pos.1 点运动，接着执行 BREAK 命令。这条命令挂起程序的执行，直到向 pos.1 的移动完成。外部信号在机器人停止前不输出

能够挂起（暂停）程序的执行直到机器人运动完成的命令还有 CLOSEI、OPENI、HALT 等。

任务实施

1. 调零（辅助 0501）

川崎机器人的调零方法详见项目 9 任务 2。

2. 系统开关（辅助 0502）

系统开关用于开启或者关闭工业机器人的某些系统功能，相当于系统层面的全局变量，一旦设置，对所有程序有效。

在【辅助功能】→【高级设定】→【系统开关】界面，可以设置系统开关参数。常用的系统参数见表 8-5。

表 8-5　川崎机器人常用系统开关

系统开关	开关状态	系统开关功能
CHECK. HOLD	ON	只在 HOLD（保持）状态下，才能启动机器人程序
	OFF	在 RUN（运行）状态下，也能启动机器人程序
CP	ON	开启连续路径（CP）运动控制
	OFF	关闭连续路径（CP）运动控制
CYCLE. STOP	ON	开启输入外部保持信号，停止机器人循环（当机器人停止时，循环启动灯关闭）
	OFF	关闭外部保持信号的循环停止功能（仅为保持）

续表

系统开关	开关状态	系统开关功能
PREFETCH. SIGINS	ON	开启输入/输出指令在机器人到达目标位置点前提前执行
	OFF	关闭输入/输出指令在机器人到达目标位置点前提前执行
REP_ONCE	ON	再现运行程序一次
	OFF	连续再现运行程序
RPS	ON	当执行到一体化程序中的跳转/结束或 EXTCALL（外部调用）指令时，执行外部程序选择功能，自动切换到指定的程序
	OFF	不执行外部程序选择功能
STP_ONCE	ON	一步一步地执行（单步）
	OFF	连续执行步
PLC. CHECK	ON	开启 PLC 检查
	OFF	关闭 PLC 检查

习　题

习题答案
项目 8

一、填空题

1. 为了防止机器人程序和运行参数的丢失，须定期__________工业机器人的程序和运行数据，机器人程序和运行数据也可以通过外部存储器__________到机器人控制器中。

2. 在【辅助功能】→【简易示教设定】界面中可以设定的建议示教参数有：__________、__________、__________。

3. 在【辅助功能】→【简易示教设定】→【__________】界面中，可以设置综合命令要素“精度”的参数数据。

4. 川崎 RS10L 工业机器人综合命令要素“计时”共有______挡。

5. 在【辅助功能】→【基本设定】→【__________】界面，可以设置两个机器人的原点位姿。

二、选择题

1. 在加载时可以被川崎工业机器人控制系统识别的程序文件格式是（　　）。

A. .pg　　B. .nc　　C. .txt　　D. .doc

2. 下列不属于川崎工业机器人系统开关的是（　　）。

A. CHECK. HOLD　　B. CP

C. CYCLE. STOP　　D. HERE

3. 用于开启输入外部保持信号，停止机器人循环（当机器人停止时循环启动灯关闭）的系统开关是（　　）。

A. CHECK. HOLD　　B. CP

C. CYCLE. STOP　　D. RPS

4. 当执行到综合命令示教程序中的跳转/结束或 EXTCALL（外部调用）指令时，执行外部程序选择功能，自动切换到指定程序的系统开关是（　　）。

A. CHECK. HOLD　　B. PREFETCH. SIGINS

C. CYCLE. STOP　　D. RPS

5. 在 AS 系统中，可以通过设置系统开关（　　）改变程序执行和机器人动作的时序。

A. CHECK. HOLD　　B. PREFETCH. SIGINS

C. CYCLE. STOP　　D. RPS

三、判断题

1. 川崎 RS10L 工业机器人导入的程序文件格式是* . pg。(　　)

2. * . as 是指川崎 RS10L 工业机器人存储器中的全部程序和其他数据。(　　)

3. * . rb 是指川崎 RS10L 工业机器人的机器人系统数据，如专用信号设定数据和调零数据等。(　　)

4. * . au 是指川崎 RS10L 工业机器人的一体化示教命令要素数据，如速度、精度、计时、工具等。(　　)

5. * . el 是指川崎 RS10L 工业机器人存储器中最后 1 000 条出错履历，如错误代码、信息、时间等。(　　)

项目 9

川崎工业机器人轴编码器电池更换与调零

工业机器人的每个关节都由伺服电动机驱动，各个关节转动的数据由伺服电动机编码器记录和反馈，编码器数据在机器人外部断电的情况下仍由编码器电池供电保持，从而使机器人断电重启后能恢复断点运行。

知识目标

- 了解川崎 RS10L 工业机器人编码器电池的功能。
- 了解川崎 RS10L 工业机器人编码器电池供电不足时机器人的状态。

技能目标

- 能够完成川崎 RS10L 工业机器人编码器电池的拆卸与更换。
- 能够完成川崎 RS10L 工业机器人各轴的调零。

思维导图

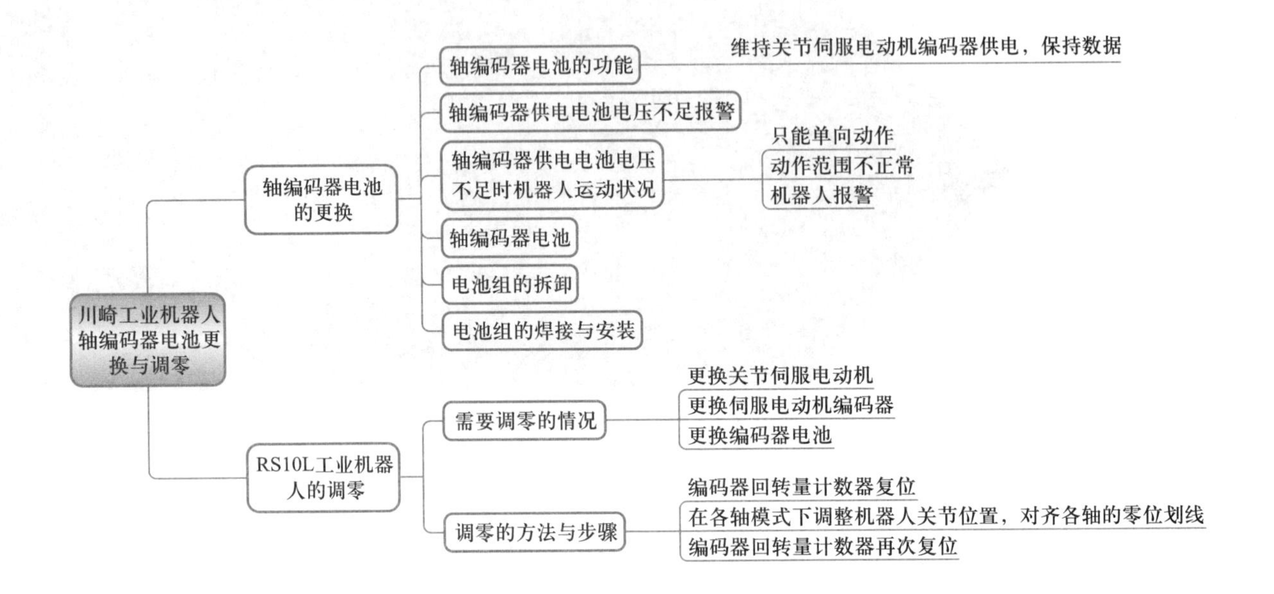
川崎工业机器人轴编码器电池更换与调零
轴编码器电池的更换
轴编码器电池的功能
维持关节伺服电动机编码器供电，保持数据
轴编码器供电电池电压不足报警
轴编码器供电电池电压不足时机器人运动状况
只能单向动作
动作范围不正常
机器人报警
轴编码器电池
电池组的拆卸
电池组的焊接与安装
RS10L工业机器人的调零
需要调零的情况
更换关节伺服电动机
更换伺服电动机编码器
更换编码器电池
调零的方法与步骤
编码器回转量计数器复位
在各轴模式下调整机器人关节位置，对齐各轴的零位划线
编码器回转量计数器再次复位

任务 1　轴编码器电池的更换

任务分析

如果编码器供电电池电力不足，会导致编码器不能记录和反馈伺服电动机的转动数据，进而导致机器人运行故障，此时需要更换编码器电池。

相关知识

1. 轴编码器电池的功能

川崎 RS10L 六轴工业机器人采用干电池作为编码器的额外备用电源，用于在关机、断电时保证工业机器人编码器的数据不致丢失。

如果工业机器人不是一直或经常处于开机使用状态，则编码器备用电源（电池）经常处于放电状态，经过一段时间之后（一般为 2~3 年），轴编码器备用供电电池会能量不足，导致机器人的轴数据丢失，从而使机器人产生运动故障。

因此，如果在操作过程中，工业机器人的示教器操作屏幕中提示“轴编码器电池电压低”，则需要及时更换电池，以保证机器人正常工作。

2. 轴编码器供电电池电压不足报警

工业机器人经过一段时间的使用之后，轴编码器供电电池会出现“电压低”的状况（产生“电压低”的时间视工业机器人的工况而定，若机器人使用工时不长或经常处于停机状态，则该时间为 2~3 年；若工业机器人常年处于工作状态，则轴编码器供电电池可以使用更长时间）。

轴编码器供电电池出现“电压低”状况后，机器人在开机时或点动机器人各轴时在示教器屏幕中都会出现如图 9-1 所示的提示。

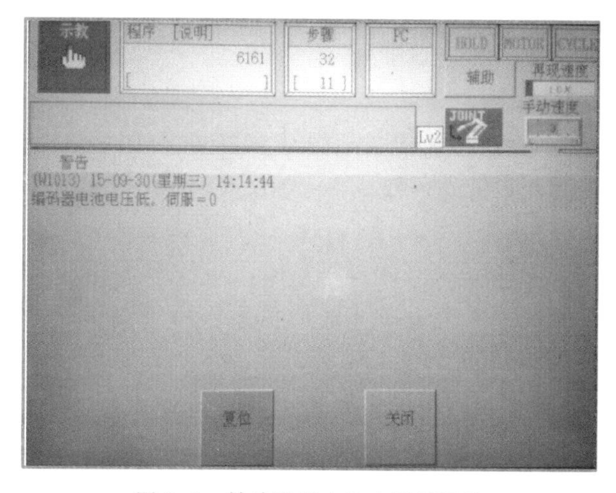

图 9-1　轴编码器电池电压低提示

在产生“电压低”提示的初期，一般通过点击<复位>按钮即可消除提示，从而继续相关操作。

3. 轴编码器供电电池电压不足时机器人运动状况

川崎 RS10L 工业机器人在轴编码器供电电池电压严重不足时，会产生编码器数据丢失的情况，从而导致工业机器人在关节坐标系下进行点动操作时某些轴只能单向运动（不能反向运动），在基坐标系下进行直线运动时轨迹不再平行于基坐标系的各轴，在机器人处于再现模式时则会产生严重危害，损坏机器人。

任务实施

更换工业机器人编码器供电电池时应选用厂家指定的品牌、型号与规格的电池。

1. 轴编码器电池

川崎 RS10L 工业机器人轴编码器的供电电池如图 9-2 所示。一台工业机器人需要一对电池给 6 个轴编码器供电，该电池的基本情况如下。

(1) 电池品牌及名称

万胜（MAXELL），一次锂-亚硫酰氯电池。

(2) 电池型号

ER17/50 3.6 V 2 750 mA · h（带焊脚）。

(3) 电池规格

电池尺寸为 17 mm×52.6 mm，电压为 3.6 V，容量为 2 750 mA · h，质量为 20 g，电流为 120 μA。

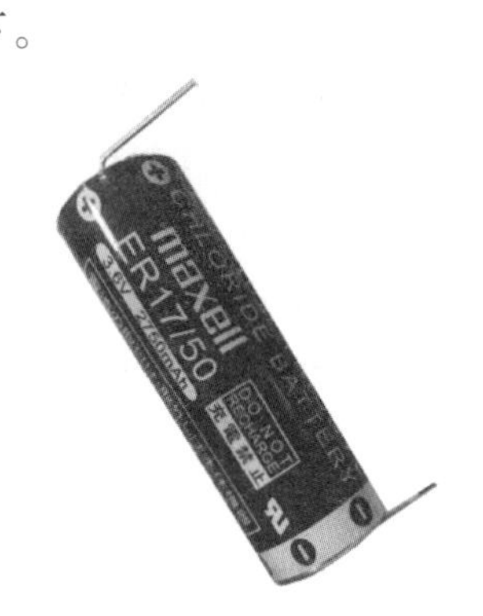

图 9-2　MAXELL ER17/50 工业机器人轴编码器供电电池

(4) 产品优点

锂-亚硫酰氯电池的额定电压为 3.6 V，是目前锂电池系列中电压最高的，锂-亚硫酰氯电池是实际使用电池中能量最高的一种电池（500 W · h/kg，1 000 W · h/dm³）。常温中等电流密度放电时，放电曲线极为平坦。90%容量范围内工作平台保持不变。该电池可以在-40～+85 ℃范围内正常工作。-40 ℃时的容量约为常温容量的 50%，表现出极为优良的高低温性能。年自放电率≤1%，储存寿命 10 年以上。

提示

ER17/50 电池为不可充电电池，勿放入充电器中，以免发生危险。

(5) 主要用途

数控机床、伺服器、编程器、PLC、CNC、注塑机、印刷机、触摸屏、电表、水表、实时时钟、后备记忆电源、各种测量仪器仪表、专用电子设备等。

2. 电池组的拆卸

提示

更换工业机器人各轴编码器供电电池组时，务必断开控制器电源及总控电源，在设备醒目位置设置一个“设备检查维护中，请勿开机”的标志牌，以防止其他操作人员意外开机或上电，避免发生触电或机器人损坏事故。

① 更换编码器电池组前，先记录编码器值，如图 9-3 所示。具体方法为：按下示教器键盘上的 菜单 键，依次选择【辅助功能】→【高级设定】→【调零】→【调零数据设定/显示】选项。

② 关闭工业机器人控制器电源及总控电源，设置“设备检查维护中，请勿开机”的标志牌。

③ 用小号十字螺钉旋具拆卸位于机器人基座上的电池架板，松开固定螺钉后，从基座方孔中将电池组架取出，如图 9-4、图 9-5 所示，拆卸及取出时要小心不要损伤线束。

④ 分离电池组继电器接头，将电池组从机器人中完全分离，如图 9-6 所示。

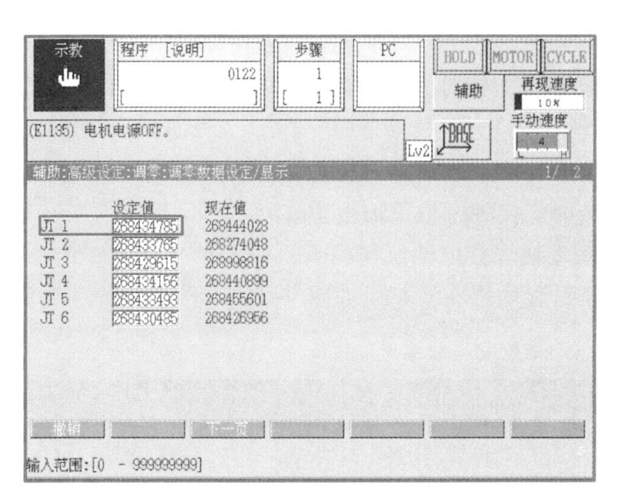

图 9-3　更换电池组前记录编码器值

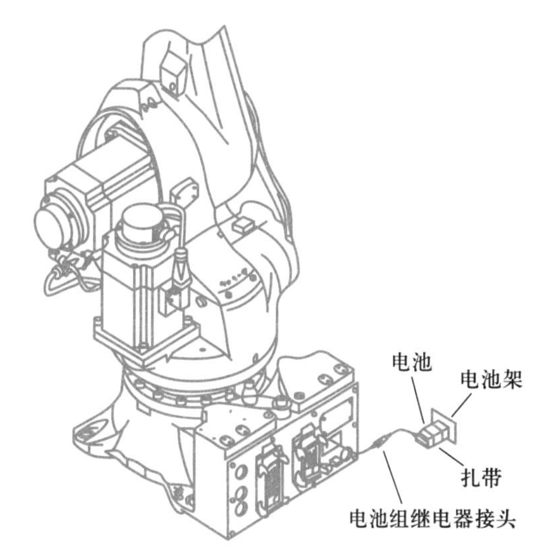

图 9-4　轴编码器供电电池板的拆卸示意图（1HG 板）

图 9-5　轴编码器供电电池板的拆卸实图

图 9-6　分离电池组

⑤ 拆下固定电池组的扎带（可重复利用），去除电池组外的热缩塑料薄膜，如图9-7所示，再去掉电池组头部的绝缘帽（可重复利用）和电池组固定架，如图 9-8 所示。

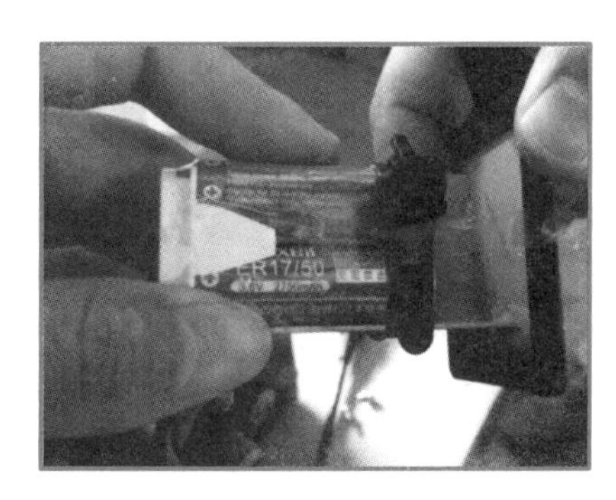

图 9-7　去除电池组外的热缩薄膜

图 9-8　去掉电池组固定架

此时，电池组拆卸完成。

3. 电池组的焊接与安装

① 准备好一对新的编码器供电电池，核对电池型号与规格，准备电烙铁、锡焊丝等工具。

② 仔细观察原来电池组的正负极与线束的焊接对应关系。

③ 用加热的电烙铁熔化旧电池的焊接处，取下旧电池。

④ 根据表 9-1 所示的对应关系重新焊接电池组与线束，如图 9-9 所示。

⑤ 将电池组用胶带或热缩薄膜封装固定在一起，如图 9-10 所示。

表 9-1 电池正负极与线束对应关系

电池正负极	电池 1	电池 2
正极	红线	橘红线
负极	黑线	土棕线

图 9-9 新焊接的电池组

图 9-10 电池组的封装固定

⑥ 套上电池组正极的绝缘帽，将电池放置于电池安装架上，并用扎带可靠固定，如图 9-11 所示。

⑦ 连接电池继电器接头，并将电池组重新装回机器人基座安装孔内，用螺钉紧固，如图 9-12 所示。

图 9-11 电池组固定在保持架上

图 9-12 安装完电池组后的基座

此时，工业机器人编码器供电电池组的制作及安装就已完成。

任务 2 RS10L 工业机器人的调零

任务分析

更换编码器电池可导致伺服编码器零位丢失，必须重新调零，确定编码器零位。

教学课件
高级设置

相关知识

1. 需要调零的第 1 种情况

更换工业机器人编码器或轴伺服电动机后，需要对该轴进行调零。

2. 需要调零的第 2 种情况

更换工业机器人编码器供电电池组后，由于编码器失电原因导致轴数据丢失，对各轴的机械零点失去记录，从而产生机器人运行故障，或者在机器人点动各轴时只能单向运动等问题，此时需要对工业机器人各轴进行调零。如图 9-13 所示为更换轴编码器电池组后执行 HOME 指令时屏幕上显示的报警信息，此时即需要进行调零。

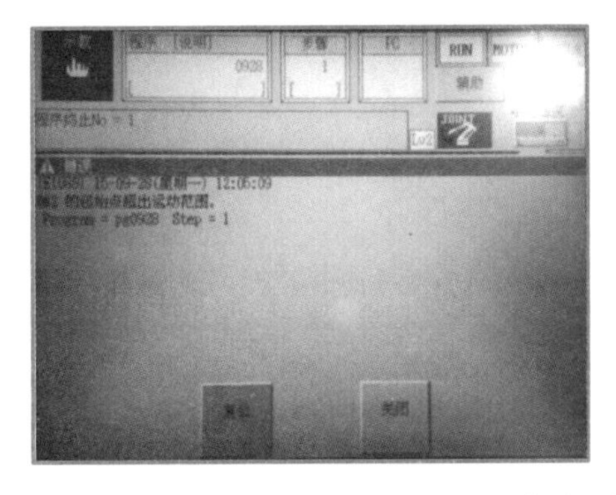

图 9-13 更换轴编码器电池组后执行 HOME 指令时的报警信息

指导视频
高级设置

任务实施

调零的操作步骤（如图 9-14 所示）如下：

① 按下示教器键盘上的菜单键，在下拉菜单中依次选择【辅助功能】→【高级设定】→【调零】→【编码器回转量计数器复位】选项，各步操作界面如图 9-15~图 9-18所示。按下示教器键盘上的↵键，完成所有编码器回转量计数器复位。

② 按下示教器上的握杆触发开关+各轴键，点动机器人各轴，依次调整第 6 轴、第 5 轴、…、第 1 轴的零位划线，并将其对齐，如图 9-19~图 9-22 所示。此时机器人处于调零标准位姿，如图 9-23 和图 9-24 所示。在工业机器人处于标准位姿时，确认各轴的零位划线标志是否对齐。

提示
由于在工业机器人各轴编码器供电电池电压严重不足的情况下或者在断电模式下更换编码器供电电池组后，编码器运行数据会丢失，使得部分轴只能做单向点动，因此，完成编码器回转量计数器复位，是恢复机器人各轴在关节坐标系下正常双向运动的前提。

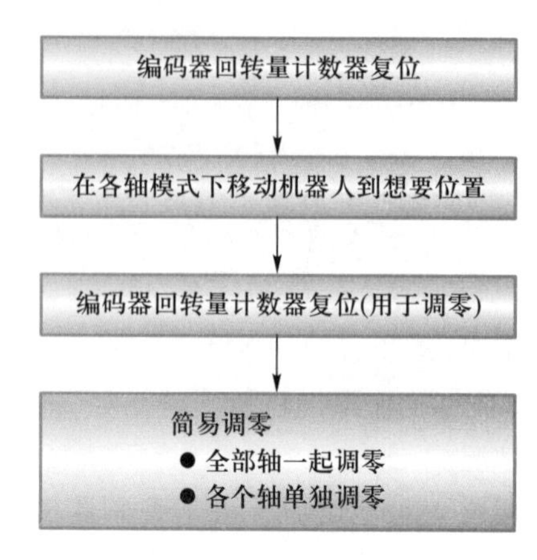

图 9-14 各轴编码器调零流程

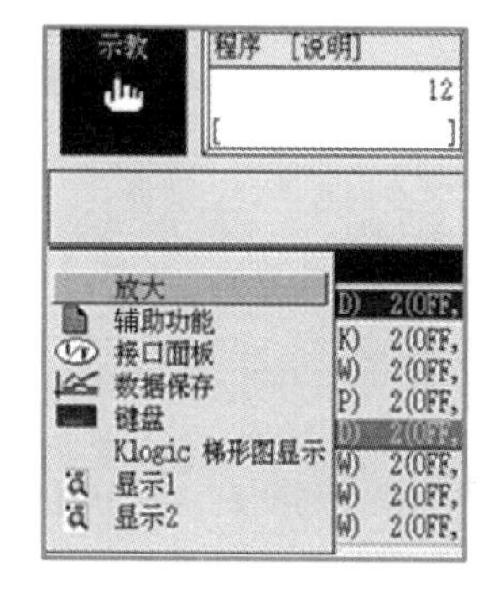

图 9-15 辅助功能

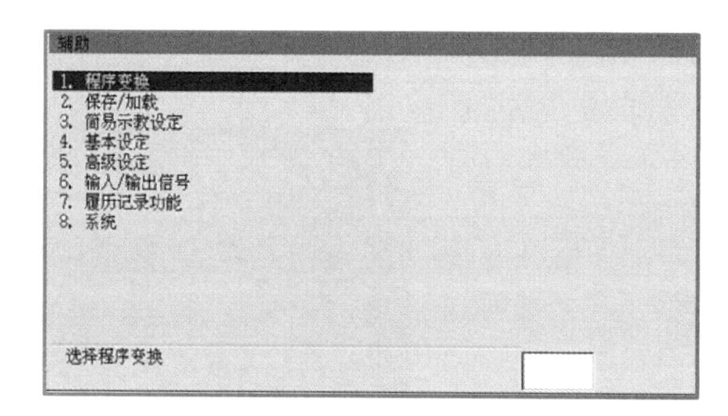

图 9-16 高级设定

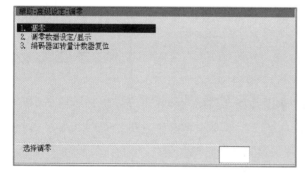

图 9-17 调零

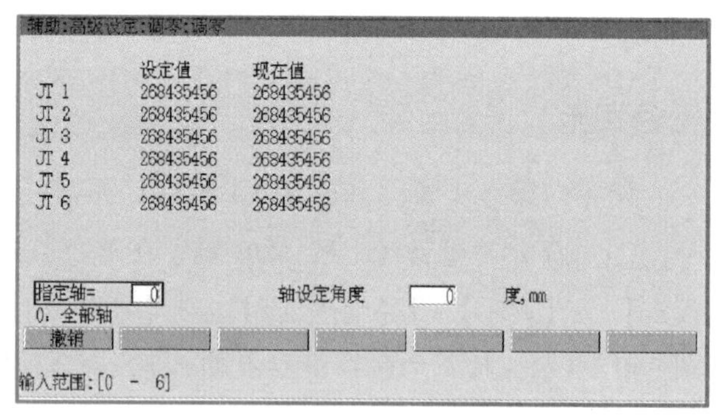

图 9-18 编码器回转量计数器复位

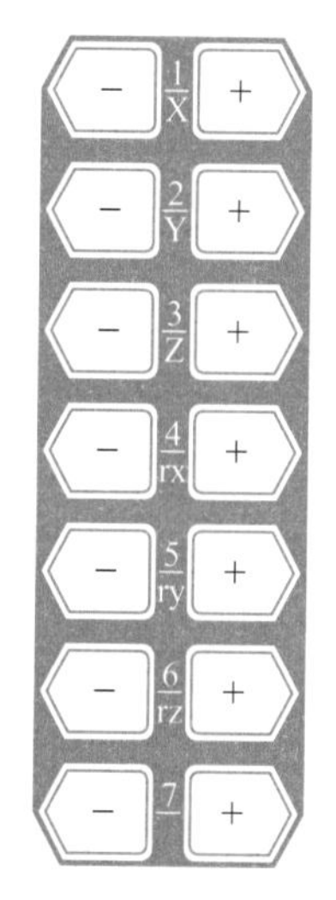

图 9-19　各轴键

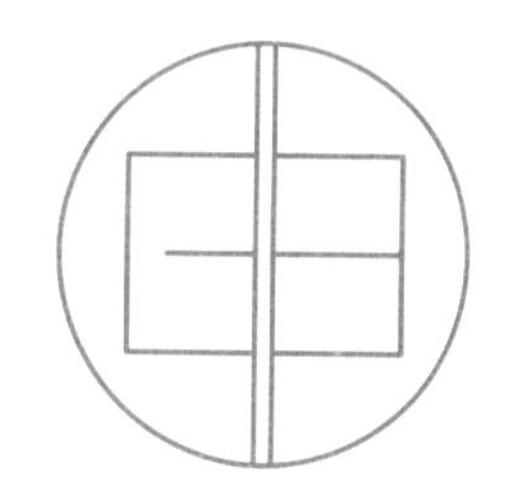

图 9-20　零位划线标志对齐

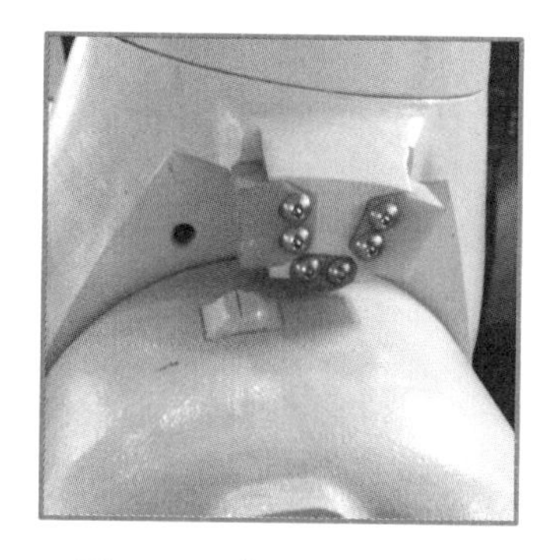

图 9-21　第 3 轴零位划线

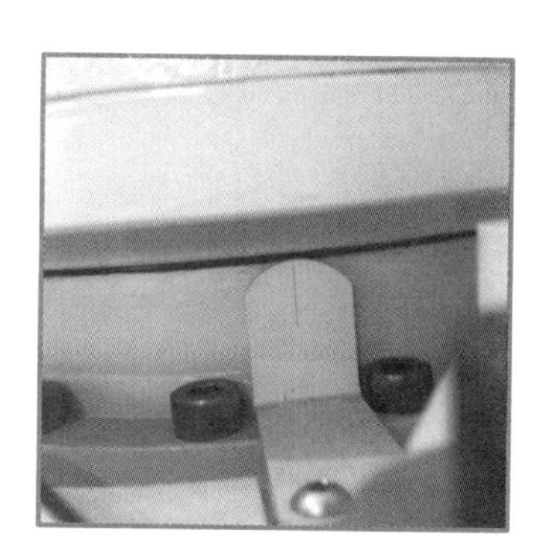

图 9-22　第 1 轴零位划线

JT6轴零位划线标志位置

JT5轴零位划线标志位置

JT4轴零位划线标志位置

JT3轴零位划线标志位置

JT2轴零位划线标志位置

JT1轴零位划线标志位置

图 9-23　川崎机器人调零标准位姿

图 9-24　川崎机器人调零标准位姿实景

提示

如果在步骤②的操作过程中部分轴的零位划线标志不能对齐，则可先在此位置按照步骤③中所述完成所有编码器回转量计数器复位。复位完成后再次对零位划线标志不能对齐的轴进行对齐操作，等这些轴的零位划线标志对齐后，可对这些轴单独进行编码器回转量计数器复位。

③ 重新进入如图9-17所示界面，选择【编码器回转量计数器复位】选项，按下示教器键盘上的↵键，再次完成所有编码器回转量计数器复位。

此时，工业机器人各轴编码器简易调零完成。

项目 10

川崎工业机器人系统集成典型编程应用

在工业机器人的各种工业应用中，工业机器人都要与其他设备进行通信，如周边设备的互锁系统、暂停/运行的集中控制，以及安全互锁等。为了提供这些控制功能，需使用外部 I/O（输入/输出）信号实现与外围设备之间的相互通信。

现代工业机器人具有较高的定位精度和重复定位精度（如川崎 RS10L 工业机器人的重复定位精度为 ±0.06 mm），能够精确地完成物料的移动和搬运。搬运已成为工业机器人在工程方面的一个主要应用领域。

将工业机器人与数控机床的上下料结合，可以实现送料、上料、工序转换、下料、存储的一体化数控加工过程，大大提高机械零件加工的自动化程度，是实现工厂柔性制造（FMS）的基础。

知识目标

- 了解川崎 RS10L 工业机器人 I/O 信号的类型、功能、连接方法。
- 了解川崎 RS10L 工业机器人送料-检测-分拣系统的工作情境。
- 掌握川崎 RS10L 工业机器人送料-检测-分拣系统中 I/O 信号的定义和功能。
- 了解川崎 RS10L 工业机器人送料-抓取-存放系统的工作情境。
- 掌握川崎 RS10L 工业机器人送料-抓取-存放系统中 I/O 信号的定义和功能。
- 了解川崎 RS10L 工业机器人数控机床上下料系统的工作情境。
- 掌握川崎 RS10L 工业机器人机床上下料系统中 I/O 信号的定义和功能。

技能目标

- 能够完成川崎 RS10L 工业机器人 I/O 的连接。
- 能够完成川崎 RS10L 工业机器人送料-检测-分拣系统的 AS 语言示教编程。
- 能够读懂川崎 RS10L 工业机器人送料-抓取-存放系统的 AS 语言示教程序以及 PLC 控制程序。
- 能够读懂川崎 RS10L 工业机器人机床上下料系统的 AS 语言示教程序以及 PLC 控制程序。

思维导图

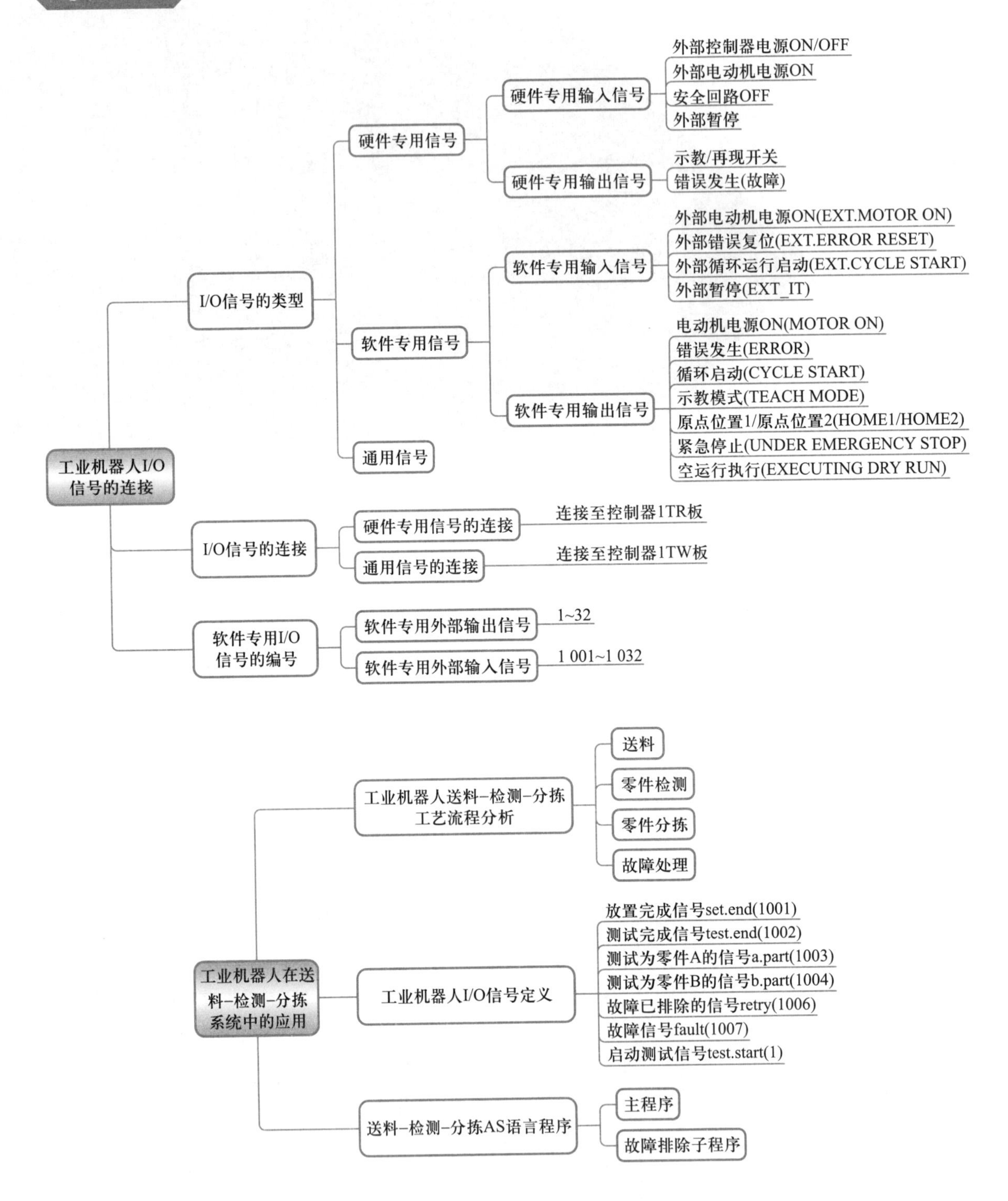

工业机器人I/O信号的连接
I/O信号的类型
硬件专用信号
硬件专用输入信号
外部控制器电源ON/OFF
外部电动机电源ON
安全回路OFF
外部暂停
硬件专用输出信号
示教/再现开关
错误发生(故障)
软件专用信号
软件专用输入信号
外部电动机电源ON(EXT.MOTOR ON)
外部错误复位(EXT.ERROR RESET)
外部循环运行启动(EXT.CYCLE START)
外部暂停(EXT_IT)
软件专用输出信号
电动机电源ON(MOTOR ON)
错误发生(ERROR)
循环启动(CYCLE START)
示教模式(TEACH MODE)
原点位置1/原点位置2(HOME1/HOME2)
紧急停止(UNDER EMERGENCY STOP)
空运行执行(EXECUTING DRY RUN)
通用信号
I/O信号的连接
硬件专用信号的连接
连接至控制器1TR板
通用信号的连接
连接至控制器1TW板
软件专用I/O信号的编号
软件专用外部输出信号
1~32
软件专用外部输入信号
1 001~1 032
工业机器人在送料-检测-分拣系统中的应用
工业机器人送料-检测-分拣工艺流程分析
送料
零件检测
零件分拣
故障处理
工业机器人I/O信号定义
放置完成信号set.end(1001)
测试完成信号test.end(1002)
测试为零件A的信号a.part(1003)
测试为零件B的信号b.part(1004)
故障已排除的信号retry(1006)
故障信号fault(1007)
启动测试信号test.start(1)
送料-检测-分拣AS语言程序
主程序
故障排除子程序

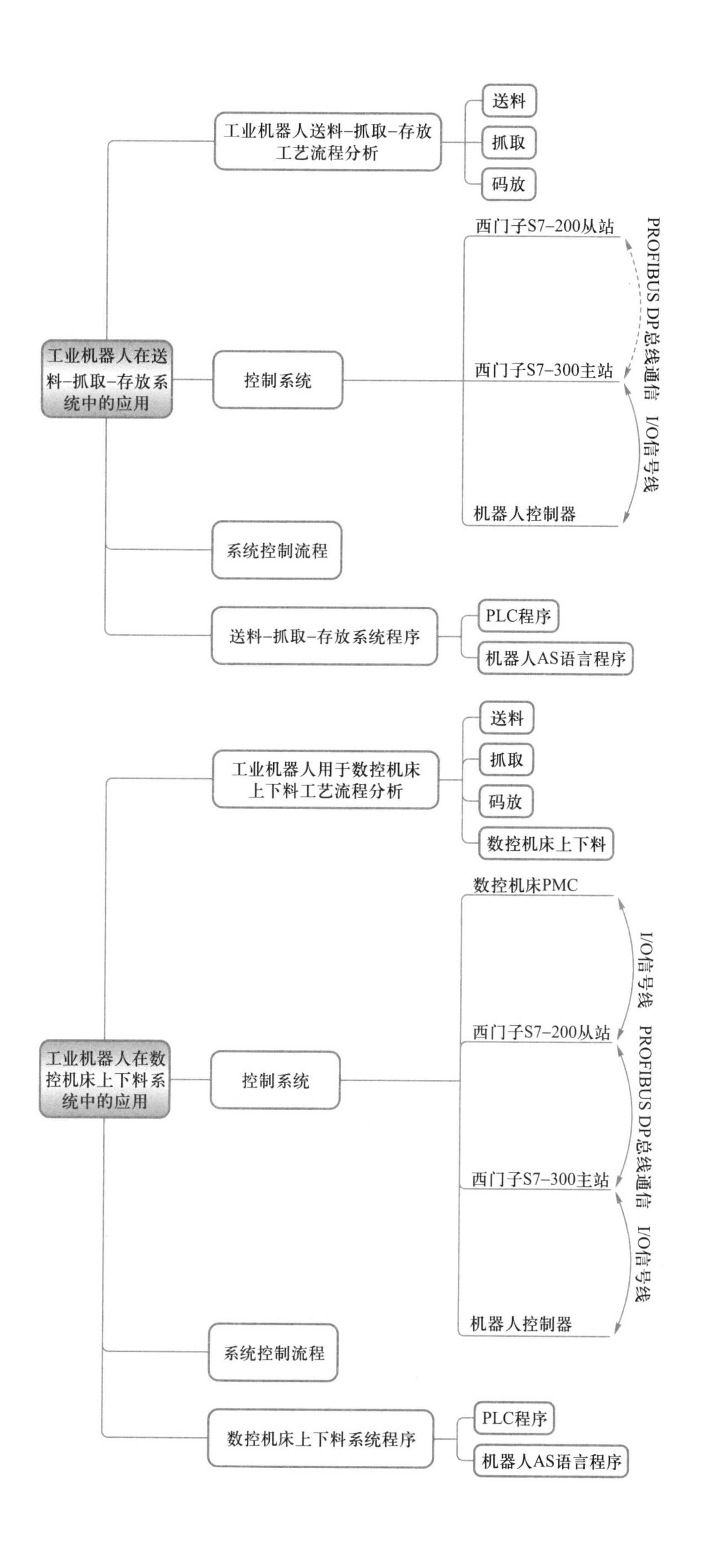
工业机器人在送料–抓取–存放系统中的应用
工业机器人送料–抓取–存放工艺流程分析
送料
抓取
码放
控制系统
西门子S7–200从站
西门子S7–300主站
机器人控制器
PROFIBUS DP总线通信
I/O信号线
系统控制流程
送料–抓取–存放系统程序
PLC程序
机器人AS语言程序
工业机器人在数控机床上下料系统中的应用
工业机器人用于数控机床上下料工艺流程分析
送料
抓取
码放
数控机床上下料
控制系统
数控机床PMC
西门子S7–200从站
西门子S7–300主站
机器人控制器
I/O信号线
PROFIBUS DP总线通信
I/O信号线
系统控制流程
数控机床上下料系统程序
PLC程序
机器人AS语言程序

任务 1 I/O 信号的连接

任务分析

教学课件 川崎机器人通信

通过外部控制器 I/O 信号与工业机器人控制器 I/O 信号的连接，让机器人接收外部输入信号，并将机器人输出信号发送给外部控制器，让机器人与其他设备能够协同运行。

如图 10-1 所示为工业机器人点焊系统的输入和输出信号示意图，图 10-2 所示为工业机器人弧焊系统的输入和输出信号示意图。

微课 川崎机器人通信

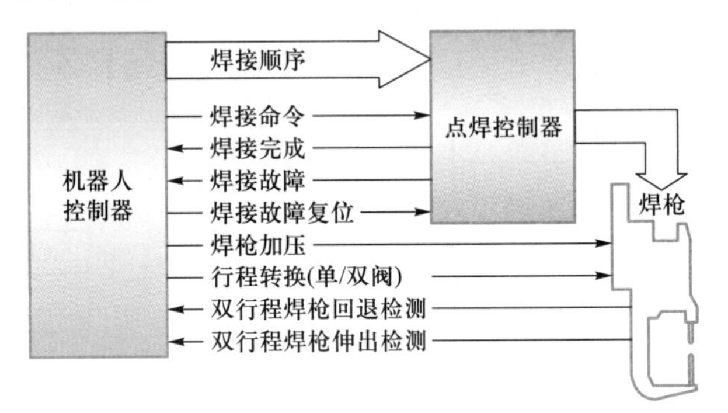

图 10-1 工业机器人点焊系统输入和输出信号

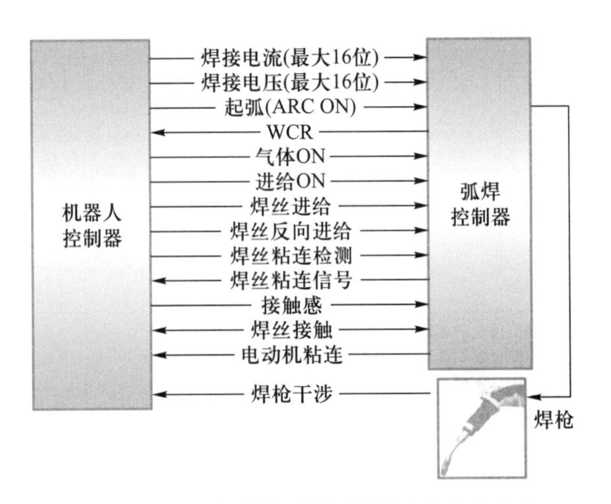

图 10-2 工业机器人弧焊系统输入和输出信号

外部 I/O 信号可分为以下 3 种类型。

① 硬件专用信号：信号由硬件系统提供，它的设置（使用/不使用）是可选的。这些信号不能用作通用信号。

② 软件专用信号：信号由软件系统提供，它的设置（使用/不使用）是可选的。当使用时，这些信号被定义为通用信号，而当需要更改系统时可以重新定义（分配）。

③ 通用信号：在编程和示教时可自由使用，那些没有分配给软件专用信号的I/O通道均可用作通用信号。

1. 硬件专用信号

硬件专用信号主要用于外部遥控操作，通过切换内部硬件线路来实现。在川崎RS10L工业机器人上，硬件专用信号被连接到控制器内1TR板的端子块上。硬件专用信号有6个，见表10-1。

表10-1 硬件专用信号

硬件专用输入信号	硬件专用输出信号
① 外部控制器电源ON/OFF	① 示教/再现开关
② 外部电动机电源ON	② 错误发生（故障）
③ 安全回路OFF	
④ 外部暂停	

各硬件专用信号的功能见表10-2。

表10-2 硬件专用信号功能

硬件专用信号	功能	信号类型
外部控制器电源ON/OFF	该输入信号用于外部开启控制器电源。当供给DC 24 V（触点闭合）时，控制器电源开启。当不供电时（触点断开），控制器电源关断。在控制器电源OFF后，应等候2~3 s再开启	(OFF) (ON)
外部电动机电源ON	该输入信号用于外部开启电动机电源。当触点瞬时闭合时（0.3~0.5 s），电动机电源开。只有在紧急停止、外部电动机电源OFF等被解除，且没有错误发生时，本信号才有效	
安全回路OFF	该输入信号用于外部关断电动机电源。当信号开路（触点断开）时，电动机电源被关断。以下3种信号可供使用：外部紧急停止、安全围栏输入和外部触发开关输入	
外部暂停	该输入信号用于外部暂时停止再现运行，且仅在再现模式下有效。当信号开路时（触点断开），机器人在再现模式下不运行；当信号在再现模式期间开路时，机器人立即停止，但循环运行启动仍为ON；当再次短路（触点闭合）时，机器人从停止的位置恢复运行	
示教/再现开关	该输出信号是操作面板上 TEACH/REPEAT （示教/再现）开关的触点输出信号。示教时，此触点闭合	
错误发生（故障）	该输出信号用于再现模式下，如果有错误发生，则本触点开路（断开）	

2. 软件专用信号

软件专用信号按软件中定义的功能工作。完成初始设置后，软件专用信号可能用于外部遥控和连锁。如果使用了软件专用信号，它将占用一部分系统的通用信号。因此，当使用软件专用信号时，通用信号的数量将减少。软件专用信号的电气连接方式与通用信号相同，跟硬件专用信号不同。软件专用信号和通用信号一样，须连接到机器人控制器 1TW 板的 CN2 和 CN4 连接器上，CN2 接机器人输出信号，CN4 接外部输入信号。

部分常用软件专用输入信号的功能见表 10-3。

表 10-3　软件专用输入信号功能（部分）

信号名称	信号功能	信号类型
外部电动机电源 ON（EXT. MOTOR ON）	从外部打开电动机电源（功能和示教器上的 马达开 键一样）	
外部错误复位（EXT. ERROR RESET）	从外部复位错误（故障）（功能和示教器上的<错误复位>键一样）	
外部循环运行启动（EXT. CYCLE START）	从外部启动循环运行（功能和示教器上的 循环运行 键一样）	
外部暂停（EXT_IT）	再现模式下，暂时停止机器人运动（仅在再现模式下有效）。当此信号生效（触点断开）时，机器人在再现模式下不运动。当信号生效（触点断开）时，机器人立即停止动作，而“循环启动”仍为 ON。当信号被释放时（触点闭合），机器人从它停止的地方重新开始运动	

部分常用软件专用输出信号的功能见表 10-4。

表 10-4　软件专用输出信号功能（部分）

信号名称	信号功能	信号类型
电动机电源 ON（MOTOR ON）	表示电动机电源已开启为 ON（功能和示教器上的<MOTOR>指示灯一样）	
错误发生（ERROR）	表示出现了一个错误（功能和示教器上的 ERROR 显示一样）	
循环启动（CYCLE START）	表示机器人正处在自动运行（循环运行）中（功能和示教器上的<CYCLE>指示灯一样）	
示教模式（TEACH MODE）	表示机器人处在示教模式下［操作面板上的 TEACH/REPEAT （示教/再现）开关被切换到了“TEACH”位置，功能和硬件专用信号的 TEACH/REPEAT 开关输出相同］	

续表

信号名称	信号功能	信号类型
原点位置 1/原点位置 2（HOME1/HOME2）	表示机器人正在预置的原点位置 1/原点位置 2 上	
紧急停止（UNDER EMERGENCY STOP）	在紧急停止时，输出一个信号	
空运行执行（EXECUTING DRY RUN）	在运行模式下，输出一个信号	

说　　明

1. 在川崎 RS10L 工业机器人上设置软件专用信号的方法

① 通过辅助功能的 A-0601 和 A-0602 设置软件专用信号。

② 通过 DEFSIG 命令设置软件专用信号。

2. 信号类型的说明

① ：表示检测上升沿。推荐使用脉冲信号。

② ：检测信号下降沿。推荐使用脉冲信号。

③ ：检测上升沿信号。

④ ：检测电平。

3. 其他

用“ ”或“ ”表示的信号类型，必须精确地持续 0.3~0.5 s。如果信号持续时间太短，则不能被成功识别。

不能让外部电动机电源 ON 信号一直为 ON。如果该信号一直为 ON，则当需要紧急停止时，它仅在紧急停止信号保持的状态下有效，而紧急停止信号一旦释放，电动机电源会立刻重新开启。

3. 通用信号

通用输入/输出信号通过一体化示教或 AS 语言编程来分配。在再现模式运行程序中，这些信号被输出到端口或从端口输入。在川崎 RS10L 工业机器人中，它们都连接在 1TW 的 CN2 和 CN4 连接器上。

从硬件配置来说，通用输入/输出信号与软件专用信号一样。软件专用信号预先定义并用于条件输出、遥控操作以及专用功能。通用信号可依据各种应用自由使用。

教学课件
川崎机器人 I/O 信号的连接

川崎机器人 I/O 信号的连接

任务实施

连接硬件专用信号时，须连接到控制器 1TR 板的端子块上，如图 10-3 和图10-4 所示。

川崎机器人 I/O 信号的连接

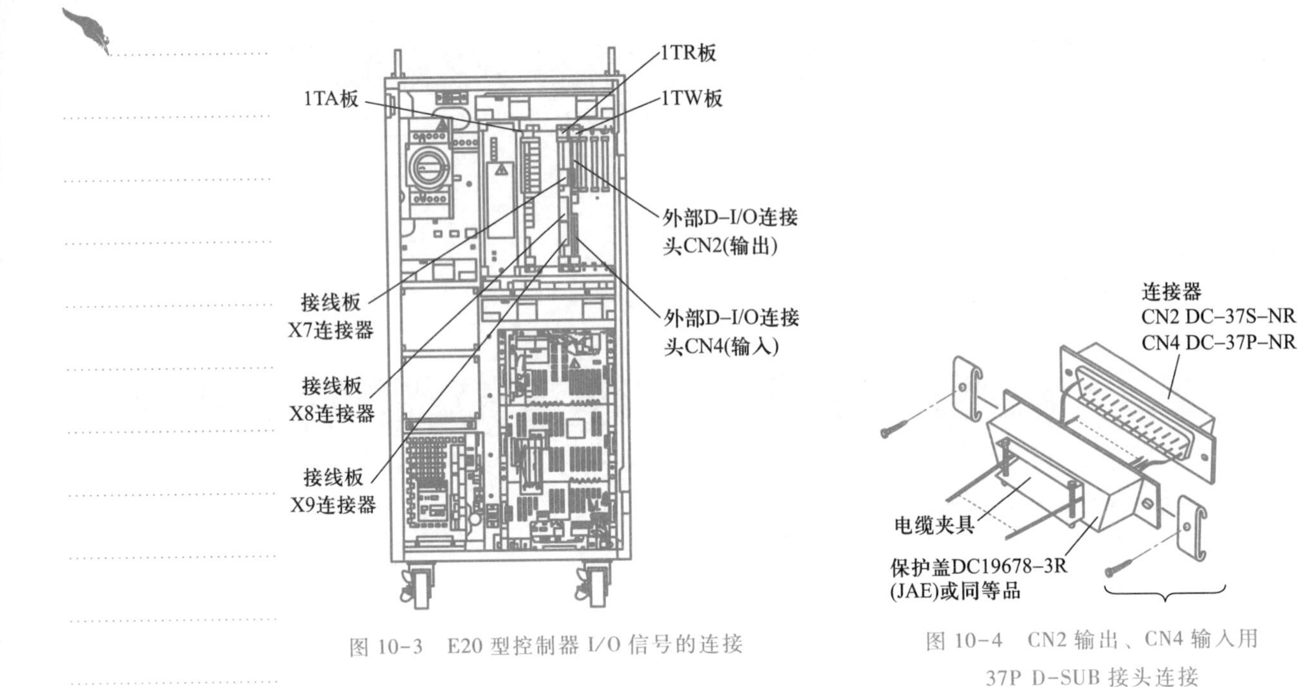

图 10-3　E20 型控制器 I/O 信号的连接

图 10-4　CN2 输出、CN4 输入用 37P D-SUB 接头连接

1. 硬件专用信号的连接

(1) 外部控制器电源 ON/OFF

① 使用外部控制器电源 ON/OFF 时的连接。

将 1TR 板端子块连接器 X9 的引脚 3-4 开路，给引脚 1 供给+24 V，给引脚 2 供给 0 V，接线方法如图 10-5 所示。

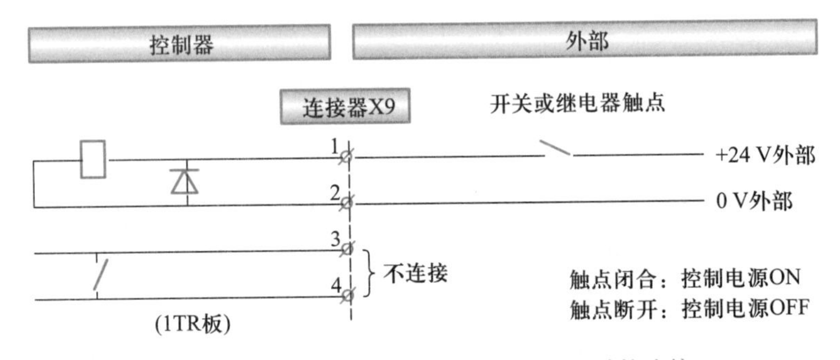

图 10-5　使用外部控制器电源 ON/OFF 时的连接

② 不使用外部控制器电源 ON/OFF 时的连接。

当不使用外部控制器电源 ON/OFF 时，按图 10-6 所示连接 1TR 板端子块连接器 X9 的引脚 1-4。

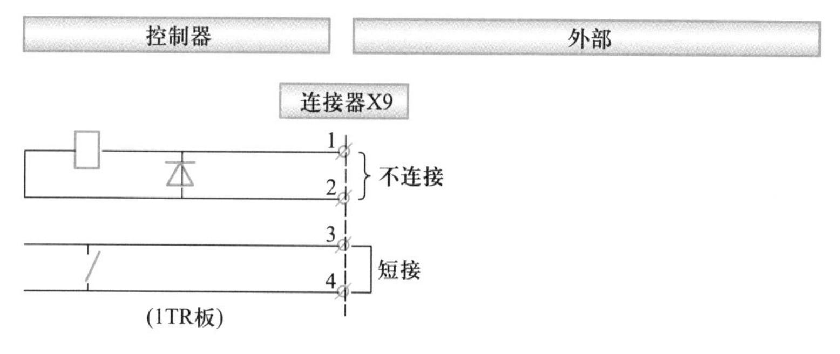

图 10-6 不使用外部控制器电源 ON/OFF 时的连接

（2）外部电动机电源 ON

① 使用外部电动机电源 ON 时的连接。

短接 1TR 板端子块连接器 X9 的引脚 5-6，开启电动机电源至 ON。在连接器 X9 的引脚 5 和 6 之间连接一个开关或继电器触点，如图 10-7 所示。须使用脉冲信号，不允许一直闭合。

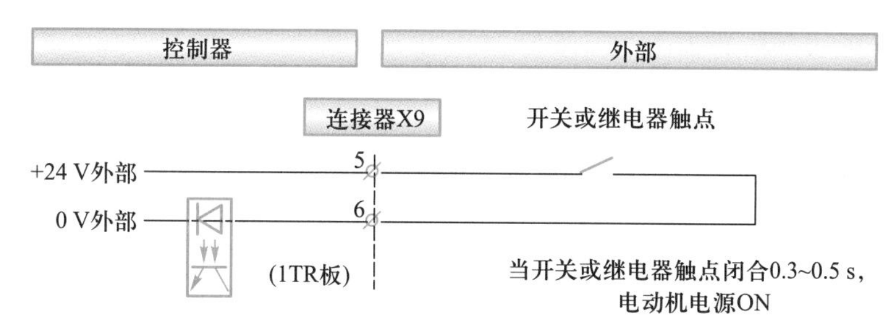

图 10-7 使用外部电动机电源 ON 时的连接

② 不使用外部电动机电源 ON 时的连接。

断开 1TR 板端子块连接器 X9 的引脚 5-6，在这两个引脚之间不连接任何电线。

（3）安全回路 OFF

安全回路 OFF 信号从外部切断电动机电源。当此信号断开时，电动机电源为 OFF。可使用以下 3 类安全回路输入信号。

① 外部紧急停止（在示教和再现模式下有效）。

• 使用外部紧急停止时的连接（使用 2 个安全回路，直接连接外部开关触点）。将 1TR 板端子块连接器 X7 的引脚 3-4 和 5-6 跳线去除，并按图 10-8 所示连接紧急停止开关触点，短接引脚 1-2 与 7-8。

• 不使用外部紧急停止时的连接。将 1TR 板端子块连接器 X7 的引脚 1-2、3-4、5-6 和 7-8 跳线。

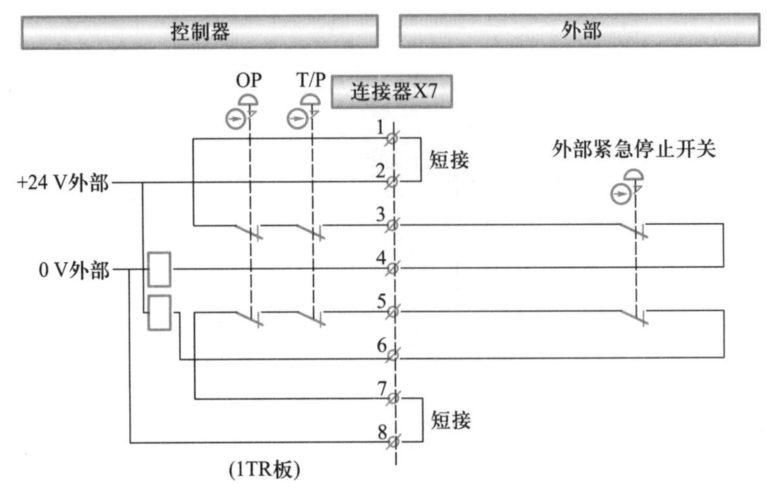

图 10-8 使用外部紧急停止时的连接

② 安全围栏输入（仅在再现模式下有效）。

• 使用安全围栏输入（使用 2 个安全回路时）。将 1TR 板端子块连接器 X8 的引脚 1-2 和 3-4 上的跳线去除，按图 10-9 所示连接安全围栏的开关触点。

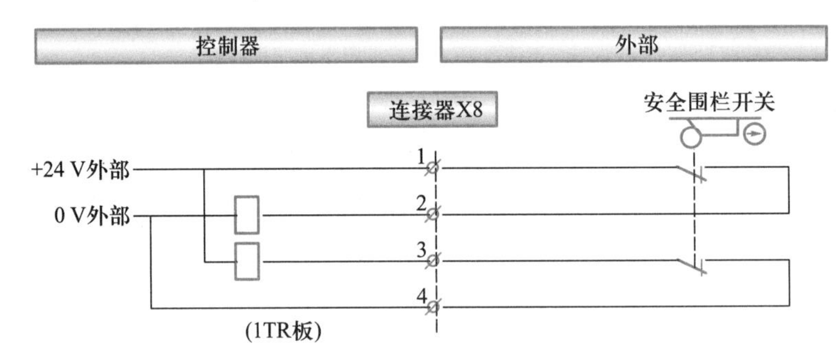

图 10-9 使用安全围栏输入的连接（1）

• 使用安全围栏输入（使用 1 个安全回路时）。去除 1TR 板的端子块连接器 X8 的引脚 1-2 上的跳线，按图 10-10 所示连接安全围栏的开关触点。

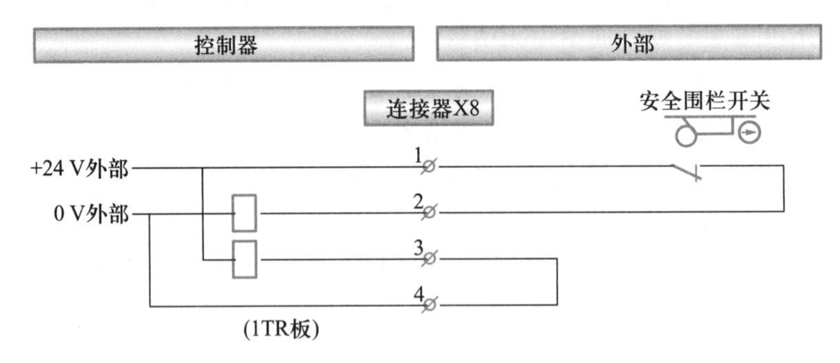

图 10-10 使用安全围栏输入的连接（2）

③ 外部触发开关输入（仅在示教模式下有效）。

• 使用外部触发开关输入（使用2个安全回路），如图10-11所示。

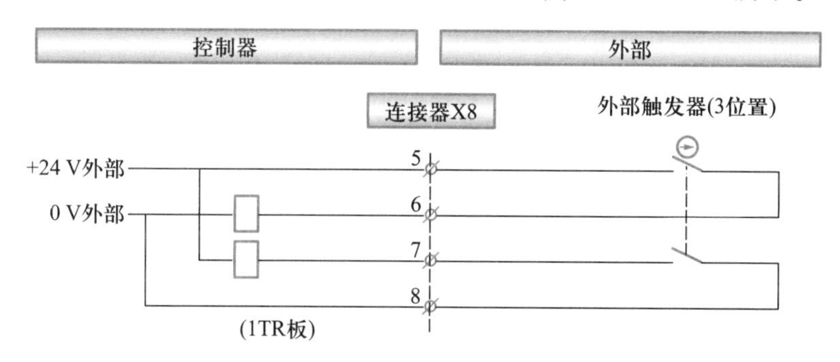

图10-11 使用外部触发开关输入的连接

• 不使用外部触发开关输入。将1TR板端子块连接器X8的引脚5-6和7-8跳接。

(4) 外部暂停

① 使用外部保持。将1TR板端子块连接器X9的引脚7-8上的跳线去除，按图10-12所示连接外部暂停触点。此触点开路时，机器人将暂停。

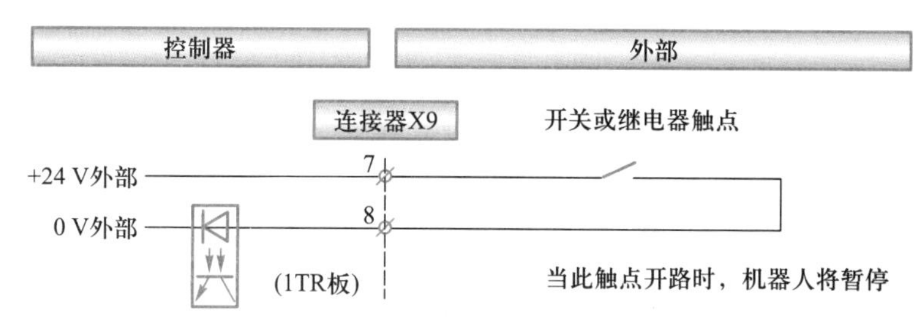

图10-12 使用外部保持时的连接

② 不使用外部暂停。将1TR板端子块连接器X9上的引脚7-8跳接。

(5) 示教/再现（硬件输出信号）

此信号从1TR板端子块连接器X8的引脚9-10上输出，如图10-13所示。

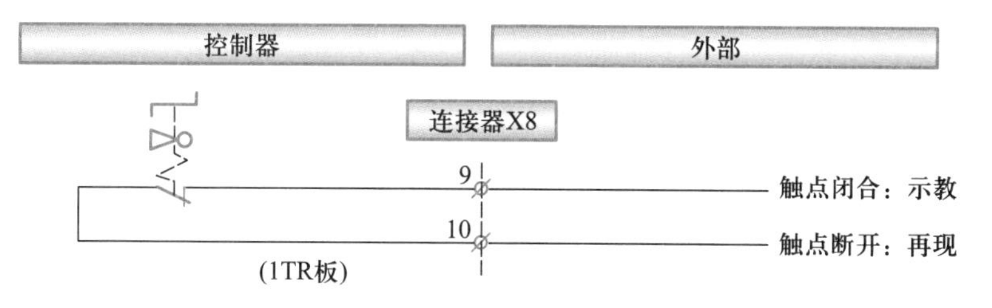

图10-13 使用示教/再现的输出连接

(6) 错误发生（硬件输出信号）

此信号由1TR板端子块连接器X8的引脚11与12向外部输出错误，是个触点信号，其连接如图10-14所示。

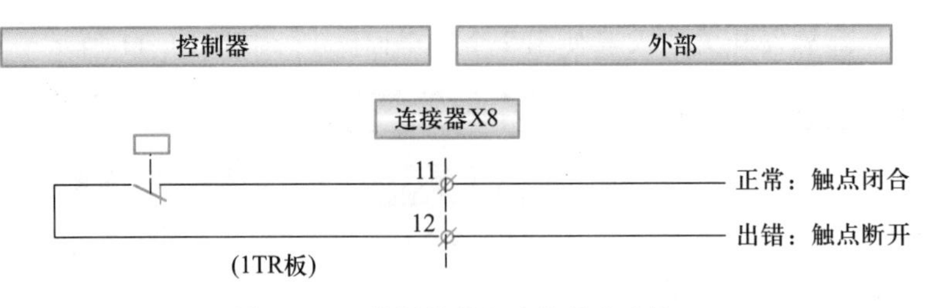

图 10-14　使用错误发生的输出连接

2. 通用信号的连接

通用输入/输出信号（包括软件专用信号）由控制器中的 1TW 板处理。

（1）外部输入信号（外部→机器人）

1TW 板 CN4 连接器提供 32 个输入信号，有两个由外部提供的 24 V 的公共连接引脚，即 CN4 的引脚 18 和引脚 19。地线与外部电源相连，输入 24 V（1 GW）或 0 V（1 HW）。每个公共引脚分别给 CN4 中的引脚 1~16 以及引脚 20~35 连接的 16 个通道提供电源。外部输入信号与这些引脚相连。外部通用输入信号规格见表 10-5。CN4 引脚布置如图 10-15 所示，通用输入信号连接如图 10-16 所示。

表 10-5　外部通用输入信号规格

电路数量	32
输入类型	光耦合器输入
输入电压	DC 24 V±10 %
输入电流	10 mA
连接器类型	37 针 D 形连接器

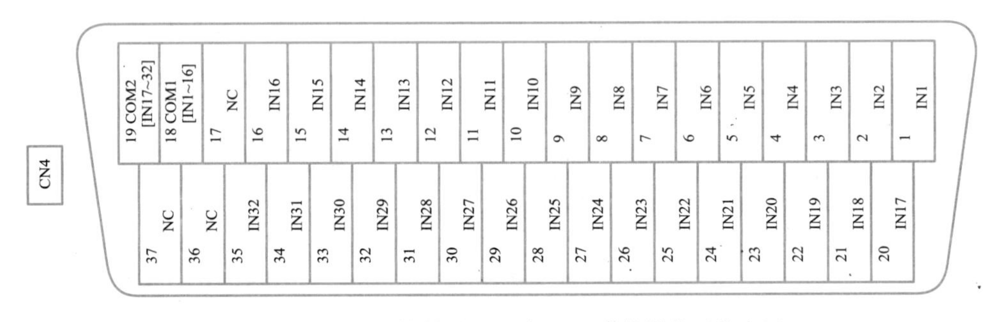

图 10-15　E20 型控制器 1TW 板 CN4 连接器的引脚布置

（2）外部输出信号（机器人→外部）

1TW 板 CN2 连接器提供 32 个输出信号。外部+24 V 电源通过 CN2 的引脚 18 和 19 提供给输出电路。两个公共引脚（CN2 中的 36 和 37 引脚）分别提供 0 V 给 OUT 1~16 和 OUT 17~32 输出电路。外部通用输出信号规格见表 10-6。CN2 引脚布置如图 10-17 所示。通用输出信号连接如图 10-18 所示。

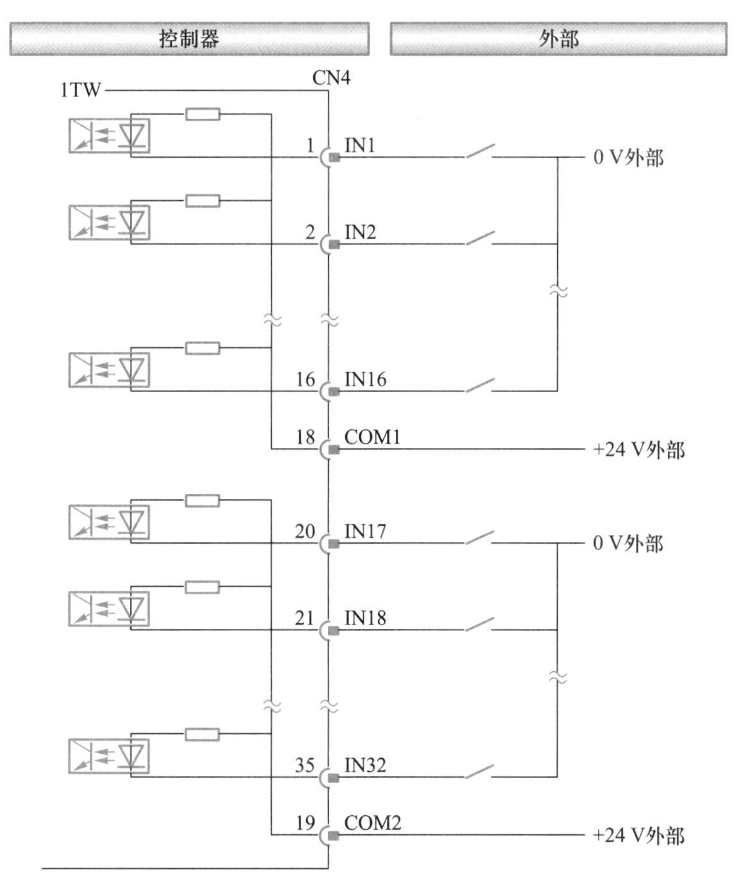

图 10-16 通用输入信号（SINK/NPN 型）连接

表 10-6 外部通用输出信号规格

电路数量	32
输入类型	晶体管输出
输入电压	DC 24 V±10%
输入电流	0.1 A 或以下
连接器类型	37 针 D 形连接器

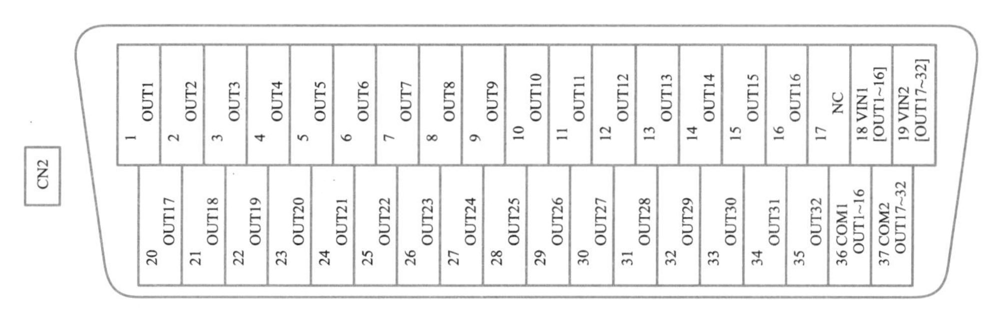

图 10-17 E20 型控制器 1TW 板 CN2 连接器的引脚布置

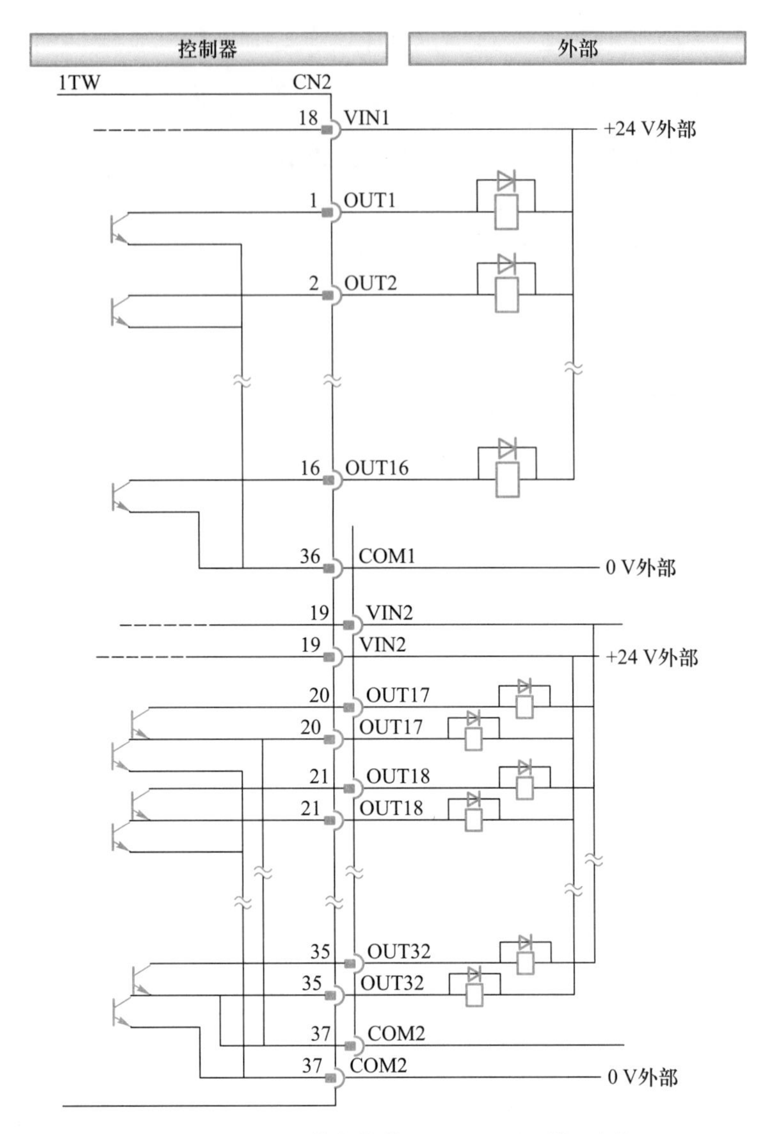

图 10-18 通用输出信号（SINK/NPN 型）连接

任务拓展

软件专用输入/输出信号的编号范围见表 10-7。

表 10-7 软件专用输入/输出信号的编号范围

信号	编号	
	标准范围	最大范围
软件专用外部输出信号	1~32	1~960
软件专用外部输入信号	1 001~1 032	1 001~1 960

以搬运规格工业机器人为例，标准专用信号分配使用通道 1~16，见表 10-8。

表 10-8 物料搬运软件专用信号（标准设置）

输出信号			输入信号		
专用信号名称	信号编号		专用信号名称	信号编号	
电动机电源 ON	OUT 1	1		IN 1	1001
循环启动	OUT 2	2		IN 2	1002
错误发生	OUT 3	3		IN 3	1003
	OUT 4	4		IN 4	1004
	OUT 5	5		IN 5	1005
	OUT 6	6		IN 6	1006
	OUT 7	7		IN 7	1007
	OUT 8	8		IN 8	1008
夹具 1 OFF	OUT 9	9		IN 9	1009
夹具 1 ON	OUT 10	10		IN 10	1010
	OUT 11	11		IN 11	1011
	OUT 12	12		IN 12	1012
	OUT 13	13		IN 13	1013
	OUT 14	14		IN 14	1014
	OUT 15	15		IN 15	1015
	OUT 16	16		IN 16	1016

任务 2 送料-检测-分拣系统编程应用

下面以工业机器人在零件的送料-检测-分拣流水线的应用为例，学习工业机器人如何与外部控制器通过 I/O 信号交流协同工作。

任务分析

教学课件 工业机器人 I/O 信号应用实例

由图 10-19 可知，工业机器人零件送料-检测-分拣系统包括送料器、测试工位、工业机器人以及分拣工位等。

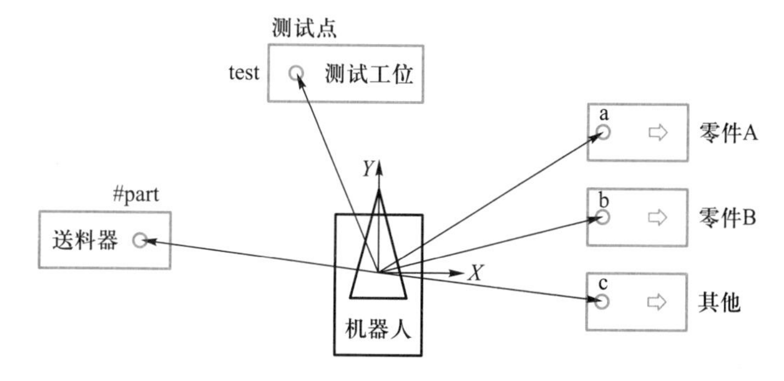

图 10-19 工业机器人用于零件送料-检测-分拣系统

零件送料-检测-分拣系统的工作流程如下：

① 两种类型的零件 A 和 B，以随机的顺序放置在送料器中，放置完成的输入信号 IN1。

② 工业机器人从送料器上捡起一个零件并将其放置在测试工位上，放置完成的输出信号 OUT1。

③ 在测试工位上，零件被分类成零件 A、零件 B 或不属于 A 或 B 三种类型。测试完成的输入信号为 IN2，零件类别的输入信号为 IN3、IN4。如果：

- 零件类别的输入信号状态（IN3，IN4）=（1，0），则零件被系统判别为 a，通过工业机器人将其抓放到 A 零件输送带上。
- 零件类别的输入信号状态（IN3，IN4）=（0，1），则零件被系统判别为 b，通过工业机器人将其抓放到 B 零件输送带上。
- 零件类别的输入信号状态（IN3，IN4）=（0，0）或（1，1），则零件被系统判别为 c（其他），通过工业机器人将其抓放到 C 零件输送带上。

④ 如果工业机器人从送料器捡起零件并运送到测试工位期间，测试工位出现故障，机器人立即暂停，并跳转到故障排除子程序。故障出现的外部输入信号是 IN7，故障排除完成后输入信号 IN6，一旦输入了此信号，机器人立刻继续执行。

微课
工业机器人 I/O 信号应用实例

任务实施

为便于编程与程序的可读性，在工业机器人示教器命令提示符“>”后定义零件送料-检测-分拣系统中的工业机器人 I/O 信号，具体如下：

```
>set.end=1001/将放置完成信号(IN1)命名为 set.end(由 PLC 输出信号给机器人)
>test.end=1002/将测试完成信号(IN2)命名为 test.end(由 PLC 输出信号给机器人)
>a.part=1003/将测试为零件 A 的信号(IN3)命名为 a.part(由 PLC 输出信号给机器人)
>b.part=1004/将测试为零件 B 的信号(IN4)命名为 b.part(由 PLC 输出信号给机器人)
>retry=1006/将故障已排除的信号(IN6)命名为 retry(由 PLC 输出信号给机器人)
>fault=1007/将故障信号(IN7)命名为 fault(由 PLC 输出信号给机器人)
>test.start=1/将启动测试信号(OUT1)命名为 test.start(由机器人输出给 PLC)
```

根据任务分析中对工业机器人应用于零件送料-检测-分拣的工作过程分析，编写工业机器人主程序 main ()，具体如下：

```
.PROGRAM main()
    SPEED 100 ALWAYS
    ACCURACY 100 ALWAYS
    HOME
    OPENI 1
 10 JAPPRO part,100
    ONI fault CALL emergency
    SWAIT set.end
    LMOVE part
```

```
    CLOSEI 1
    TWAIT 2
    LDEPART 100
    JAPPRO test,100
    LMOVE test
    BREAK
    ;
    IGNORE fault
    SIGNAL test.start
    TWAIT 1
    SWAIT test.end
    JDEPART 100
    SIGNAL -test.start
    IF SIG(a.part,-b.part)GOTO 20
    IF SIG(-a.part,b.part)GOTO 30
    POINT n=r
    GOTO 40
 20 POINT n=a
    GOTO 40
 30 POINT n=b
 40 JAPPRO n,100
    LMOVE n
    OPENI 1
    TWAIT 2
    LDEPART 100
    GOTO 10
.END
```

编写工业机器人故障排除子程序 emergency（），具体如下：

```
.PROGRAM emergency()
   PRINT "* * error* * "
   SWAIT retry
   ONI fault CALL emergency
   RETURN
.END
```

任务3　送料-抓取-存放系统编程应用

图10-20所示为川崎工业机器人在送料-抓取-存放系统中的应用。

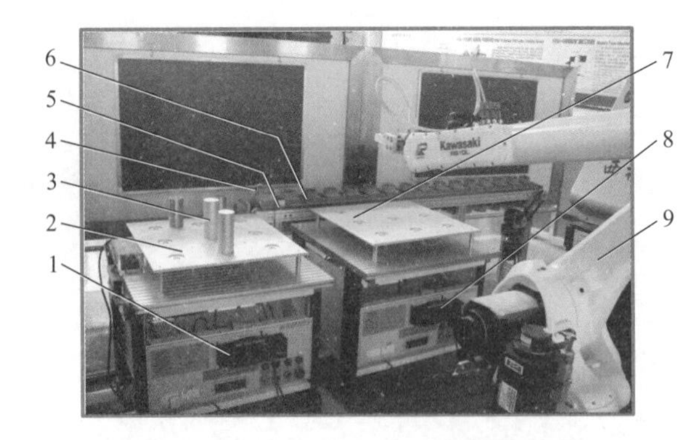

图 10-20 送料-抓放-存取系统实景

1—从站 S7-200（DP4）；2—毛坯库；3—铝棒；4—到位检测光电开关；
5—输送带定位检测光电开关；6—输送带；7—成品库；
8—从站 S7-200（DP6）；9—川崎工业机器人（带气动手爪）

任务分析

送料-抓取-存放系统作为工业机器人数控机床上下料系统（将在本项目任务4中介绍）的一个子系统，其硬件组成包括物料输送带（三相异步电动机驱动同步带送料）、物料平面库2个（本子系统只用右侧成品库，平面库上有9个库位，每个库位带微动开关）、川崎 RS10L 机器人（带伸缩式气动棒料手爪）及控制器、S7-300 PLC（主站，用于系统总控以及与机器人进行通信等）、S7-200 PLC（从站，用于检测库位状态及控制物料输送带的启动与停止）。

尺寸为 $\phi60\times160$ 的铝棒放在同步带物料输送带槽内，通过输送带由右向左传送，当棒料到达输送带左侧时触发物料到位光电传感器，停止物料输送带驱动电动机。在确认物料传送到位以及输送带处于停止状态后，机器人气动手爪移动至抓取工位并抓取棒料，并将棒料放置于物料平面库的空位上，如图 10-21 和图 10-22 所示。输送带上的抓取工位缺料后，输送带重新启动，继续传送物料，循环往复，当平面库物料放满后，系统停止运行。

图 10-21 棒料到位

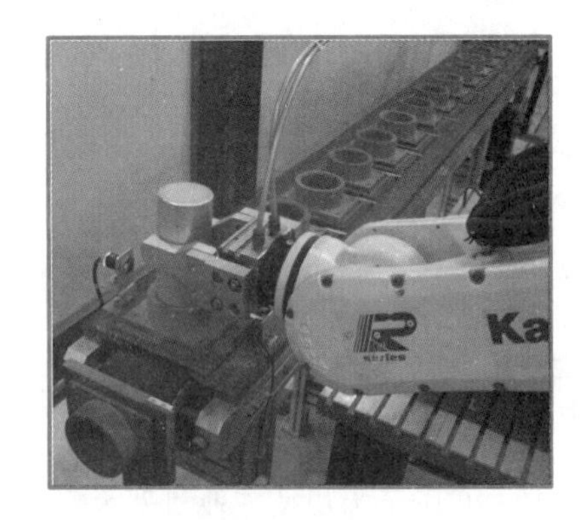

图 10-22 抓取棒料

相关知识

1. PLC 控制系统

送料-抓取-存放系统的控制结构如图 10-23 所示，西门子 S7-300 PLC 作为系统的总控制器，通过 PROFIBUS 总线与检测库位状态及控制物料输送带的启动＼停止的从站 S7-200 进行通信，S7-300 与机器人之间通过 I/O 信号进行通信。

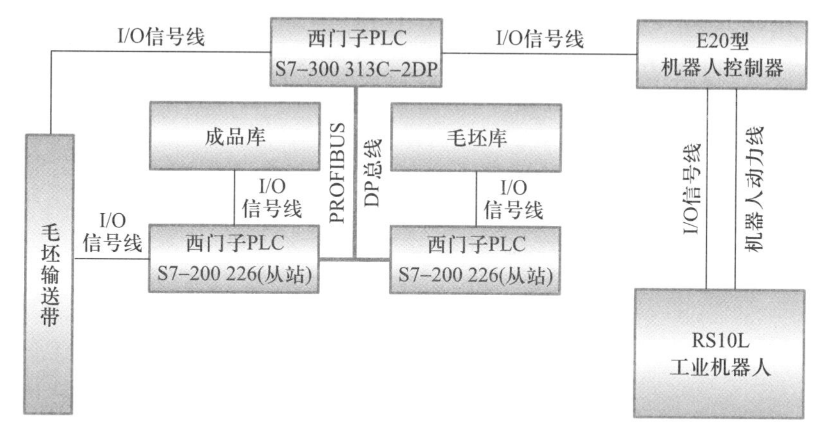

图 10-23　送料-抓放-存取系统控制结构

2. 系统控制流程图

系统控制流程如图 10-24 所示，电气控制系统接线图详见本书附录 2。

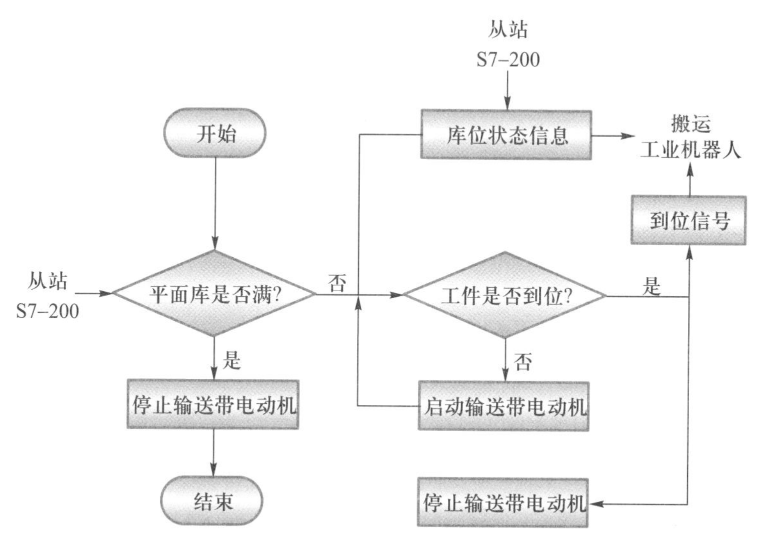

图 10-24　送料-抓放-存取系统控制流程

任务实施

1. PLC 硬件组态

① 主站 S7-300：CPU 313C-2 DP、DI16/DO16。

② 从站 S7-200（DP6）：CPU 226 CN DI24/DO16、EM 277 PROFIBUS-DP。

③ 主站 S7-300 与从站 S7-200 之间的通信对应关系如下：QBx-VB0，IBx-VB（0+y）。其中，x 为在主站 S7-300 中为从站 S7-200 组态的 I/O 地址首位，若组态 I/O首地址为 0，则 QB0 对应 VB0（实际组态从站 DP6 的 I/O 首地址为 6，即 QB6 对应 VB0）；y 为主站分配给从站组态 I/O 的地址长度，若分配 2 个字节给 S7-200 从站，则 y 为 2，即 S7-300 中 IB0 对应 S7-200 中 VB2（实际组态时从站地址长度为 4 字节，即 IB6 对应 VB4）。

2. PLC 程序和机器人程序

川崎工业机器人送料-抓取-存放功能示意图如图 10-25 所示。PLC 控制程序与机器人程序见表 10-9。

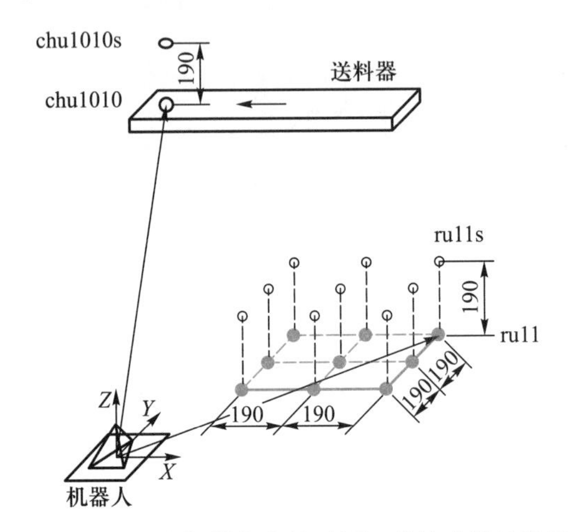

图 10-25 工业机器人送料-抓取-存放功能示意图

表 10-9 PLC 控制程序与机器人程序

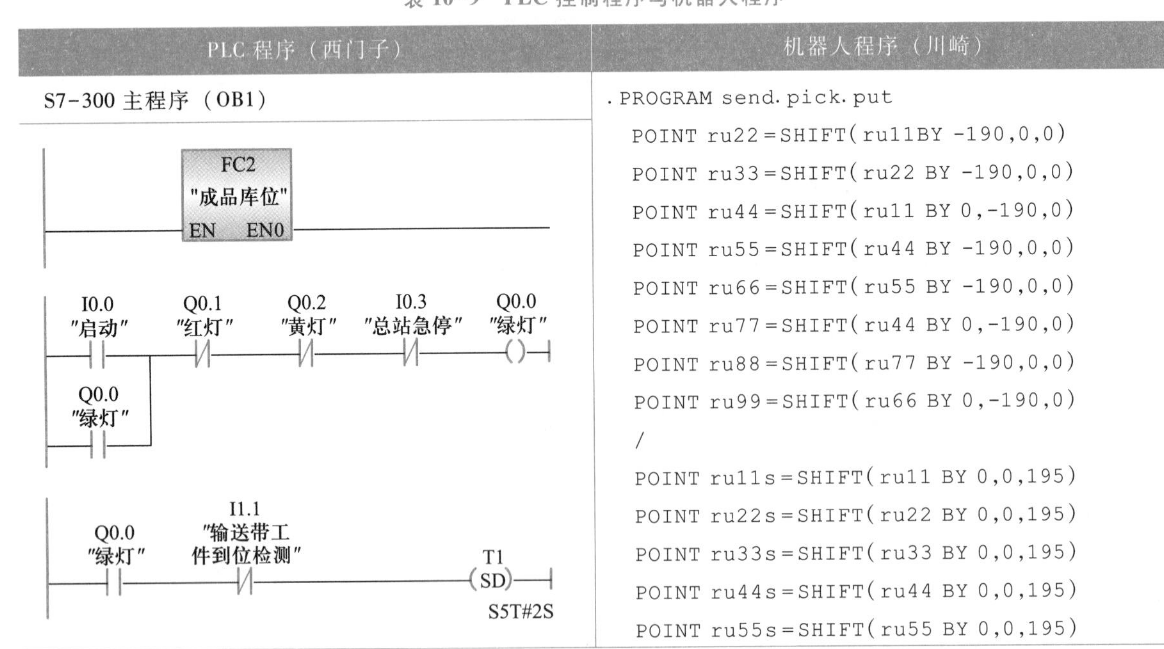

PLC 程序（西门子）	机器人程序（川崎）
S7-300 主程序（OB1） FC2 "成品库位" EN ENO I0.0 "启动"　Q0.1 "红灯"　Q0.2 "黄灯"　I0.3 "总站急停"　Q0.0 "绿灯" ( ) Q0.0 "绿灯" Q0.0 "绿灯"　I1.1 "输送带工件到位检测"　T1 (SD) S5T#2S	.PROGRAM send.pick.put POINT ru22=SHIFT(ru11BY -190,0,0) POINT ru33=SHIFT(ru22 BY -190,0,0) POINT ru44=SHIFT(ru11 BY 0,-190,0) POINT ru55=SHIFT(ru44 BY -190,0,0) POINT ru66=SHIFT(ru55 BY -190,0,0) POINT ru77=SHIFT(ru44 BY 0,-190,0) POINT ru88=SHIFT(ru77 BY -190,0,0) POINT ru99=SHIFT(ru66 BY 0,-190,0) / POINT ru11s=SHIFT(ru11 BY 0,0,195) POINT ru22s=SHIFT(ru22 BY 0,0,195) POINT ru33s=SHIFT(ru33 BY 0,0,195) POINT ru44s=SHIFT(ru44 BY 0,0,195) POINT ru55s=SHIFT(ru55 BY 0,0,195)

续表

PLC 程序（西门子）	机器人程序（川崎）
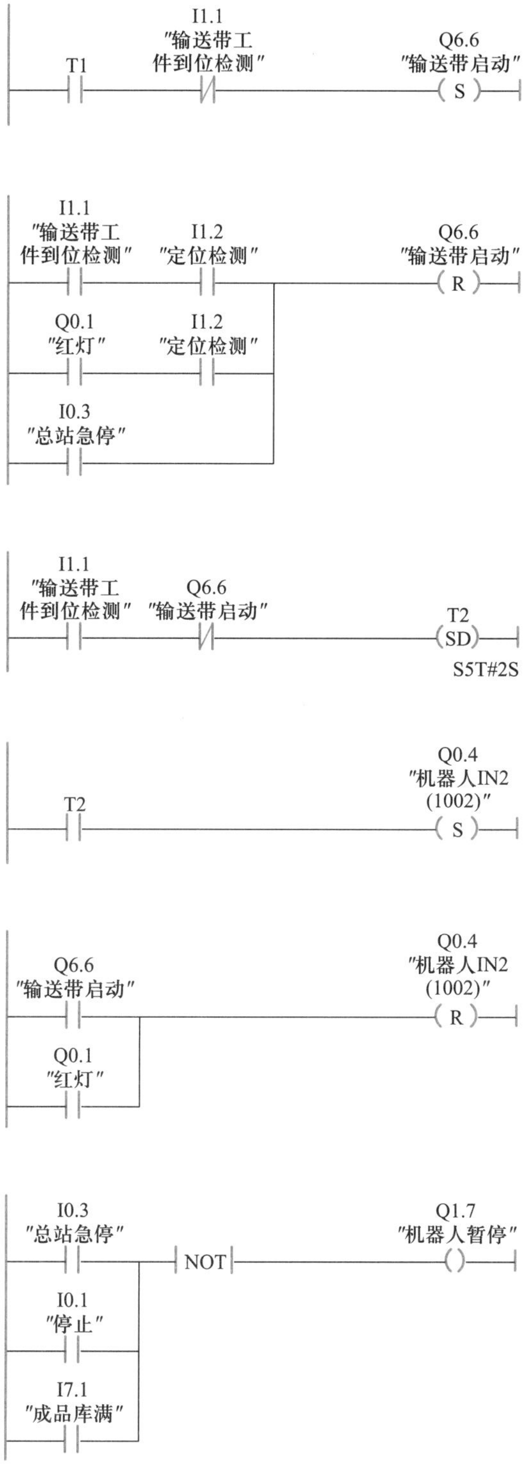 T1 I1.1 "输送带工件到位检测" Q6.6 "输送带启动" (S) I1.1 "输送带工件到位检测" I1.2 "定位检测" Q0.1 "红灯" I1.2 "定位检测" I0.3 "总站急停" Q6.6 "输送带启动" (R) I1.1 "输送带工件到位检测" Q6.6 "输送带启动" T2 (SD) S5T#2S T2 Q0.4 "机器人IN2 (1002)" (S) Q6.6 "输送带启动" Q0.1 "红灯" Q0.4 "机器人IN2 (1002)" (R) I0.3 "总站急停" I0.1 "停止" I7.1 "成品库满" NOT Q1.7 "机器人暂停" ( )	POINT ru66s=SHIFT(ru66 BY 0,0,195) POINT ru77s=SHIFT(ru77 BY 0,0,195) POINT ru88s=SHIFT(ru88 BY 0,0,195) POINT ru99s=SHIFT(ru99 BY 0,0,195) / POINT chu1010S=SHIFT(chu1010 BY 0,0,195) / SPEED 100 ALWAYS ACCURACY 10 ALWAYS HOME OPENI 1 IF SIG(1002,-1009,-1010,-1011,1012)THEN SPEED 100 ACCURACY 1 JMOVE chu1010s SPEED 50 ACCURACY 1 LMOVE chu1010 BREAK CLOSEI 1 DELAY 2 SPEED 50 ACCURACY 1 LMOVE chu1010s SPEED 100 ACCURACY 1 JMOVE ru11s SPEED 50 ACCURACY 1 LMOVE ru11 BREAK OPENI1 DELAY 2 SPEED 50 ACCURACY 1 LMOVE ru11s END IF SIG(1002,-1009,-1010,1011,-1012)THEN SPEED 100 ACCURACY 1

续表

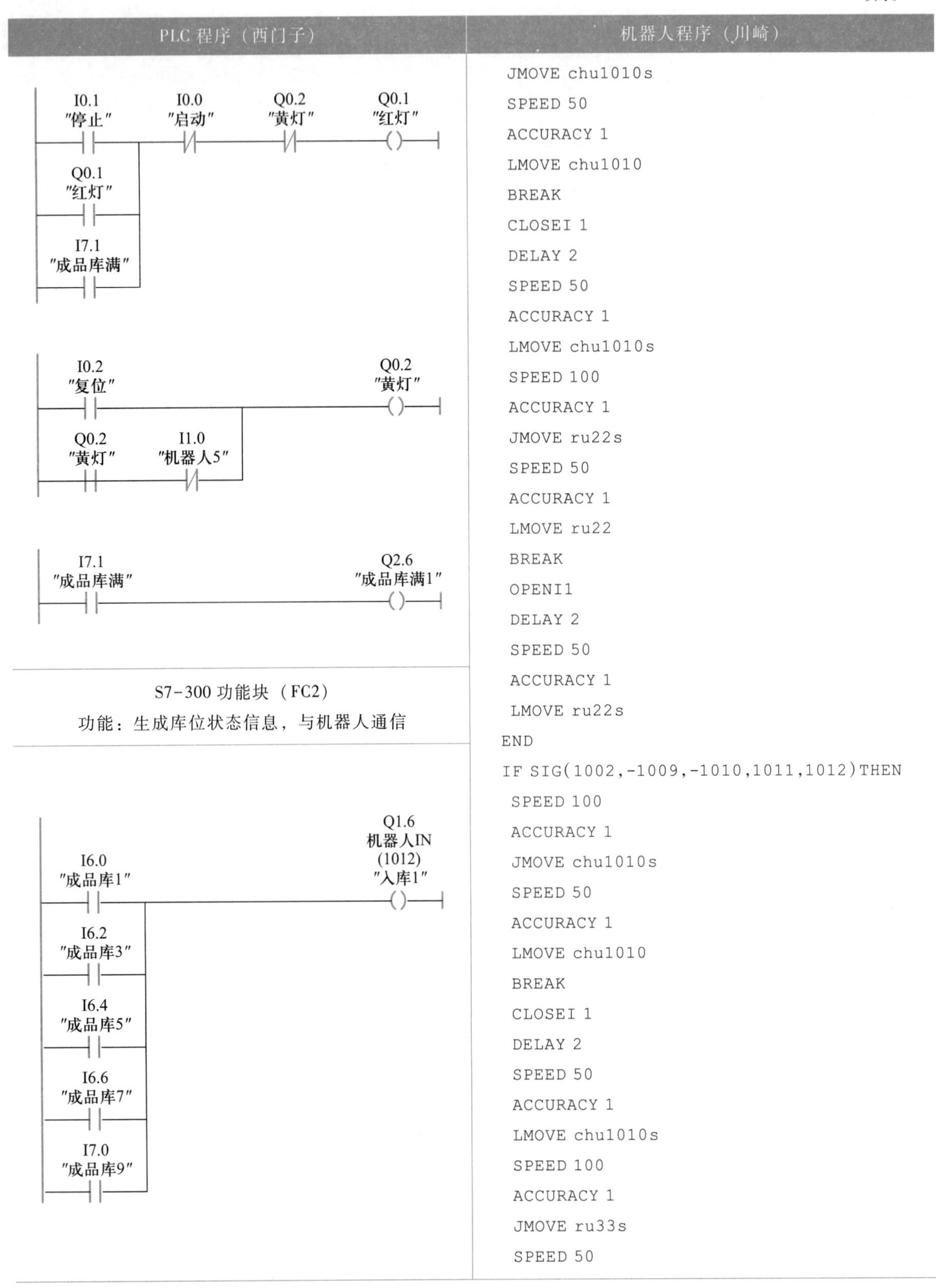
PLC 程序（西门子）
机器人程序（川崎）
I0.1
"停止"
I0.0
"启动"
Q0.2
"黄灯"
Q0.1
"红灯"
Q0.1
"红灯"
I7.1
"成品库满"
I0.2
"复位"
Q0.2
"黄灯"
Q0.2
"黄灯"
I1.0
"机器人5"
I7.1
"成品库满"
Q2.6
"成品库满1"
S7-300 功能块（FC2）
功能：生成库位状态信息，与机器人通信
Q1.6
机器人IN
(1012)
"入库1"
I6.0
"成品库1"
I6.2
"成品库3"
I6.4
"成品库5"
I6.6
"成品库7"
I7.0
"成品库9"
JMOVE chu1010s
SPEED 50
ACCURACY 1
LMOVE chu1010
BREAK
CLOSEI 1
DELAY 2
SPEED 50
ACCURACY 1
LMOVE chu1010s
SPEED 100
ACCURACY 1
JMOVE ru22s
SPEED 50
ACCURACY 1
LMOVE ru22
BREAK
OPENI1
DELAY 2
SPEED 50
ACCURACY 1
LMOVE ru22s
END
IF SIG(1002,-1009,-1010,1011,1012)THEN
SPEED 100
ACCURACY 1
JMOVE chu1010s
SPEED 50
ACCURACY 1
LMOVE chu1010
BREAK
CLOSEI 1
DELAY 2
SPEED 50
ACCURACY 1
LMOVE chu1010s
SPEED 100
ACCURACY 1
JMOVE ru33s
SPEED 50

续表

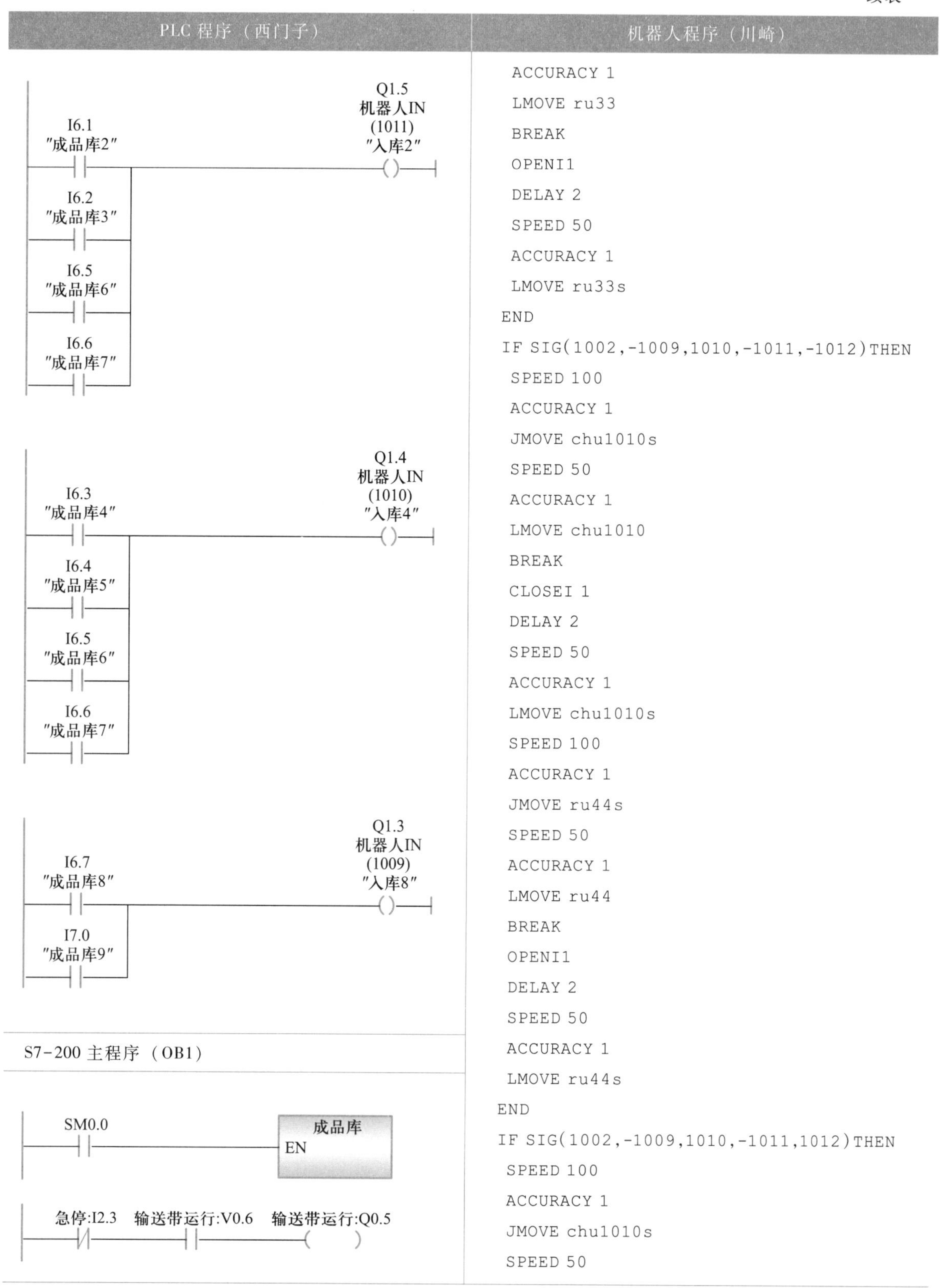

PLC 程序（西门子）	机器人程序（川崎）

S7-200 主程序（OB1）


```
  ACCURACY 1
  LMOVE ru33
  BREAK
  OPENI1
  DELAY 2
  SPEED 50
  ACCURACY 1
  LMOVE ru33s
END
IF SIG(1002,-1009,1010,-1011,-1012)THEN
  SPEED 100
  ACCURACY 1
  JMOVE chu1010s
  SPEED 50
  ACCURACY 1
  LMOVE chu1010
  BREAK
  CLOSEI 1
  DELAY 2
  SPEED 50
  ACCURACY 1
  LMOVE chu1010s
  SPEED 100
  ACCURACY 1
  JMOVE ru44s
  SPEED 50
  ACCURACY 1
  LMOVE ru44
  BREAK
  OPENI1
  DELAY 2
  SPEED 50
  ACCURACY 1
  LMOVE ru44s
END
IF SIG(1002,-1009,1010,-1011,1012)THEN
  SPEED 100
  ACCURACY 1
  JMOVE chu1010s
  SPEED 50
```

续表

PLC 程序（西门子）	机器人程序（川崎）
S7-200 程序功能块“成品库” 功能：检测平面库位状态 I0.0 I0.1 I0.2 I0.3 I0.4 1.A 1.A I0.5 I0.6 I0.7 I1.0 V4.0 I0.1 I0.2 I0.3 I0.4 I0.5 2.A 2.A I0.6 I0.7 I1.0 I0.0 V4.1 I0.2 I0.3 I0.4 I0.5 I0.6 3.A 3.A I0.7 I1.0 I0.1 V4.2 I0.3 I0.4 I0.5 I0.6 I0.7 4.A 4.A I1.0 I0.2 V4.3 I0.4 I0.5 I0.6 I0.7 I1.0 5.A 5.A I0.3 V4.4 I0.5 I0.6 I0.7 I1.0 I0.4 V4.5 I0.6 I0.7 I1.0 I0.5 V4.6 I0.7 I1.0 I0.6 V4.7 I1.0 I0.7 V5.0 I1.0 V5.1	ACCURACY 1 LMOVE chu1010 BREAK CLOSEI 1 DELAY 2 SPEED 50 ACCURACY 1 LMOVE chu1010s SPEED 100 ACCURACY 1 JMOVE ru55s SPEED 50 ACCURACY 1 LMOVE ru55 BREAK OPENI1 DELAY 2 SPEED 50 ACCURACY 1 LMOVE ru55s END IF SIG(1002,-1009,1010,1011,-1012)THEN SPEED 100 ACCURACY 1 JMOVE chu1010S SPEED 50 ACCURACY 1 LMOVE chu1010 BREAK CLOSEI 1 DELAY 2 SPEED 50 ACCURACY 1 LMOVE chu1010s SPEED 100 ACCURACY 1 JMOVE ru66s SPEED 50 ACCURACY 1 LMOVE ru66

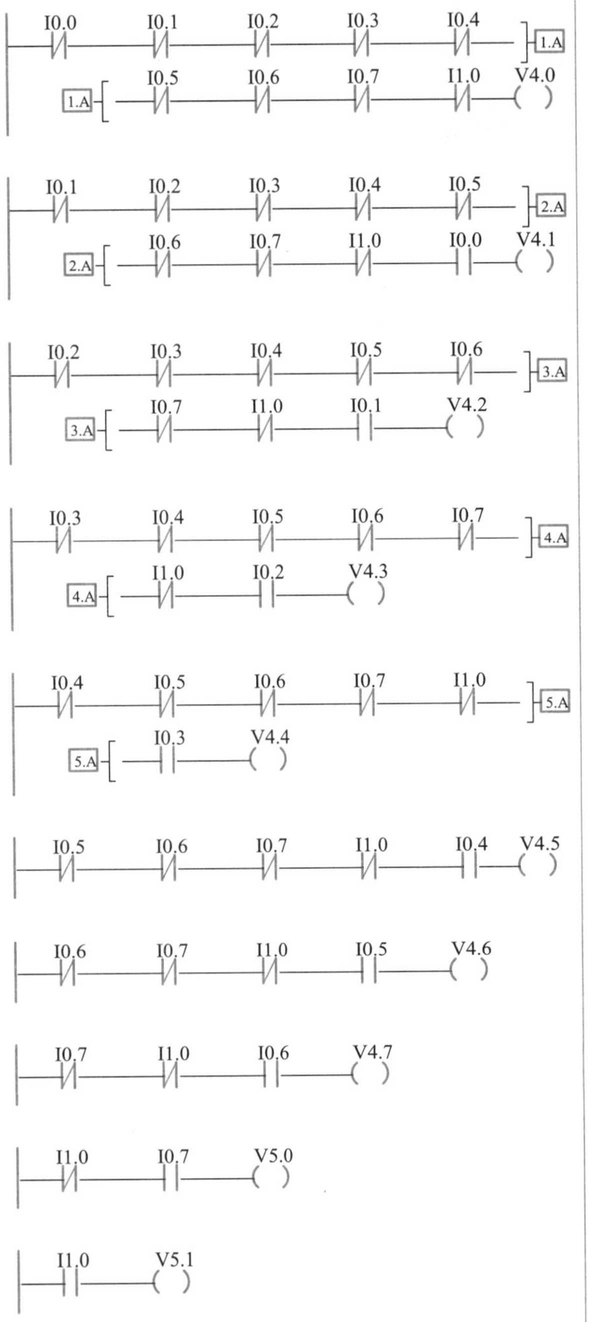

续表

PLC 程序（西门子）	机器人程序（川崎）
	BREAK OPENI1 DELAY 2 SPEED 50 ACCURACY 1 LMOVE ru66s END IF SIG(1002,-1009,1010,1011,1012)THEN SPEED 100 ACCURACY 1 JMOVE chu1010s SPEED 50 ACCURACY 1 LMOVE chu1010 BREAK CLOSEI 1 DELAY 2 SPEED 50 ACCURACY 1 LMOVE chu1010s SPEED 100 ACCURACY 1 JMOVE ru77s SPEED 50 ACCURACY 1 LMOVE ru77 BREAK OPENI1 DELAY 2 SPEED 50 ACCURACY 1 LMOVE ru77s END IF SIG(1002,1009,-1010,-1011,-1012)THEN SPEED 100 ACCURACY 1 JMOVE chu1010S SPEED 50 ACCURACY 1 LMOVE chu1010

续表

PLC 程序（西门子）	机器人程序（川崎）
	BREAK CLOSEI 1 DELAY 2 SPEED 50 ACCURACY 1 LMOVE chu1010s SPEED 100 ACCURACY 1 JMOVE ru88s SPEED 50 ACCURACY 1 LMOVE ru88 BREAK OPENI1 DELAY 2 SPEED 50 ACCURACY 1 LMOVE ru88s END IF SIG(1002,1009,-1010,-1011,1012)THEN SPEED 100 ACCURACY 1 JMOVE chu1010s SPEED 50 ACCURACY 1 LMOVE chu1010 BREAK CLOSEI 1 DELAY 2 SPEED 50 ACCURACY 1 LMOVE chu1010s SPEED 100 ACCURACY 1 JMOVE ru99s SPEED 50 ACCURACY 1 LMOVE ru99 BREAK OPENI1

续表

PLC 程序（西门子）	机器人程序（川崎）
	DELAY 2 SPEED 50 ACCURACY 1 LMOVE ru99s END .END

任务 4 数控机床上下料系统编程应用

图 10-26 所示为川崎工业机器人在数控机床上下料系统中的应用。

图 10-26 数控机床上下料系统实景

1—加工中心；2—数控车床；3—川崎 RS10L 工业机器人

任务分析

工业机器人与数控机床上下料系统包含了本项目任务 3 中介绍的送料-抓取-存放系统，其硬件组成包括物料输送带（三相异步电动机驱动同步带送料）、物料平面库 2 个（平面库上每个库位带微动开关）、川崎 RS10L 机器人（带伸缩式气动棒料手爪）及控制器、数控车床 1 台、加工中心 1 台、S7-300 PLC（主站，用于系统总控以及与机器人进行通信等）、S7-200 PLC（从站，用于检测库位状态、与数控机床通信及控制、物料输送带的启动与停止控制）。

根据零件数控加工工艺的不同，本系统的应用可分为“先车后铣”模式和“先铣后车”模式，两种模式由总控平台的触摸屏程序进行切换控制。为叙述方便，本任务选择其中的“先车后铣”模式讲解工业机器人在数控机床上下料系统中的应用。

尺寸为 $\phi60\times160$ 的铝棒放在同步带物料输送带槽内，通过输送带由右向左传送，当棒料到达输送带左侧时触发物料到位光敏传感器，停止物料输送带驱动电动机。在确认物料传送到位以及输送带处于停止状态后，机器人气动手爪移动至抓取工位并抓取棒料，并将棒料搬运到左侧的毛坯库，输送带上的抓取工位缺料后，输送带重新启动，继续传送物料，循环往复，直至毛坯库装满。工业机器人从毛坯库抓取棒料，搬运至车床内由三爪卡盘夹紧，机器人退出车床，数控车床进行零件的车削加工（车削期间机器人处于等待状态或将铣床上加工好的零件搬运至成品库），车削工序完成后，机器人进入车床，夹紧工件并搬运至加工中心，机器人退出加工中心。加工中心进行零件的铣削加工（铣削期间机器人处于等待状态或从毛坯库搬运棒料至车床内），铣削完成后，机器人从加工中心上将加工好的零件搬运至成品库，直至成品库满，系统停止运行。

工业机器人与数控机床上下料系统的控制结构如图 10-27 所示，西门子 S7-300 PLC 作为系统的总控制器，通过 PROFIBUS 总线与检测库位状态、控制物料输送带的启动/停止、控制数控机床的从站 S7-200 进行通信，S7-300 与机器人之间通过 I/O 信号进行通信。电气控制系统接线图详见本书附录 2。

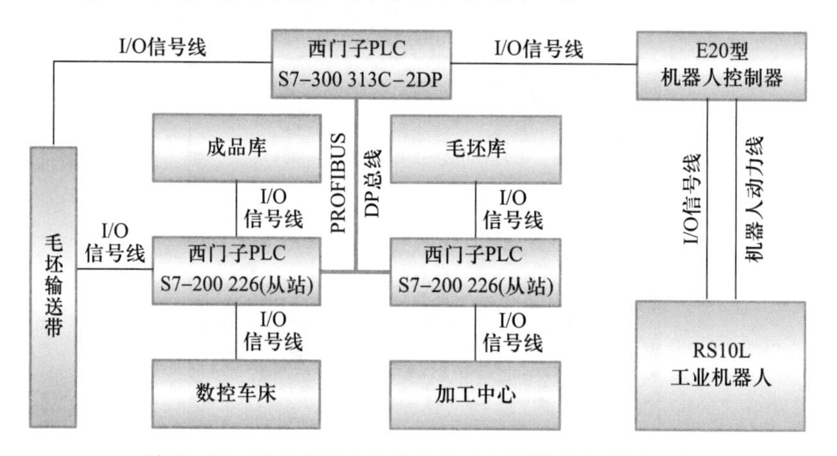

图 10-27　工业机器人与数控机床上下料系统控制结构

任务实施

1. PLC 硬件组态

① 主站 S7-300：CPU 313C-2DP、DI16/DO16。

② 从站 S7-200（DP6）：CPU 226 CN DI24/DO16、EM 277 PROFIBUS-DP。

③ 主站 S7-300 与从站 S7-200 之间的通信对应关系如下：QBx-VB0，IBx-VB(0+y)。其中，x 为在主站 S7-300 中为从站 S7-200 组态的 I/O 地址首位，若组态 I/O首地址为 0，则 QB0 对应 VB0（实际组态从站 DP6 的 I/O 首地址为 6，即 QB6 对应 VB0）；y 为主站分配给从站组态 I/O 的地址长度，若分配 2 个字节给 S7-200 从站，则 y 为 2，即 S7-300 中 IB0 对应 S7-200 中 VB2（实际组态时从站地址长度为 4 字节，即 IB6 对应 VB4）。

2. PLC 程序和机器人程序

川崎工业机器人与数控机床上下料示意图如图 10-28 所示。PLC 控制程序和机器人程序见表 10-10。

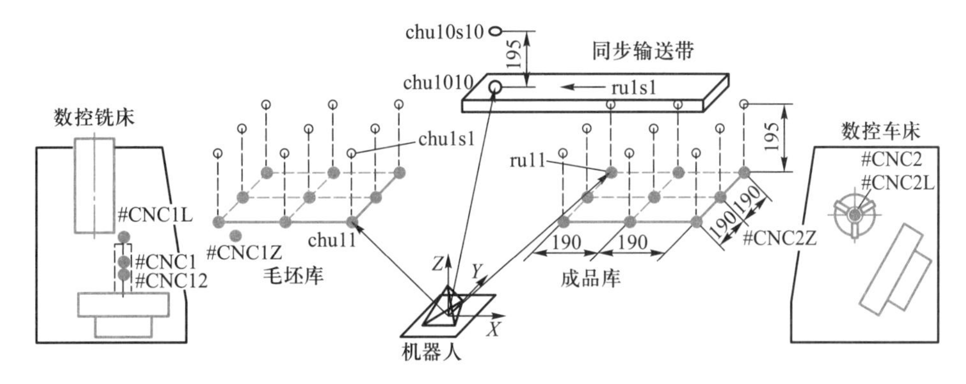

图 10-28　工业机器人与数控机床上下料示意图

表 10-10　PLC 控制程序与机器人程序

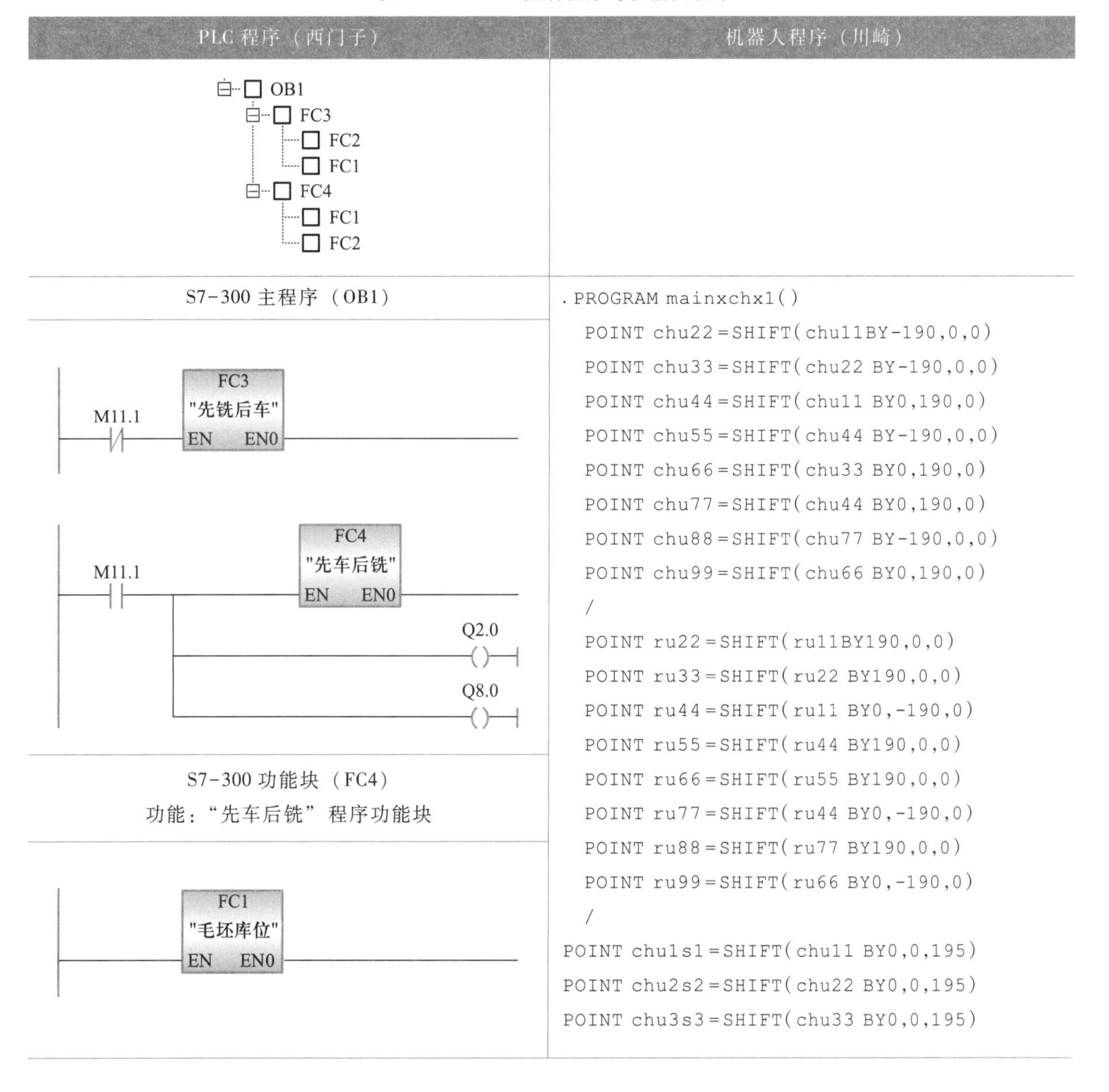

PLC 程序（西门子）	机器人程序（川崎）
OB1 FC3 FC2 FC1 FC4 FC1 FC2	
S7-300 主程序（OB1） M11.1　FC3 "先铣后车" EN ENO M11.1　FC4 "先车后铣" EN ENO Q2.0 Q8.0 S7-300 功能块（FC4） 功能："先车后铣"程序功能块 FC1 "毛坯库位" EN ENO	.PROGRAM mainxchx1() POINT chu22=SHIFT(chu11BY-190,0,0) POINT chu33=SHIFT(chu22 BY-190,0,0) POINT chu44=SHIFT(chu11 BY0,190,0) POINT chu55=SHIFT(chu44 BY-190,0,0) POINT chu66=SHIFT(chu33 BY0,190,0) POINT chu77=SHIFT(chu44 BY0,190,0) POINT chu88=SHIFT(chu77 BY-190,0,0) POINT chu99=SHIFT(chu66 BY0,190,0) / POINT ru22=SHIFT(ru11BY190,0,0) POINT ru33=SHIFT(ru22 BY190,0,0) POINT ru44=SHIFT(ru11 BY0,-190,0) POINT ru55=SHIFT(ru44 BY190,0,0) POINT ru66=SHIFT(ru55 BY190,0,0) POINT ru77=SHIFT(ru44 BY0,-190,0) POINT ru88=SHIFT(ru77 BY190,0,0) POINT ru99=SHIFT(ru66 BY0,-190,0) / POINT chu1s1=SHIFT(chu11 BY0,0,195) POINT chu2s2=SHIFT(chu22 BY0,0,195) POINT chu3s3=SHIFT(chu33 BY0,0,195)

续表

PLC 程序（西门子）	机器人程序（川崎）
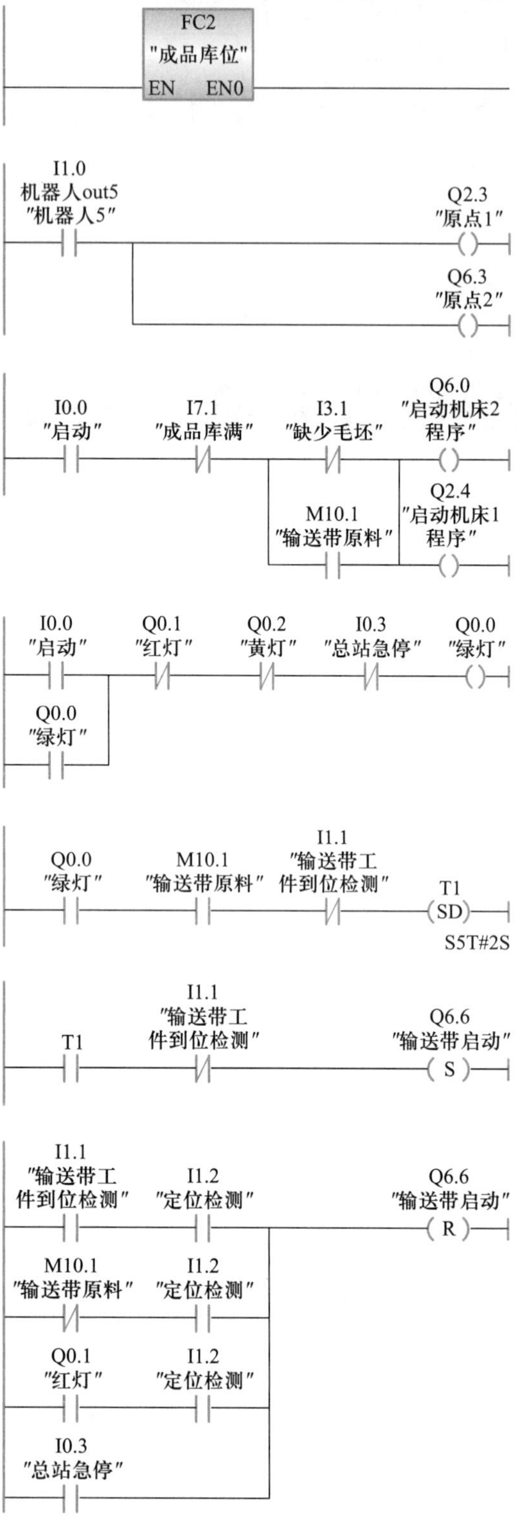 FC2 "成品库位" EN EN0 I1.0 机器人out5 "机器人5" —— Q2.3 "原点1"; Q6.3 "原点2" I0.0 "启动" I7.1 "成品库满" I3.1 "缺少毛坯" —— Q6.0 "启动机床2程序"; M10.1 "输送带原料" —— Q2.4 "启动机床1程序" I0.0 "启动" Q0.1 "红灯" Q0.2 "黄灯" I0.3 "总站急停" Q0.0 "绿灯"; Q0.0 "绿灯" Q0.0 "绿灯" M10.1 "输送带原料" I1.1 "输送带工件到位检测" T1 (SD) S5T#2S T1 I1.1 "输送带工件到位检测" Q6.6 "输送带启动" (S) I1.1 "输送带工件到位检测" I1.2 "定位检测" —— Q6.6 "输送带启动" (R); M10.1 "输送带原料" I1.2 "定位检测"; Q0.1 "红灯" I1.2 "定位检测"; I0.3 "总站急停"	POINT chu4s4=SHIFT(chu44 BY0,0,195) POINT chu5s5=SHIFT(chu55 BY0,0,195) POINT chu6s6=SHIFT(chu66 BY0,0,195) POINT chu7s7=SHIFT(chu77 BY0,0,195) POINT chu8s8=SHIFT(chu88 BY0,0,195) POINT chu9s9=SHIFT(chu99 BY0,0,195) POINT chu10s10=SHIFT(chu1010 BY0,0,195) / POINT ru1s1=SHIFT(ru11 BY0,0,195) POINT ru2s2=SHIFT(ru22 BY0,0,195) POINT ru3s3=SHIFT(ru33 BY0,0,195) POINT ru4s4=SHIFT(ru44 BY0,0,195) POINT ru5s5=SHIFT(ru55 BY0,0,195) POINT ru6s6=SHIFT(ru66 BY0,0,195) POINT ru7s7=SHIFT(ru77 BY0,0,195) POINT ru8s8=SHIFT(ru88 BY0,0,195) POINT ru9s9=SHIFT(ru99 BY0,0,195) / SPEED 100 ACCURACY 10 HOME IF SIG(-1002,-1003,1004)THEN OPENI ACCURACY 1 SPEED 100 JMOVE #CNC2Z ACCURACY 1 SPEED 70 LMOVE #CNC2L SPEED 10 ACCURACY 1 LMOVE #CNC2 BREAK CLOSEI DELAY 1 BREAK SIGNAL3 DELAY 3 SPEED 50 ACCURACY 10 LMOVE #CNC2L

续表

PLC 程序（西门子）	机器人程序（川崎）
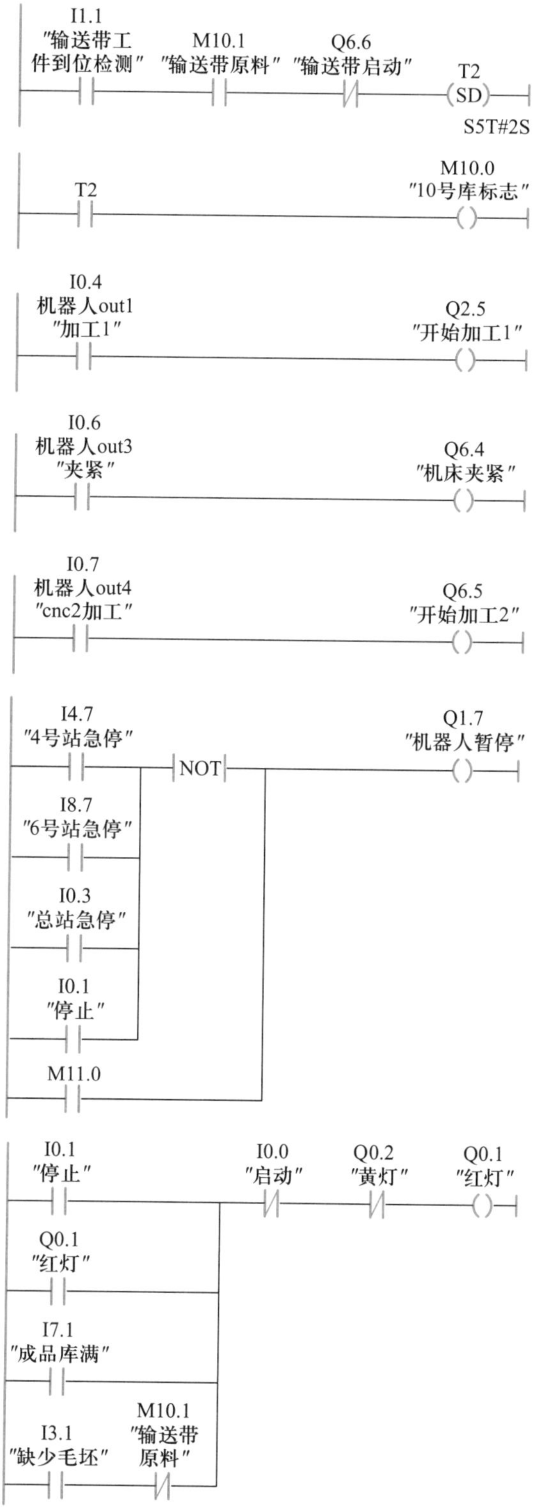 I1.1 "输送带工件到位检测" —‖— M10.1 "输送带原料" —‖— Q6.6 "输送带启动" —/— T2 (SD) S5T#2S T2 —‖— M10.0 "10号库标志" ( ) I0.4 机器人out1 "加工1" —‖— Q2.5 "开始加工1" ( ) I0.6 机器人out3 "夹紧" —‖— Q6.4 "机床夹紧" ( ) I0.7 机器人out4 "cnc2加工" —‖— Q6.5 "开始加工2" ( ) I4.7 "4号站急停"、I8.7 "6号站急停"、I0.3 "总站急停"、I0.1 "停止"（并联）—NOT— 与 M11.0 并联 — Q1.7 "机器人暂停" ( ) I0.1 "停止"、Q0.1 "红灯"、I7.1 "成品库满"、I3.1 "缺少毛坯" —‖— M10.1 "输送带原料" —/—（并联）— I0.0 "启动" —/— Q0.2 "黄灯" —/— Q0.1 "红灯" ( )	BREAK SIGNAL-3 SPEED 100 ACCURACY 10 JMOVE #CNC2Z SPEED 100 ACCURACY 10 HOME BREAK ACCURACY 1 SPEED 100 JMOVE #CNC1Z SPEED 50 ACCURACY 1 LMOVE #CNC1L SPEED 10 ACCURACY 1 LMOVE #CNC1 BREAK OPENI DELAY 2 SPEED 100 ACCURACY 10 LMOVE #CNC1L SPEED 100 ACCURACY 10 LMOVE #CNC1Z BREAK SIGNAL 1 DELAY 3 HOME BREAK END IF SIG(-1002,1003,1004,-1009,-1010,-1011,1012) THEN OPENI ACCURACY 1 SPEED 100 JMOVE #CNC1Z ACCURACY 1 SPEED 60

续表

PLC 程序（西门子）	机器人程序（川崎）
I0.1 "停止" —| |— Q2.1 "4号站停止" —( )—; Q6.1 "6号站停止" —( )— I0.2 "复位" —| |—; Q0.2 "黄灯" —| |— I1.0 机器人out5 "机器人5" —|/|— ; Q2.2 "4号站复位" —( )—; Q6.2 "6号站复位" —( )—; Q0.2 "黄灯" —( )— I8.1 "机床2完成" —| |— Q2.7 —( )— I8.2 "机床2夹紧" —|/|— I4.1 "机床1完成" —|/|— I8.0 "机床2准备好" —|/|— I8.1 "机床2完成" —|/|— MOVE EN ENO 0-IN OUT-MB0 I4.0 "机床1准备好" —| |— I8.0 "机床2准备好" —|/|— I8.2 "机床2夹紧" —|/|— I8.1 "机床2完成" —|/|— MOVE EN ENO 1-IN OUT-MB0 I4.1 "机床1完成" —| |— I8.0 "机床2准备好" —|/|— MOVE EN ENO 3-IN OUT-MB0 I8.0 "机床2准备好" —| |— MOVE EN ENO 4-IN OUT-MB0 I8.2 "机床2夹紧" —| |— MOVE EN ENO 5-IN OUT-MB0	LMOVE #CNC12L SPEED 10 ACCURACY 1 LMOVE #CNC12 BREAK CLOSEI DELAY 1 BREAK SPEED 50 ACCURACY 10 LMOVE #CNC12L SPEED 100 ACCURACY 10 JMOVE #CNC1Z BREAK SIGNAL-1 SPEED 100 ACCURACY 10 HOME BREAK ACCURACY 1 SPEED 100 JMOVE ru1s1 SPEED 10 ACCURACY 1 LMOVE ru11 BREAK OPENI DELAY 2 SPEED 100 ACCURACY 10 LMOVE ru1s1 SPEED 100 ACCURACY 10 HOME BREAK END IF SIG (- 1002, 1003, 1004, - 1009, - 1010, 1011, -1012) THEN OPENI ACCURACY 1

续表

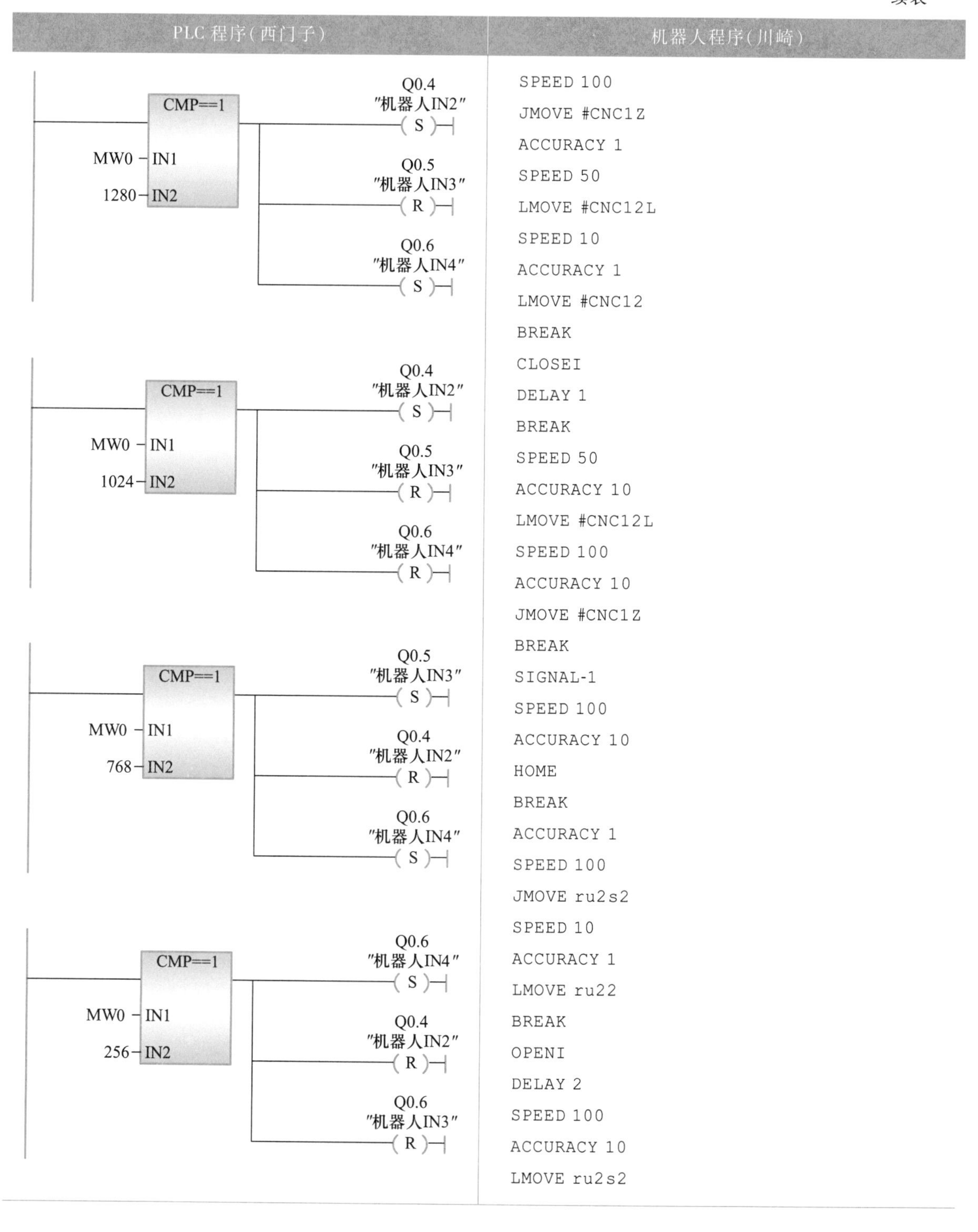

PLC 程序（西门子）	机器人程序（川崎）
	SPEED 100 JMOVE #CNC1Z ACCURACY 1 SPEED 50 LMOVE #CNC12L SPEED 10 ACCURACY 1 LMOVE #CNC12 BREAK CLOSEI DELAY 1 BREAK SPEED 50 ACCURACY 10 LMOVE #CNC12L SPEED 100 ACCURACY 10 JMOVE #CNC1Z BREAK SIGNAL-1 SPEED 100 ACCURACY 10 HOME BREAK ACCURACY 1 SPEED 100 JMOVE ru2s2 SPEED 10 ACCURACY 1 LMOVE ru22 BREAK OPENI DELAY 2 SPEED 100 ACCURACY 10 LMOVE ru2s2

续表

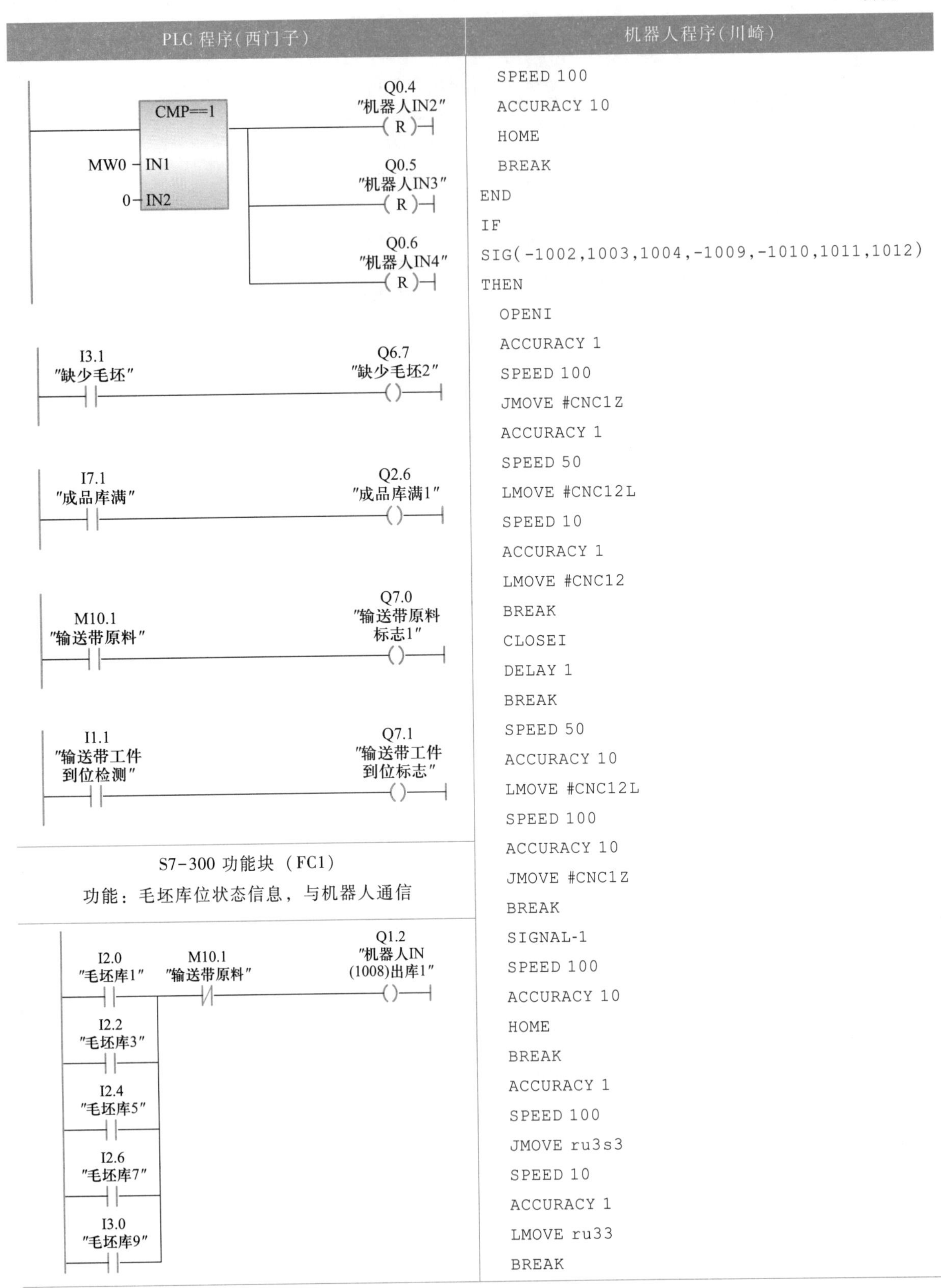

S7-300 功能块（FC1）

功能：毛坯库位状态信息，与机器人通信

```
  SPEED 100
  ACCURACY 10
  HOME
  BREAK
END
IF
SIG(-1002,1003,1004,-1009,-1010,1011,1012)
THEN
  OPENI
  ACCURACY 1
  SPEED 100
  JMOVE #CNC1Z
  ACCURACY 1
  SPEED 50
  LMOVE #CNC12L
  SPEED 10
  ACCURACY 1
  LMOVE #CNC12
  BREAK
  CLOSEI
  DELAY 1
  BREAK
  SPEED 50
  ACCURACY 10
  LMOVE #CNC12L
  SPEED 100
  ACCURACY 10
  JMOVE #CNC1Z
  BREAK
  SIGNAL-1
  SPEED 100
  ACCURACY 10
  HOME
  BREAK
  ACCURACY 1
  SPEED 100
  JMOVE ru3s3
  SPEED 10
  ACCURACY 1
  LMOVE ru33
  BREAK
```

续表

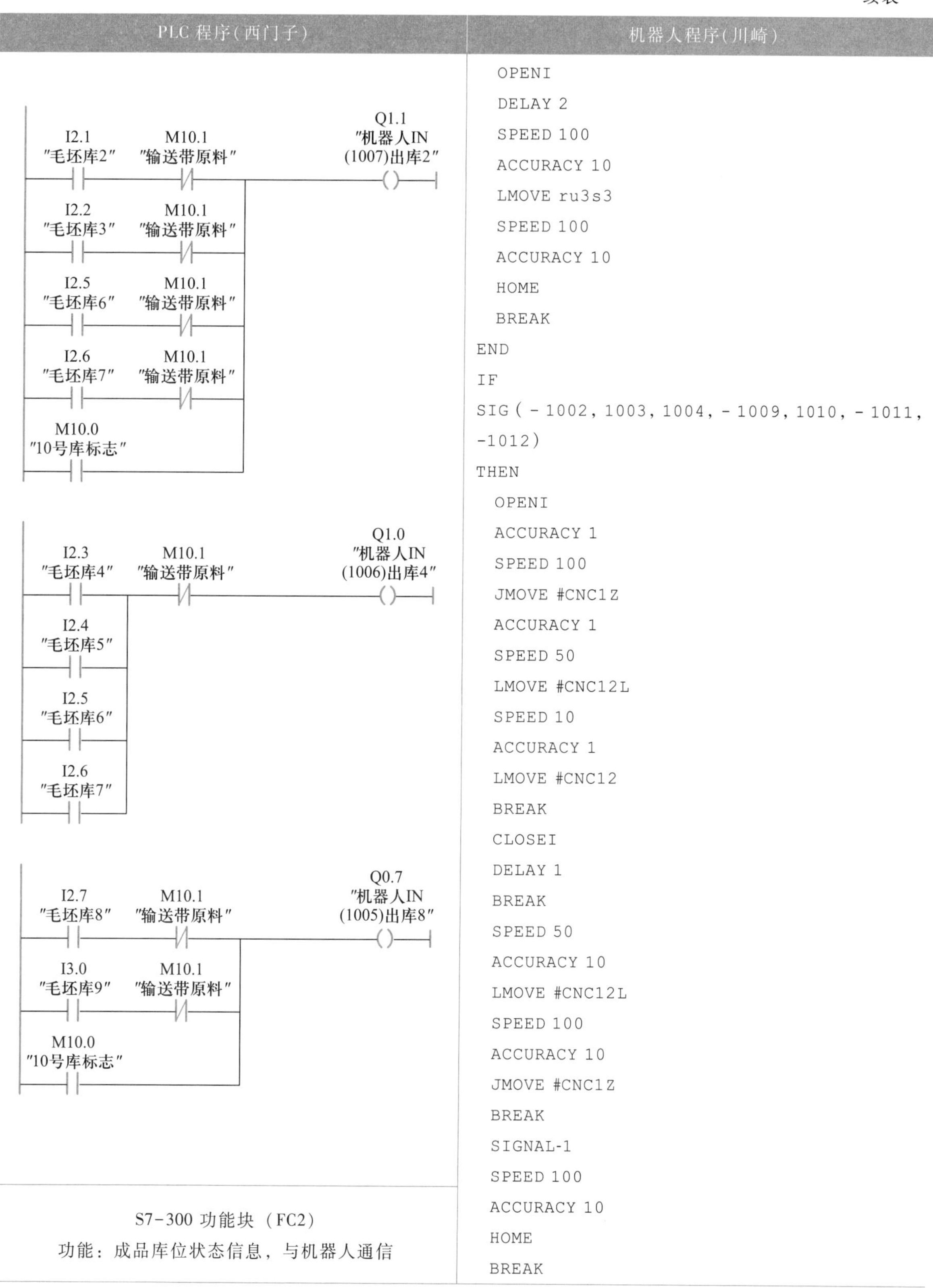


```
  OPENI
  DELAY 2
  SPEED 100
  ACCURACY 10
  LMOVE ru3s3
  SPEED 100
  ACCURACY 10
  HOME
  BREAK
END
IF
SIG(-1002,1003,1004,-1009,1010,-1011,
-1012)
THEN
  OPENI
  ACCURACY 1
  SPEED 100
  JMOVE #CNC1Z
  ACCURACY 1
  SPEED 50
  LMOVE #CNC12L
  SPEED 10
  ACCURACY 1
  LMOVE #CNC12
  BREAK
  CLOSEI
  DELAY 1
  BREAK
  SPEED 50
  ACCURACY 10
  LMOVE #CNC12L
  SPEED 100
  ACCURACY 10
  JMOVE #CNC1Z
  BREAK
  SIGNAL-1
  SPEED 100
  ACCURACY 10
  HOME
  BREAK
```

S7-300 功能块（FC2）

功能：成品库位状态信息，与机器人通信

续表

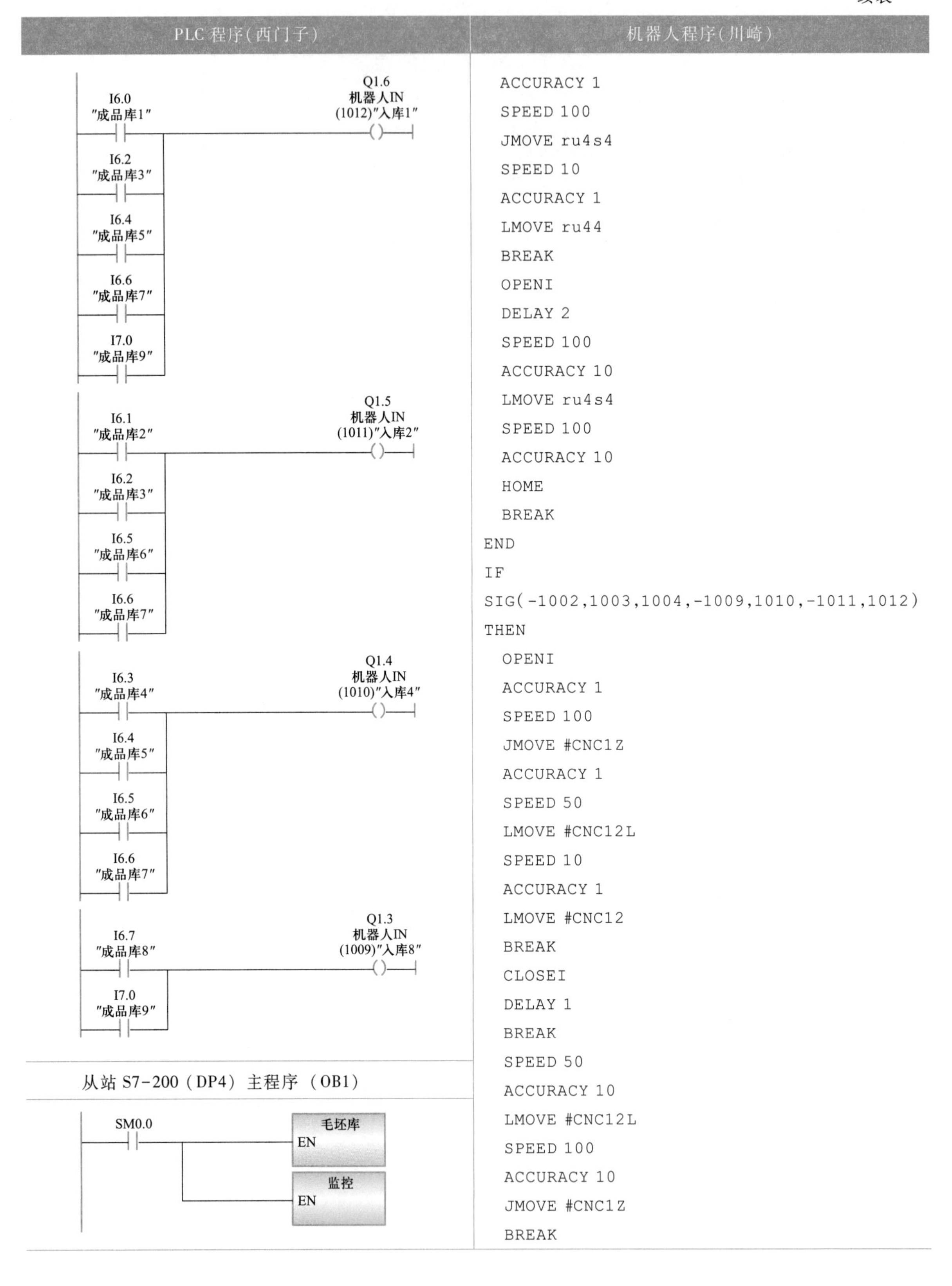

PLC 程序（西门子）	机器人程序（川崎）


```
  ACCURACY 1
  SPEED 100
  JMOVE ru4s4
  SPEED 10
  ACCURACY 1
  LMOVE ru44
  BREAK
  OPENI
  DELAY 2
  SPEED 100
  ACCURACY 10
  LMOVE ru4s4
  SPEED 100
  ACCURACY 10
  HOME
  BREAK
END
IF
SIG(-1002,1003,1004,-1009,1010,-1011,1012)
THEN
  OPENI
  ACCURACY 1
  SPEED 100
  JMOVE #CNC1Z
  ACCURACY 1
  SPEED 50
  LMOVE #CNC12L
  SPEED 10
  ACCURACY 1
  LMOVE #CNC12
  BREAK
  CLOSEI
  DELAY 1
  BREAK
  SPEED 50
  ACCURACY 10
  LMOVE #CNC12L
  SPEED 100
  ACCURACY 10
  JMOVE #CNC1Z
  BREAK
```

续表

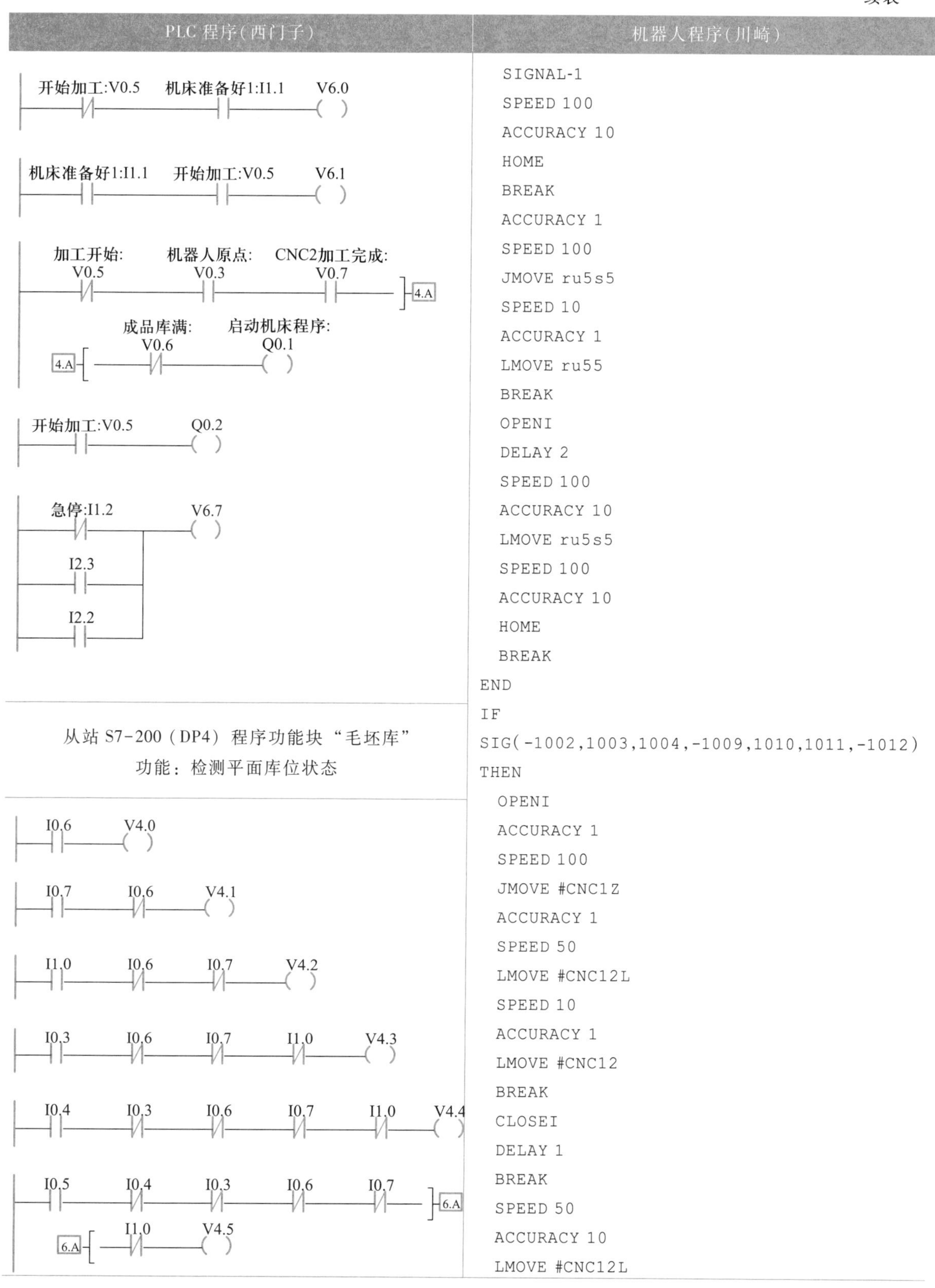

PLC 程序(西门子)	机器人程序(川崎)

从站 S7-200（DP4）程序功能块“毛坯库”
功能：检测平面库位状态

```
  SIGNAL-1
  SPEED 100
  ACCURACY 10
  HOME
  BREAK
  ACCURACY 1
  SPEED 100
  JMOVE ru5s5
  SPEED 10
  ACCURACY 1
  LMOVE ru55
  BREAK
  OPENI
  DELAY 2
  SPEED 100
  ACCURACY 10
  LMOVE ru5s5
  SPEED 100
  ACCURACY 10
  HOME
  BREAK
END
IF
SIG(-1002,1003,1004,-1009,1010,1011,-1012)
THEN
  OPENI
  ACCURACY 1
  SPEED 100
  JMOVE #CNC1Z
  ACCURACY 1
  SPEED 50
  LMOVE #CNC12L
  SPEED 10
  ACCURACY 1
  LMOVE #CNC12
  BREAK
  CLOSEI
  DELAY 1
  BREAK
  SPEED 50
  ACCURACY 10
  LMOVE #CNC12L
```

续表

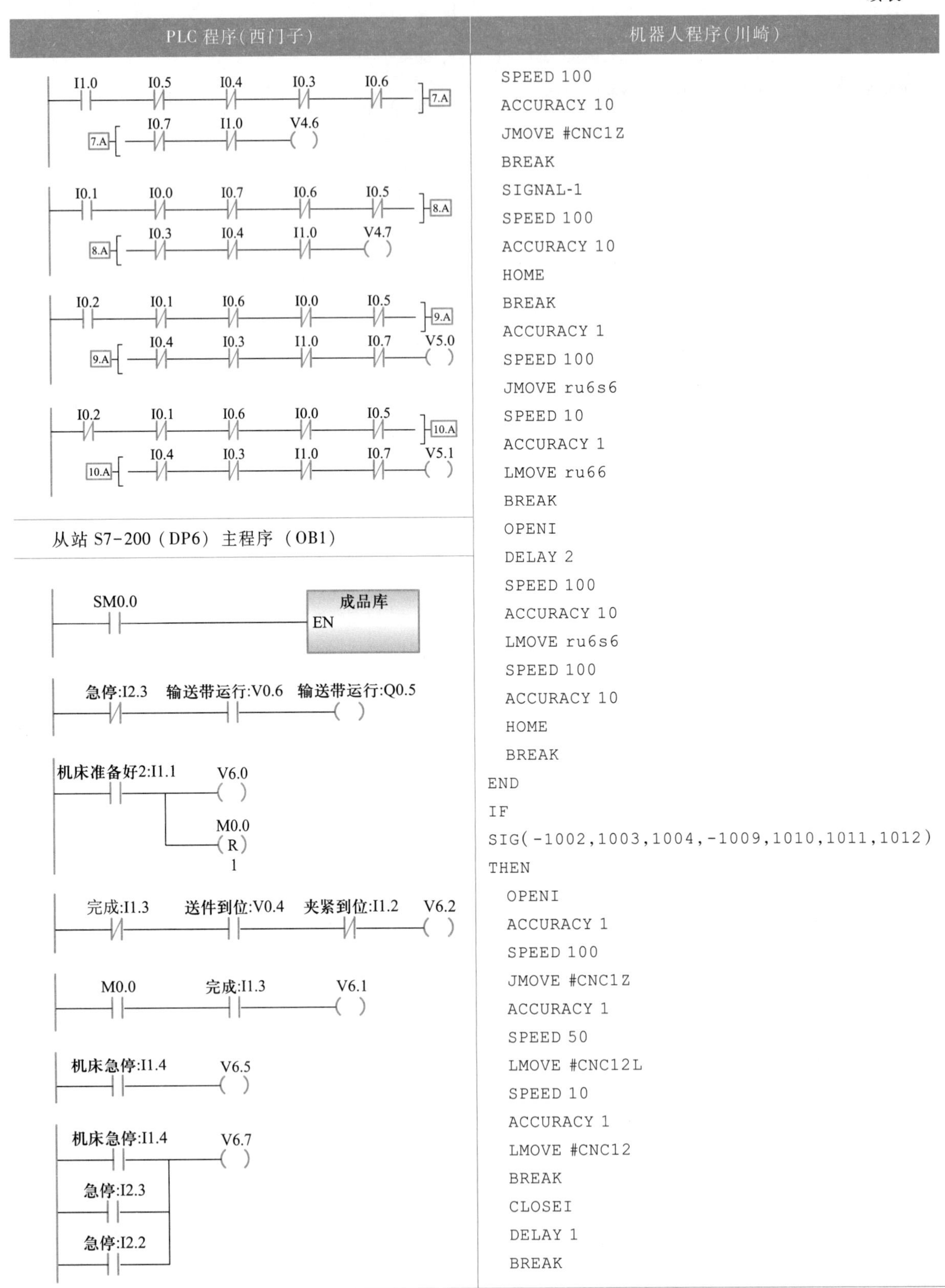

PLC 程序(西门子)	机器人程序(川崎)

```
 SPEED 100
 ACCURACY 10
 JMOVE #CNC1Z
 BREAK
 SIGNAL-1
 SPEED 100
 ACCURACY 10
 HOME
 BREAK
 ACCURACY 1
 SPEED 100
 JMOVE ru6s6
 SPEED 10
 ACCURACY 1
 LMOVE ru66
 BREAK
 OPENI
 DELAY 2
 SPEED 100
 ACCURACY 10
 LMOVE ru6s6
 SPEED 100
 ACCURACY 10
 HOME
 BREAK
END
IF
SIG(-1002,1003,1004,-1009,1010,1011,1012)
THEN
 OPENI
 ACCURACY 1
 SPEED 100
 JMOVE #CNC1Z
 ACCURACY 1
 SPEED 50
 LMOVE #CNC12L
 SPEED 10
 ACCURACY 1
 LMOVE #CNC12
 BREAK
 CLOSEI
 DELAY 1
 BREAK
```

续表

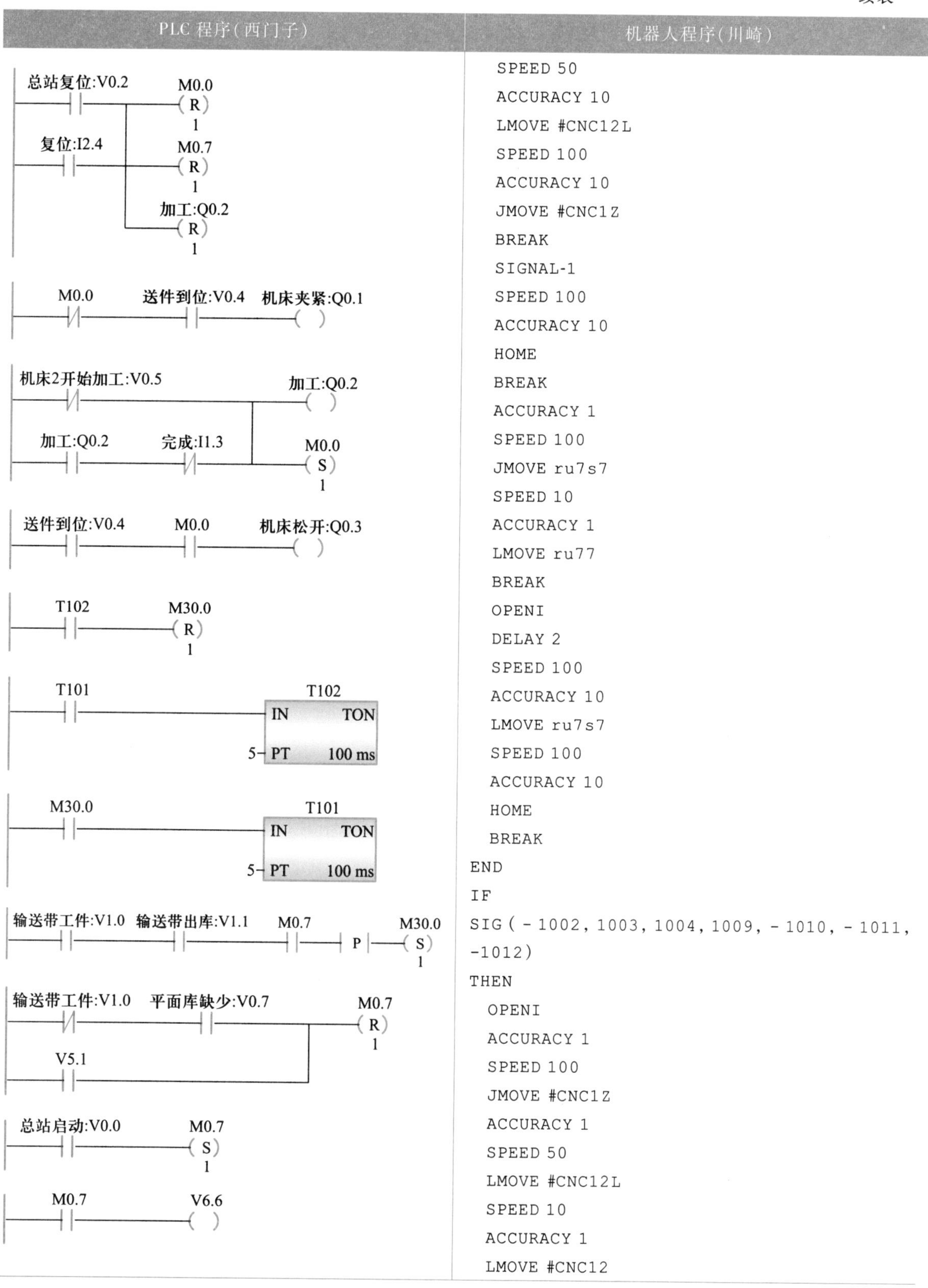

PLC 程序（西门子）	机器人程序（川崎）

```
  SPEED 50
  ACCURACY 10
  LMOVE #CNC12L
  SPEED 100
  ACCURACY 10
  JMOVE #CNC1Z
  BREAK
  SIGNAL-1
  SPEED 100
  ACCURACY 10
  HOME
  BREAK
  ACCURACY 1
  SPEED 100
  JMOVE ru7s7
  SPEED 10
  ACCURACY 1
  LMOVE ru77
  BREAK
  OPENI
  DELAY 2
  SPEED 100
  ACCURACY 10
  LMOVE ru7s7
  SPEED 100
  ACCURACY 10
  HOME
  BREAK
END
IF
SIG(-1002,1003,1004,1009,-1010,-1011,
-1012)
THEN
  OPENI
  ACCURACY 1
  SPEED 100
  JMOVE #CNC1Z
  ACCURACY 1
  SPEED 50
  LMOVE #CNC12L
  SPEED 10
  ACCURACY 1
  LMOVE #CNC12
```

续表

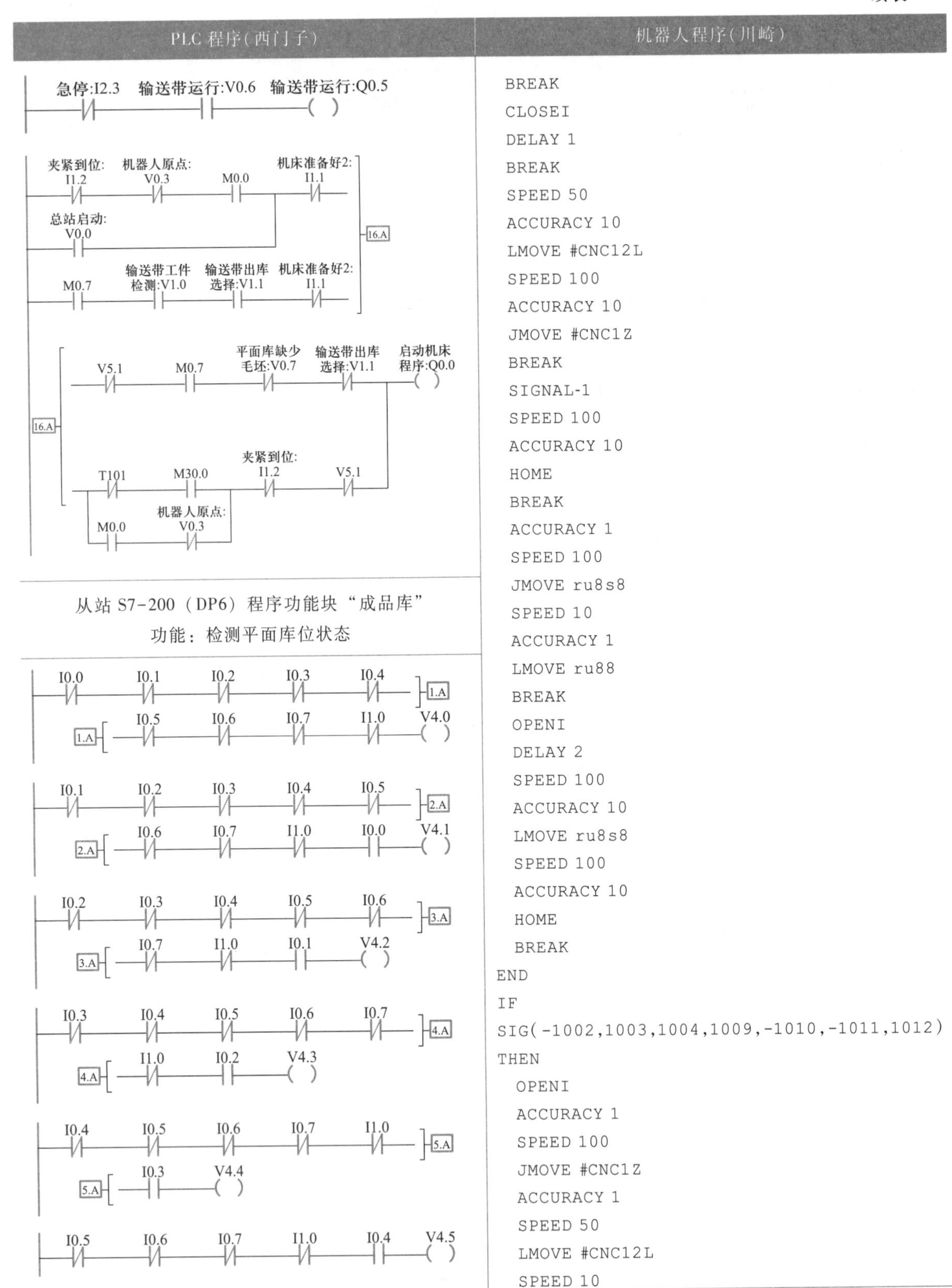

PLC 程序（西门子） | 机器人程序（川崎）

从站 S7-200（DP6）程序功能块“成品库”

功能：检测平面库位状态


```
BREAK
CLOSEI
DELAY 1
BREAK
SPEED 50
ACCURACY 10
LMOVE #CNC12L
SPEED 100
ACCURACY 10
JMOVE #CNC1Z
BREAK
SIGNAL-1
SPEED 100
ACCURACY 10
HOME
BREAK
ACCURACY 1
SPEED 100
JMOVE ru8s8
SPEED 10
ACCURACY 1
LMOVE ru88
BREAK
OPENI
DELAY 2
SPEED 100
ACCURACY 10
LMOVE ru8s8
SPEED 100
ACCURACY 10
HOME
BREAK
END
IF
SIG(-1002,1003,1004,1009,-1010,-1011,1012)
THEN
  OPENI
  ACCURACY 1
  SPEED 100
  JMOVE #CNC1Z
  ACCURACY 1
  SPEED 50
  LMOVE #CNC12L
  SPEED 10
```

续表

PLC 程序（西门子）	机器人程序（川崎）
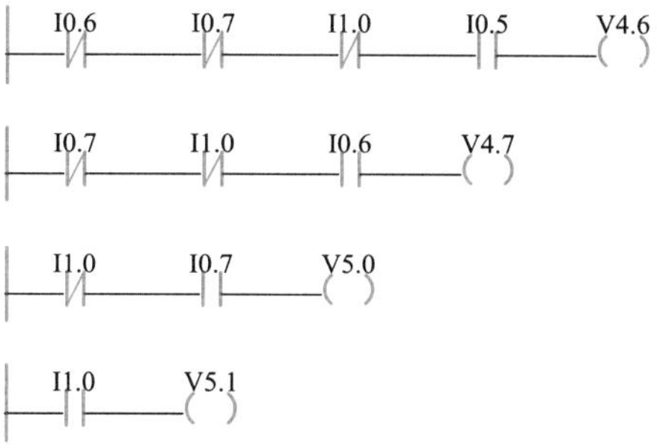 I0.6 (常闭) — I0.7 (常闭) — I1.0 (常闭) — I0.5 (常开) — (V4.6) I0.7 (常闭) — I1.0 (常闭) — I0.6 (常开) — (V4.7) I1.0 (常闭) — I0.7 (常开) — (V5.0) I1.0 (常开) — (V5.1)	ACCURACY 1 LMOVE #CNC12 BREAK CLOSEI DELAY 1 BREAK SPEED 50 ACCURACY 10 LMOVE #CNC12L SPEED 100 ACCURACY 10 JMOVE #CNC1Z BREAK SIGNAL-1 SPEED 100 ACCURACY 10 HOME BREAK ACCURACY 1 SPEED 100 JMOVE ru9s9 SPEED 10 ACCURACY 1 LMOVE ru99 BREAK OPENI DELAY 2 SPEED 100 ACCURACY 10 LMOVE ru9s9 SPEED 100 ACCURACY 10 HOME BREAK END IF SIG(1002,-1003,-1004,-1005,-1006,-1007,1008) THEN OPENI ACCURACY 1 JMOVE chu1s1 SPEED 10 ACCURACY 1 LMOVE chu11

续表

PLC 程序(西门子)	机器人程序(川崎)
	BREAK CLOSEI DELAY 2 SPEED 50 ACCURACY 50 LMOVE chu1s1 SPEED 80 ACCURACY 10 HOME BREAK SPEED 60 ACCURACY 10 JMOVE #CNC2Z SPEED 50 ACCURACY 10 LMOVE #CNC2L SPEED 1 ACCURACY 1 LMOVE #CNC2 BREAK SIGNAL 3 DELAY 2 OPENI ACCURACY 1 SPEED 50 LMOVE #CNC2L BREAK SIGNAL-3 SPEED 100 ACCURACY 10 LMOVE #CNC2Z BREAK SIGNAL 4 SPEED 100 ACCURACY 10 HOME BREAK SIGNAL-4 END IF SIG(1002, -1003, -1004, -1005, -1006, 1007, -1008) THEN OPENI ACCURACY 1

续表

PLC 程序(西门子)	机器人程序(川崎)
	JMOVE chu2s2 SPEED 10 ACCURACY 1 LMOVE chu22 BREAK CLOSEI DELAY 2 SPEED 50 ACCURACY 50 LMOVE chu2s2 SPEED 80 ACCURACY 10 HOME BREAK SPEED 60 ACCURACY 10 JMOVE #CNC2Z SPEED 50 ACCURACY 10 LMOVE #CNC2L SPEED 1 ACCURACY 1 LMOVE #CNC2 BREAK SIGNAL 3 WAIT SIG(1002,-1003,1004) DELAY 2 OPENI ACCURACY 1 SPEED 50 LMOVE #CNC2L BREAK SIGNAL-3 SPEED 100 ACCURACY 10 LMOVE #CNC2Z BREAK SIGNAL 4 SPEED 100 ACCURACY 10 HOME BREAK SIGNAL-4 END

续表

PLC程序(西门子)	机器人程序(川崎)
	IF SIG(1002,-1003,-1004,-1005,-1006,1007,1008) THEN OPENI ACCURACY 1 JMOVE chu3s3 SPEED 10 ACCURACY 1 LMOVE chu33 BREAK CLOSEI DELAY 2 SPEED 50 ACCURACY 50 LMOVE chu3s3 SPEED 80 ACCURACY 10 HOME BREAK SPEED 60 ACCURACY 10 JMOVE #CNC2Z SPEED 50 ACCURACY 10 LMOVE #CNC2L SPEED 1 ACCURACY 1 LMOVE #CNC2 BREAK SIGNAL 3 WAIT SIG(1002,-1003,1004) DELAY 2 OPENI ACCURACY 1 SPEED 50 LMOVE #CNC2L BREAK SIGNAL-3 SPEED 100 ACCURACY 10 LMOVE #CNC2Z BREAK SIGNAL 4 SPEED 100

续表

PLC 程序(西门子)	机器人程序(川崎)
	ACCURACY 10 HOME BREAK SIGNAL-4 END IF SIG(1002,-1003,-1004,-1005,1006,-1007,-1008) THEN OPENI ACCURACY 1 JMOVE chu4s4 SPEED 10 ACCURACY 1 LMOVE chu44 BREAK CLOSEI DELAY 2 SPEED 50 ACCURACY 50 LMOVE chu4s4 SPEED 80 ACCURACY 10 HOME BREAK SPEED 60 ACCURACY 10 JMOVE #CNC2Z SPEED 50 ACCURACY 10 LMOVE #CNC2L SPEED 1 ACCURACY 1 LMOVE #CNC2 BREAK SIGNAL 3 WAIT SIG(1002,-1003,1004) DELAY 2 OPENI ACCURACY 1 SPEED 50 LMOVE #CNC2L BREAK SIGNAL-3 SPEED 100

续表

PLC 程序(西门子)	机器人程序(川崎)
	ACCURACY 10 LMOVE #CNC2Z BREAK SIGNAL 4 SPEED 100 ACCURACY 10 HOME BREAK SIGNAL-4 END IF SIG(1002,-1003,-1004,-1005,1006,-1007,1008) THEN OPENI ACCURACY 1 JMOVE chu5s5 SPEED 10 ACCURACY 1 LMOVE chu55 BREAK CLOSEI DELAY 2 SPEED 50 ACCURACY 50 LMOVE chu5s5 SPEED 80 ACCURACY 10 HOME BREAK SPEED 60 ACCURACY 10 JMOVE #CNC2Z SPEED 50 ACCURACY 10 LMOVE #CNC2L SPEED 1 ACCURACY 1 LMOVE #CNC2 BREAK SIGNAL 3 WAIT SIG(1002,-1003,1004) DELAY 2 OPENI ACCURACY 1

续表

PLC 程序(西门子)	机器人程序(川崎)
	SPEED 50 LMOVE #CNC2L BREAK SIGNAL-3 SPEED 100 ACCURACY 10 LMOVE #CNC2Z BREAK SIGNAL 4 SPEED 100 ACCURACY 10 HOME BREAK SIGNAL-4 END IF SIG(1002,-1003,-1004,-1005,1006,1007,-1008) THEN OPENI ACCURACY 1 JMOVE chu6s6 SPEED 10 ACCURACY 1 LMOVE chu66 BREAK CLOSEI DELAY 2 SPEED 50 ACCURACY 50 LMOVE chu6s6 SPEED 80 ACCURACY 10 HOME BREAK SPEED 60 ACCURACY 10 JMOVE #CNC2Z SPEED 50 ACCURACY 10 LMOVE #CNC2L SPEED 1 ACCURACY 1 LMOVE #CNC2 BREAK

续表

PLC 程序(西门子)	机器人程序(川崎)
	SIGNAL 3 WAIT SIG(1002,-1003,1004) DELAY 2 OPENI ACCURACY 1 SPEED 50 LMOVE #CNC2L BREAK SIGNAL-3 SPEED 100 ACCURACY 10 LMOVE #CNC2Z BREAK SIGNAL 4 SPEED 100 ACCURACY 10 HOME BREAK SIGNAL-4 END IF SIG(1002,-1003,-1004,-1005,1006,1007,1008) THEN OPENI ACCURACY 1 JMOVE chu7s7 SPEED 10 ACCURACY 1 LMOVE chu77 BREAK CLOSEI DELAY 2 SPEED 50 ACCURACY 50 LMOVE chu7s7 SPEED 80 ACCURACY 10 HOME BREAK SPEED 60 ACCURACY 10 JMOVE #CNC2Z SPEED 50 ACCURACY 10

续表

PLC 程序(西门子)	机器人程序(川崎)
	LMOVE #CNC2L SPEED 1 ACCURACY 1 LMOVE #CNC2 BREAK SIGNAL 3 WAIT SIG(1002,-1003,1004) DELAY 2 OPENI ACCURACY 1 SPEED 50 LMOVE #CNC2L BREAK SIGNAL-3 SPEED 100 ACCURACY 10 LMOVE #CNC2Z BREAK SIGNAL 4 SPEED 100 ACCURACY 10 HOME BREAK SIGNAL-4 END IF SIG(1002,-1003,-1004,1005,-1006,-1007,-1008) THEN OPENI ACCURACY 1 JMOVE chu8s8 SPEED 10 ACCURACY 1 LMOVE chu88 BREAK CLOSEI DELAY 2 SPEED 50 ACCURACY 50 LMOVE chu8s8 SPEED 80 ACCURACY 10 HOME BREAK

续表

PLC 程序(西门子)	机器人程序(川崎)
	SPEED 60 ACCURACY 10 JMOVE #CNC2Z SPEED 50 ACCURACY 10 LMOVE #CNC2L SPEED 1 ACCURACY 1 LMOVE #CNC2 BREAK SIGNAL 3 WAIT SIG(1002,-1003,1004) DELAY 2 OPENI ACCURACY 1 SPEED 50 LMOVE #CNC2L BREAK SIGNAL-3 SPEED 100 ACCURACY 10 LMOVE #CNC2Z BREAK SIGNAL 4 SPEED 100 ACCURACY 10 HOME BREAK SIGNAL-4 END IF SIG(1002,-1003,-1004,1005,-1006,-1007, 1008) THEN OPENI ACCURACY 1 JMOVE chu9s9 SPEED 10 ACCURACY 1 LMOVE chu99 BREAK CLOSEI DELAY 2 SPEED 50 ACCURACY 50

续表

PLC 程序(西门子)	机器人程序(川崎)
	LMOVE chu9s9 SPEED 80 ACCURACY 10 HOME BREAK SPEED 60 ACCURACY 10 JMOVE #CNC2Z SPEED 50 ACCURACY 10 LMOVE #CNC2L SPEED 1 ACCURACY 1 LMOVE #CNC2 BREAK SIGNAL 3 WAIT SIG(1002,-1003,1004) DELAY 2 OPENI ACCURACY 1 SPEED 50 LMOVE #CNC2L BREAK SIGNAL-3 SPEED 100 ACCURACY 10 LMOVE #CNC2Z BREAK SIGNAL 4 SPEED 100 ACCURACY 10 HOME BREAK SIGNAL-4 END IF SIG(1002,-1003,-1004,1005,-1006,1007,-1008) THEN OPENI ACCURACY 1 JMOVE chu10s10 SPEED 10 ACCURACY 1 LMOVE chu1010

续表

PLC 程序(西门子)	机器人程序(川崎)
	BREAK CLOSEI DELAY 2 SPEED 50 ACCURACY 50 LMOVE chu10s10 SPEED 80 ACCURACY 10 HOME BREAK SPEED 60 ACCURACY 10 JMOVE #CNC2Z SPEED 50 ACCURACY 10 LMOVE #CNC2L SPEED 1 ACCURACY 1 LMOVE #CNC2 BREAK SIGNAL 3 WAIT SIG(1002,-1003,1004) DELAY 2 OPENI ACCURACY 1 SPEED 50 LMOVE #CNC2L BREAK SIGNAL-3 SPEED 100 ACCURACY 10 LMOVE #CNC2Z BREAK SIGNAL 4 SPEED 100 ACCURACY 10 HOME BREAK SIGNAL-4 END .END

习　　题

一、填空题

1. 工业机器人外部输入信号是指________控制器给________控制器的信号。

2. 工业机器人外部输出信号是指________控制器给________控制器的信号。

习题答案
项目 10

3. 川崎机器人外部 I/O 信号可分为三种类型：________、________和________。

4. 川崎 RS10L 工业机器人外部输出信号的编号范围是________~________。

5. 川崎 RS10L 工业机器人外部输入信号的编号范围是________~________。

6. 川崎 RS10L 工业机器人的通用信号（包括软件专用信号）连接到 E20 型控制器中的________。

7. 主要用于外部遥控操作，通过切换内部硬件线路来实现的信号是________。

8. 按软件中定义的功能工作，完成初始设置后，可用于外部遥控和连锁的信号是________。

9. 能够让硬件专用信号“安全回路 OFF”作用，关断电动机电源的外部信号包括________、________和外部开关输入。

10. 能够用于外部开启控制器电源的硬件专用信号是________。

二、选择题

1. 川崎 RS10L 工业机器人的硬件专用信号连接到 E20 型控制器上的连接板是（　　）。

A. 1TR　　B. 1TW　　C. 1TA　　D. 1TS

2. 下面属于川崎 RS10L 工业机器人硬件专用输入信号的是（　　）。

A. 外部控制器电源 ON/OFF　　B. 外部电动机电源 ON

C. 安全回路 OFF　　D. 外部暂停

3. 下面属于川崎 RS10L 工业机器人硬件专用输出信号的是（　　）。

A. 示教/再现开关　　B. 错误发生（故障）

4. 下面属于川崎 RS10L 工业机器人软件专用输入信号的是（　　）。

A. 外部电动机电源 ON（EXT. MOTOR ON）

B. 外部错误复位（EXT. ERROR RESET）

C. 外部循环运行启动（EXT. CYCLE START）

D. 外部暂停（EXT_IT）

5. 下面属于川崎 RS10L 工业机器人软件专用输出信号的是（　　）。

A. 电动机电源 ON（MOTOR ON）

B. 错误发生（ERROR）

C. 循环启动（CYCLE START）

D. 紧急停止（UNDER EMERGENCY STOP）

附　录

为便于读者对川崎机器人参数设定功能的了解，附录 1 中列出了川崎 RS10L 工业机器人的辅助功能树。另外，为了读者对工业机器人的工程应用有一个全面的认识与了解，附录 2 中列出了项目 10 中 4 个任务所完成工程实例的电气控制系统原理图。

附录 1　川崎 RS10L 工业机器人参数及功能（辅助功能）

一级菜单编号	功能	二级菜单编号	功能	三级菜单编号	功能	四级菜单编号	功能
01	程序变换	01	数据传送				
		02	镜像变换				
		03	数据转换	01	数据变换开始		
				02	工具坐标登录		
				03	工具自动检测		
				04	重力补偿		
		04	XYZ 偏移				
		05	各轴角度偏移				
		06	工具偏移				
		08	程序逆复制				
		10	基于四个基准点的变换	01	基于四个基准点的变换开始		
				02	工具坐标系测量		
				03	重力/个机差补偿		
		13	C/V（传送）位置值偏移				
02	保存/加载	01	保存				
		02	加载				
		03	文件/文件夹操作				
		10	自动保存功能设定	01	保存数据 1 设定		
				02	保存数据 2 设定		
				03	保存数据 3 设定		
				04	执行履历显示		

续表

一级菜单编号	功能	二级菜单编号	功能	三级菜单编号	功能	四级菜单编号	功能
03	简易示教设定	01	速度（注：设定示教速度等级，编程时按 A + 速度 键选择，下同）				
		02	精度				
		03	计时器				
		04	工具登录（注：设定工具坐标系，编程时按 A + 工具 键选择）				
		05	固定工具坐标系				
		07	AS 语言模式设定				
		99	辅助一体化命令设定				
04	基本设定	01	示教/检查速度设定				
		02	原点位置				
		03	作业空间输出				
		04	手臂部负荷				
		05	工具自动登录				
		06	自动负荷检测				
		09	原点范围检查轴设定				
05	高级设定	01	调零	01	调零		
				02	调零数据设定/显示		
				03	编码器回转量计数器复位		
		02	系统开关				
		03	紧急停止时位置偏差异常范围				
		04	开机时编码器值偏差异常范围				
		05	机器人安装姿势				
		06	基坐标系				
		07	动作上下限				
		08	低速再现				
		09	接口面板				
		12	继续时开始位置异常检测范围				
		17	Tool Change				
		18	动作空间 XYZ 上下限				

续表

一级菜单编号	功能	二级菜单编号	功能	三级菜单编号	功能	四级菜单编号	功能
06	输入/输出信号	01	专用输入信号				
		02	专用输出信号				
		03	专用输入/输出信号显示				
		04	OX 规格设定				
		05	夹紧规格	01	应用领域		
				02	夹紧条件		
				10	点焊夹紧设定		
				11	点焊控制设定		
				12	点焊枪设定		
				20	搬运夹紧信号设定		
		05	射枪规格	01	应用领域		
				02	射枪条件		
				30	喷涂·密封信号定义		
		06	信号名称	01	OX（输出信号）		
				02	WX（输入信号）		
				03	INT（内部信号）		
		07	手臂 ID 板信号设定				
		08	信号配置设定				
		10	机器人手臂内 I/O 信号设定				
		11	I/O 信号数设定				
		20	Klogic 控制	01	Klogic 梯形图显示		
07	履历记录功能	02	出错履历显示	01	全显示		
				02	操作错误（P）		
				03	警告（W）		
				04	轻故障（E）		
				05	重故障（D）		
				06	履历设定		

续表

一级菜单编号	功能	二级菜单编号	功能	三级菜单编号	功能	四级菜单编号	功能
07	履历记录功能	03	操作履历显示	01	全显示		
				02	操作履历		
				03	指令履历		
				05	履历设定		
		04	维护记录	01	维护记录登录		
				02	维护记录显示		
				03	维护记录删除		
		06	运行信息显示				
		07	维护支持	01	维护支持辅助		
				02	错误列表		
		08	数据存储	01	设定	01	各轴角度
						02	XYZOAT
						03	各轴指令值
						04	各轴偏差
						05	各轴速度
						06	马达电流值
						07	马达速度
						08	马达电流指令值
						09	工具尖端速度
						10	I/O 信号
						11	组合
		09	马达负荷信息	01	峰值电流		
				02	效率		
				03	故障预知设定		
				04	故障预知基本数据		
		13	程序编辑履历				
		17	编码器检查功能	01	计数器值显示		
				02	计数器复位		
				03	警告功能		
		19	诊断功能				

续表

<table>
<tr><th>一级菜单编号</th><th>功能</th><th>二级菜单编号</th><th>功能</th><th>三级菜单编号</th><th>功能</th><th>四级菜单编号</th><th>功能</th></tr>
<tr><td rowspan="24">08</td><td rowspan="24">系统</td><td>01</td><td colspan="5">可用存储器区</td></tr>
<tr><td>02</td><td colspan="5">记录（程序更改）禁止</td></tr>
<tr><td>03</td><td colspan="5">检查和错误复位</td></tr>
<tr><td>04</td><td colspan="5">软件版本</td></tr>
<tr><td>05</td><td colspan="5">系统初始化</td></tr>
<tr><td>07</td><td colspan="5">检查规格</td></tr>
<tr><td>08</td><td colspan="5">环境数据</td></tr>
<tr><td>09</td><td colspan="5">时间/日期</td></tr>
<tr><td rowspan="6">10</td><td rowspan="6">PC 程序启动/停止</td><td>01</td><td colspan="3">执行开始（PCEXECUTE）</td></tr>
<tr><td>02</td><td colspan="3">执行中断（PCABORT）</td></tr>
<tr><td>03</td><td colspan="3">执行停止（PCEND）</td></tr>
<tr><td>04</td><td colspan="3">执行继续（PCCONTINUE）</td></tr>
<tr><td>05</td><td colspan="3">登录注销（PCKILL）</td></tr>
<tr><td>06</td><td colspan="3">执行状态（PCSTATUS）</td></tr>
<tr><td rowspan="2">11</td><td rowspan="2">语言显示选择</td><td>01</td><td colspan="3">语言显示选择</td></tr>
<tr><td>02</td><td colspan="3">语言分配功能</td></tr>
<tr><td>12</td><td colspan="5">网络设定</td></tr>
<tr><td>14</td><td colspan="5">动作检查模式</td></tr>
<tr><td>15</td><td colspan="5">FTP 服务器设定</td></tr>
<tr><td>18</td><td colspan="5">USB 键盘</td></tr>
<tr><td>19</td><td colspan="5">Operation Panelless Setting</td></tr>
<tr><td>96</td><td colspan="5">操作功能等级选择</td></tr>
<tr><td>97</td><td colspan="5">辅助功能选择</td></tr>
<tr><td>98</td><td colspan="5">操作级别更改</td></tr>
<tr><td rowspan="11">11</td><td rowspan="11">搬运/码垛</td><td rowspan="4">01</td><td rowspan="4">码垛数据设定</td><td>01</td><td colspan="3">模式设定</td></tr>
<tr><td>02</td><td colspan="3">偏移坐标登录</td></tr>
<tr><td>03</td><td colspan="3">偏移坐标测量</td></tr>
<tr><td>04</td><td colspan="3">偏移量测量</td></tr>
<tr><td rowspan="6">02</td><td rowspan="6">传送装置同步</td><td>02</td><td colspan="3">数据设定</td></tr>
<tr><td>03</td><td colspan="3">环境数据设定</td></tr>
<tr><td>04</td><td colspan="3">模拟</td></tr>
<tr><td rowspan="3">06</td><td rowspan="3">延迟开始</td><td>01</td><td>共同延迟距离</td></tr>
<tr><td>02</td><td>个别延迟距离</td></tr>
<tr><td>03</td><td>多重延迟开始</td></tr>
<tr><td>03</td><td colspan="5">感测</td></tr>
</table>

附录 2 工业机器人数控机床上下料电气控制原理图

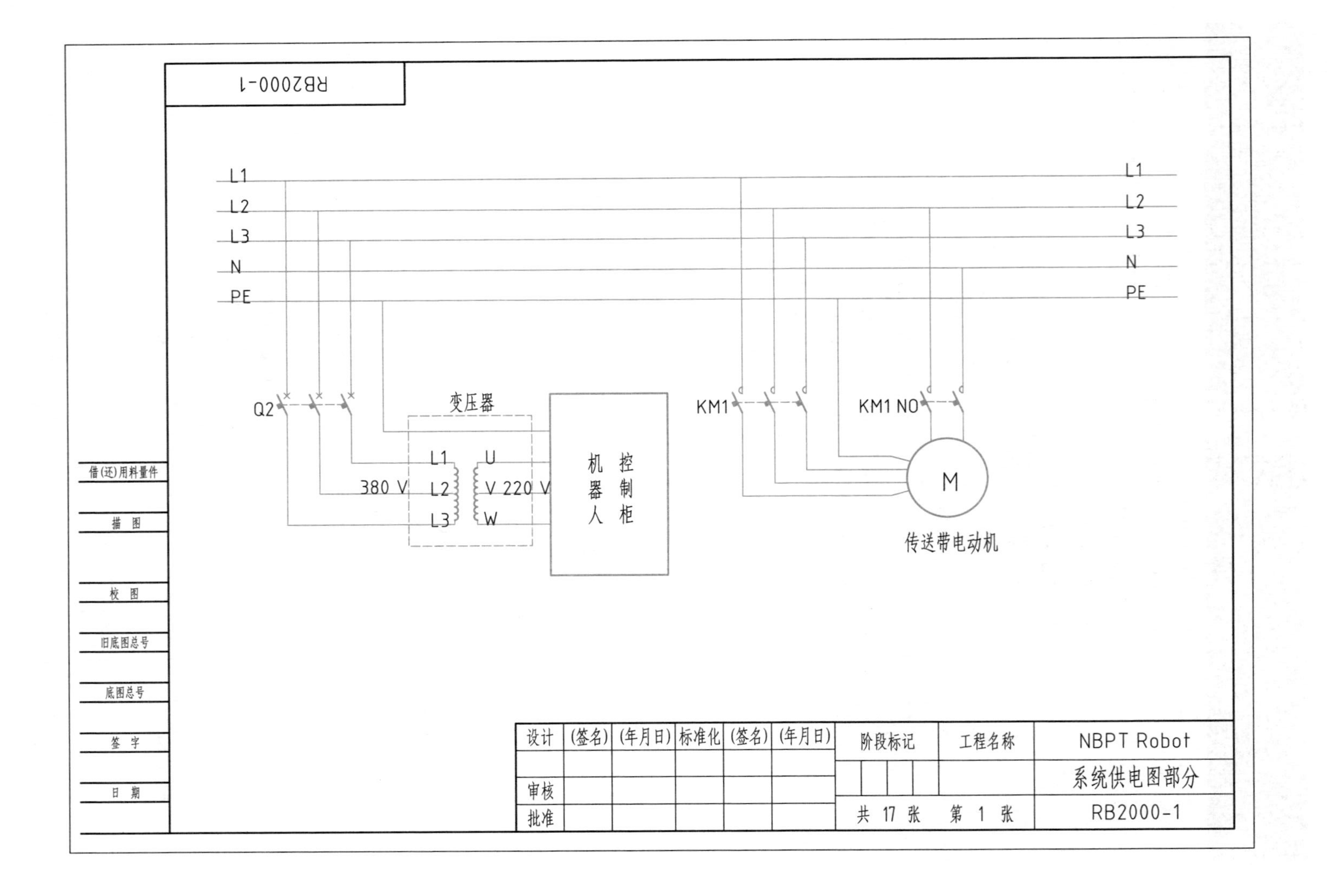

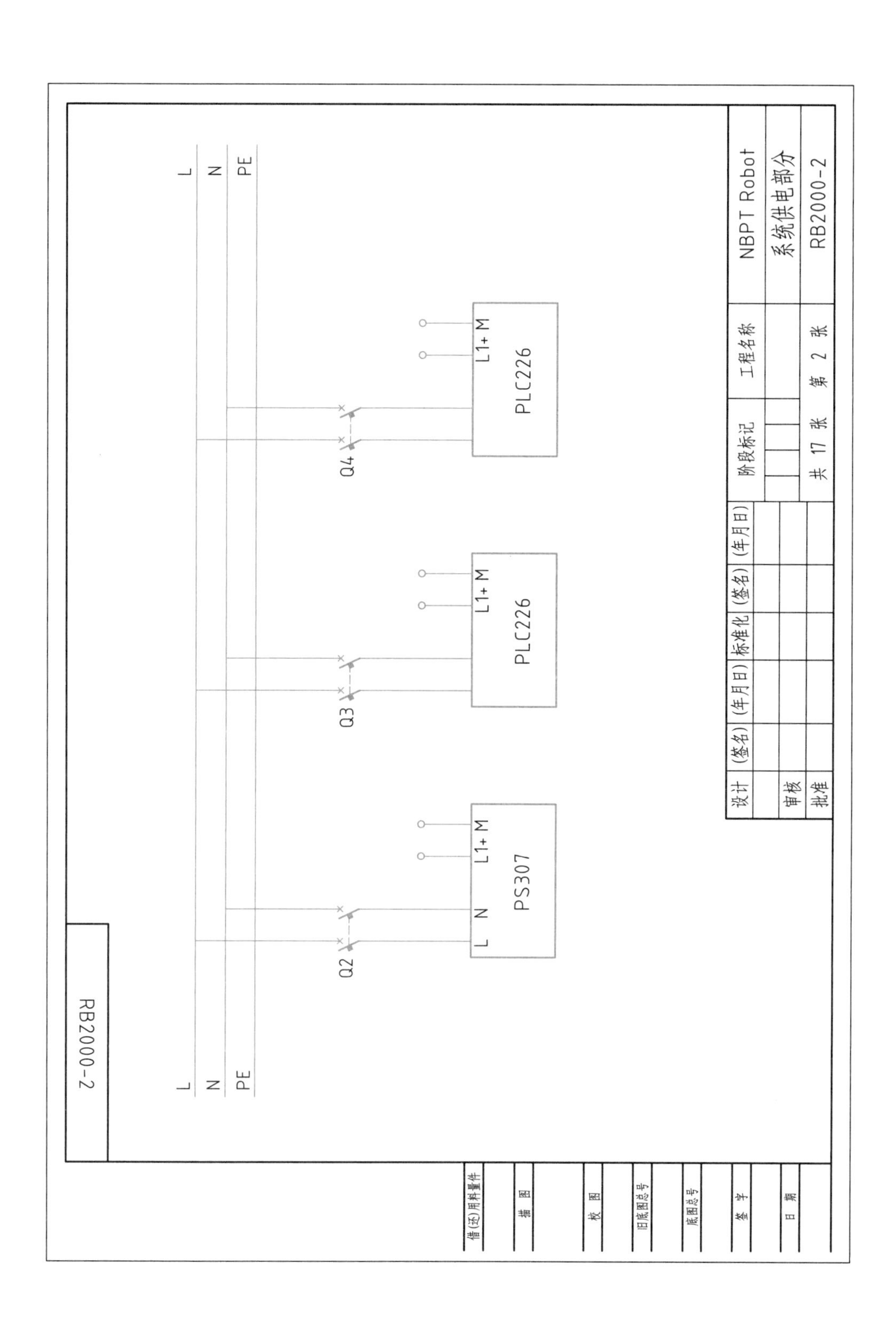
L
N
PE
Q2
Q3
Q4
L N
L1+ M
PS307
PLC226
PLC226
RB2000-2
NBPT Robot
系统供电部分
RB2000-2
工程名称
阶段标记
共 17 张　第 2 张
设计 (签名) (年月日) 标准化 (签名) (年月日)
审核
批准
描图
校图
旧底图总号
底图总号
签字
日期

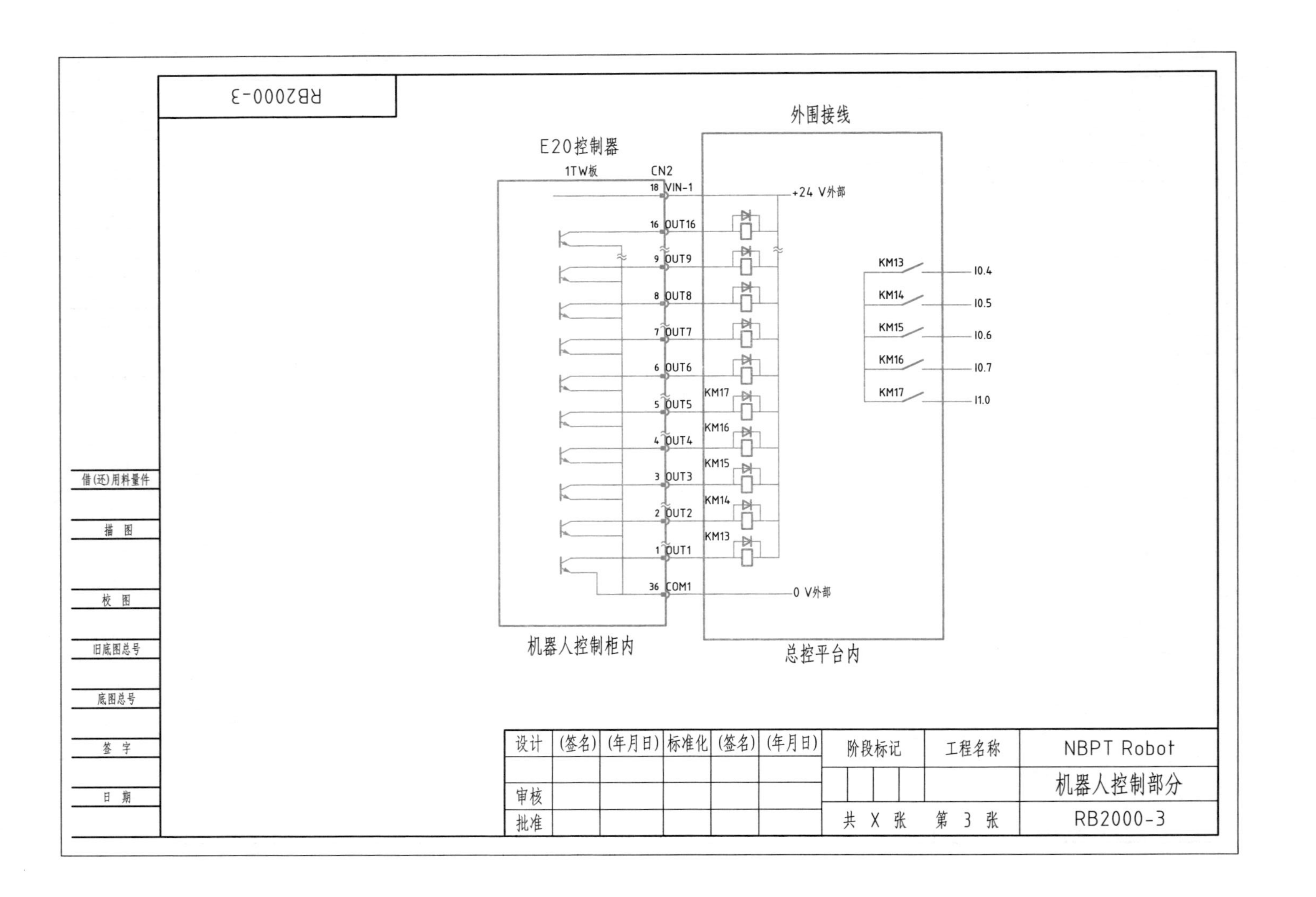
RB2000-3
外围接线
E20控制器
1TW板
CN2
18 VIN-1
+24 V外部
16 OUT16
9 OUT9
8 OUT8
7 OUT7
6 OUT6
5 OUT5
4 OUT4
3 OUT3
2 OUT2
1 OUT1
36 COM1
0 V外部
KM17
KM16
KM15
KM14
KM13
KM13
KM14
KM15
KM16
KM17
I0.4
I0.5
I0.6
I0.7
I1.0
机器人控制柜内
总控平台内
借(还)用料量件
描图
校图
旧底图总号
底图总号
签字
日期
设计 (签名) (年月日) 标准化 (签名) (年月日)
审核
批准
阶段标记
工程名称
NBPT Robot
机器人控制部分
共 X 张 第 3 张
RB2000-3

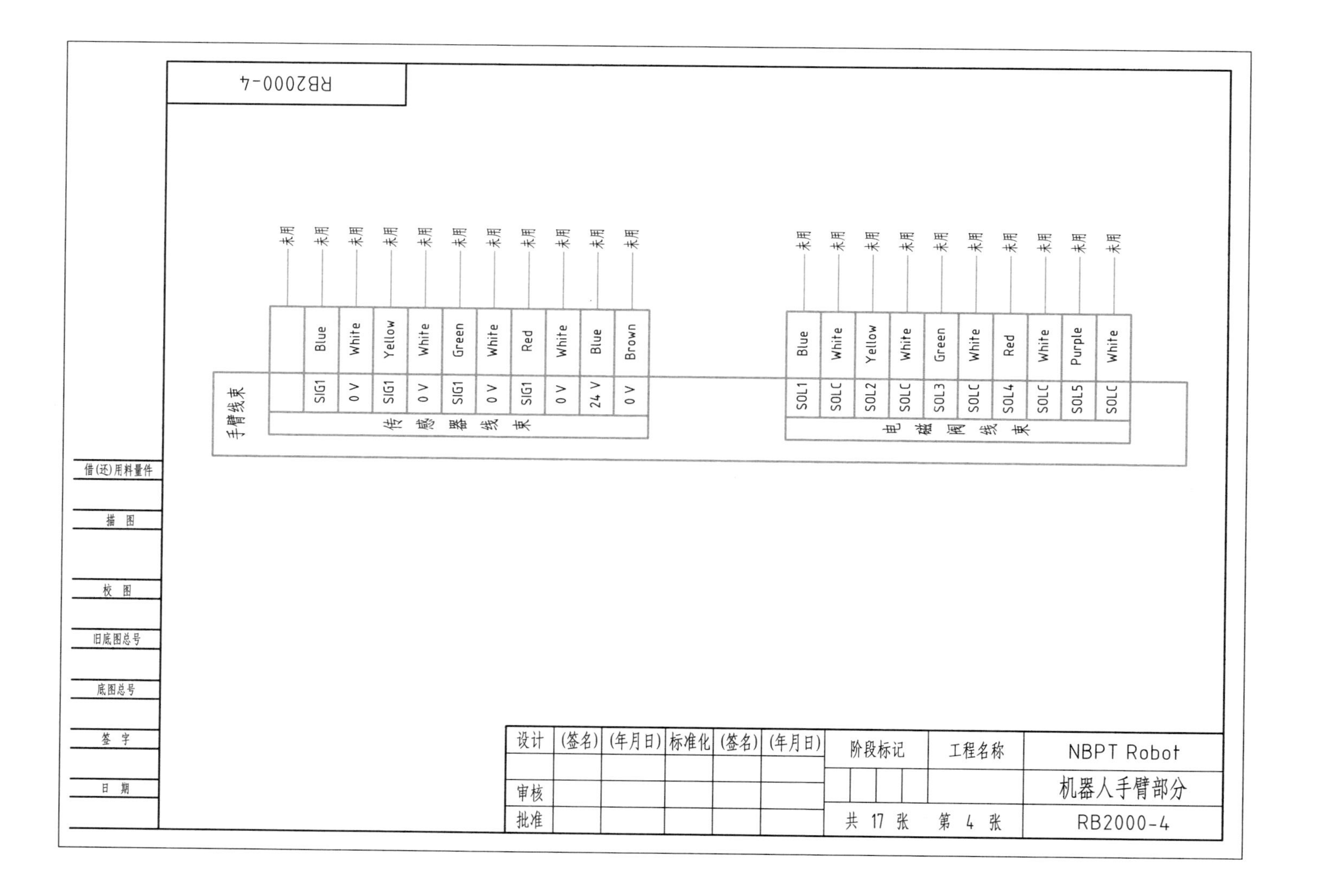
RB2000-4
手臂线束
传感器线束
SIG1 Blue
0 V White
SIG1 Yellow
0 V White
SIG1 Green
0 V White
SIG1 Red
0 V White
24 V Blue
0 V Brown
电磁阀线束
SOL1 Blue
SOLC White
SOL2 Yellow
SOLC White
SOL3 Green
SOLC White
SOL4 Red
SOLC White
SOL5 Purple
SOLC White
未用
借(还)用料量件
描图
校图
旧底图总号
底图总号
签字
日期
设计
(签名)
(年月日)
标准化
(签名)
(年月日)
审核
批准
阶段标记
工程名称
共 17 张 第 4 张
NBPT Robot
机器人手臂部分
RB2000-4

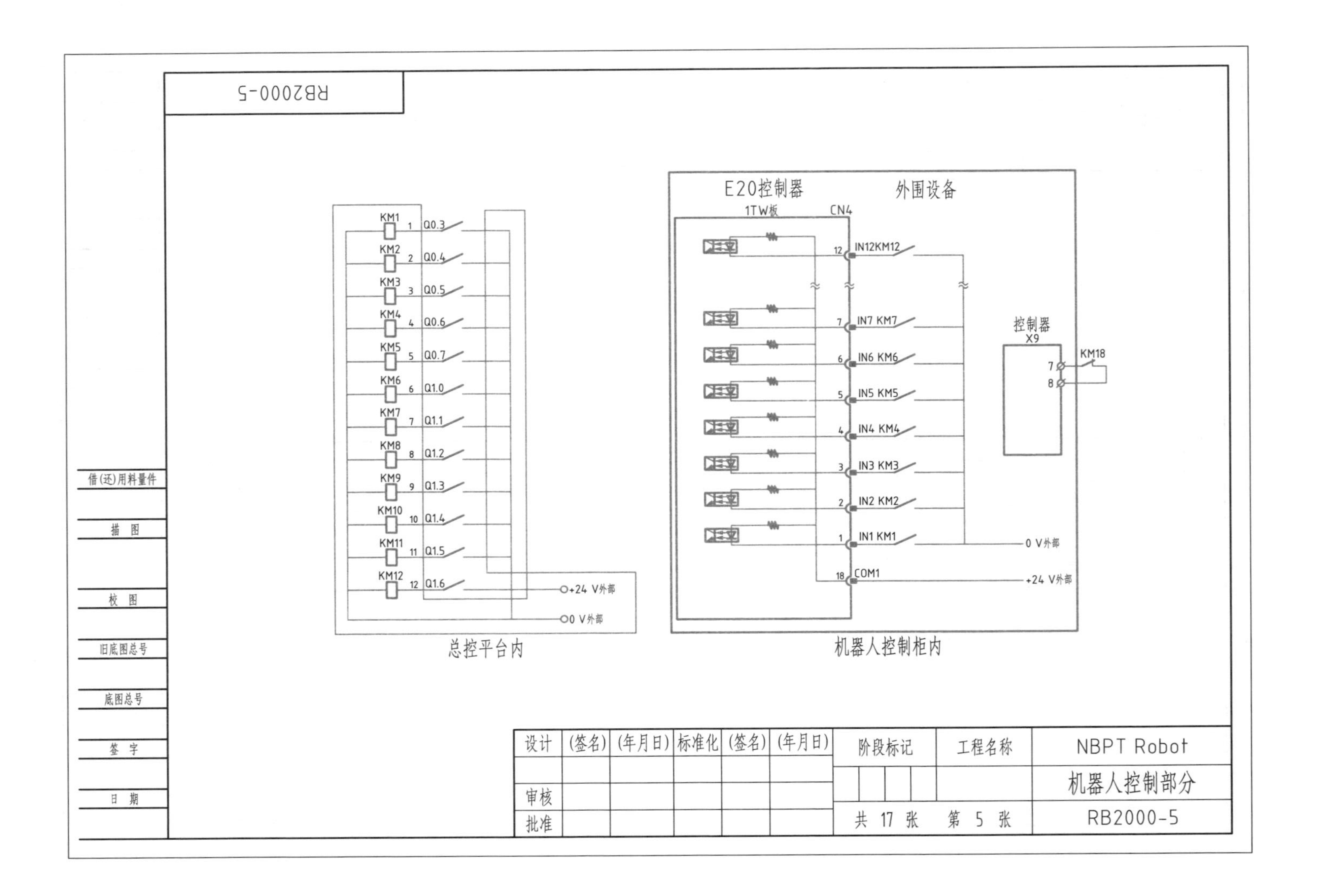
RB2000-5
KM1 1 Q0.3
KM2 2 Q0.4
KM3 3 Q0.5
KM4 4 Q0.6
KM5 5 Q0.7
KM6 6 Q1.0
KM7 7 Q1.1
KM8 8 Q1.2
KM9 9 Q1.3
KM10 10 Q1.4
KM11 11 Q1.5
KM12 12 Q1.6
+24 V外部
0 V外部
总控平台内
E20控制器
1TW板
CN4
外围设备
12 IN12KM12
7 IN7 KM7
6 IN6 KM6
5 IN5 KM5
4 IN4 KM4
3 IN3 KM3
2 IN2 KM2
1 IN1 KM1
18 COM1
0 V外部
+24 V外部
控制器
X9
KM18
7
8
机器人控制柜内
借(还)用料量件
描 图
校 图
旧底图总号
底图总号
签 字
日 期
设计 (签名) (年月日) 标准化 (签名) (年月日)
审核
批准
阶段标记
工程名称
NBPT Robot
机器人控制部分
共 17 张 第 5 张
RB2000-5

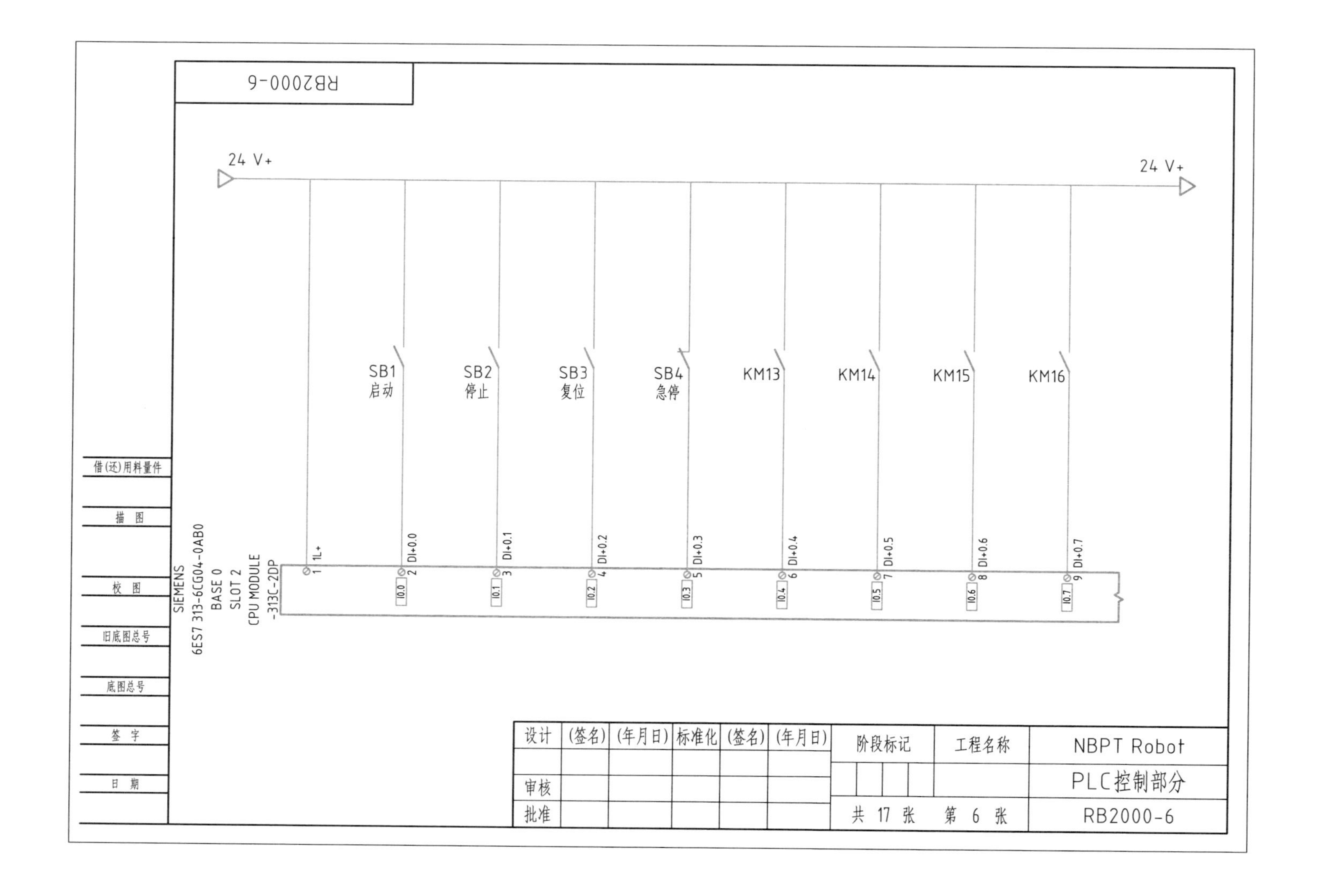
RB2000-6
24 V+
24 V+
SB1 启动
SB2 停止
SB3 复位
SB4 急停
KM13
KM14
KM15
KM16
1L+
DI+0.0
DI+0.1
DI+0.2
DI+0.3
DI+0.4
DI+0.5
DI+0.6
DI+0.7
I0.0
I0.1
I0.2
I0.3
I0.4
I0.5
I0.6
I0.7
SIEMENS
6ES7 313-6CG04-0AB0
BASE 0
SLOT 2
CPU MODULE
-313C-2DP
借(还)用料量件
描 图
校 图
旧底图总号
底图总号
签 字
日 期
设计
(签名)
(年月日)
标准化
(签名)
(年月日)
审核
批准
阶段标记
工程名称
NBPT Robot
PLC控制部分
共 17 张
第 6 张
RB2000-6

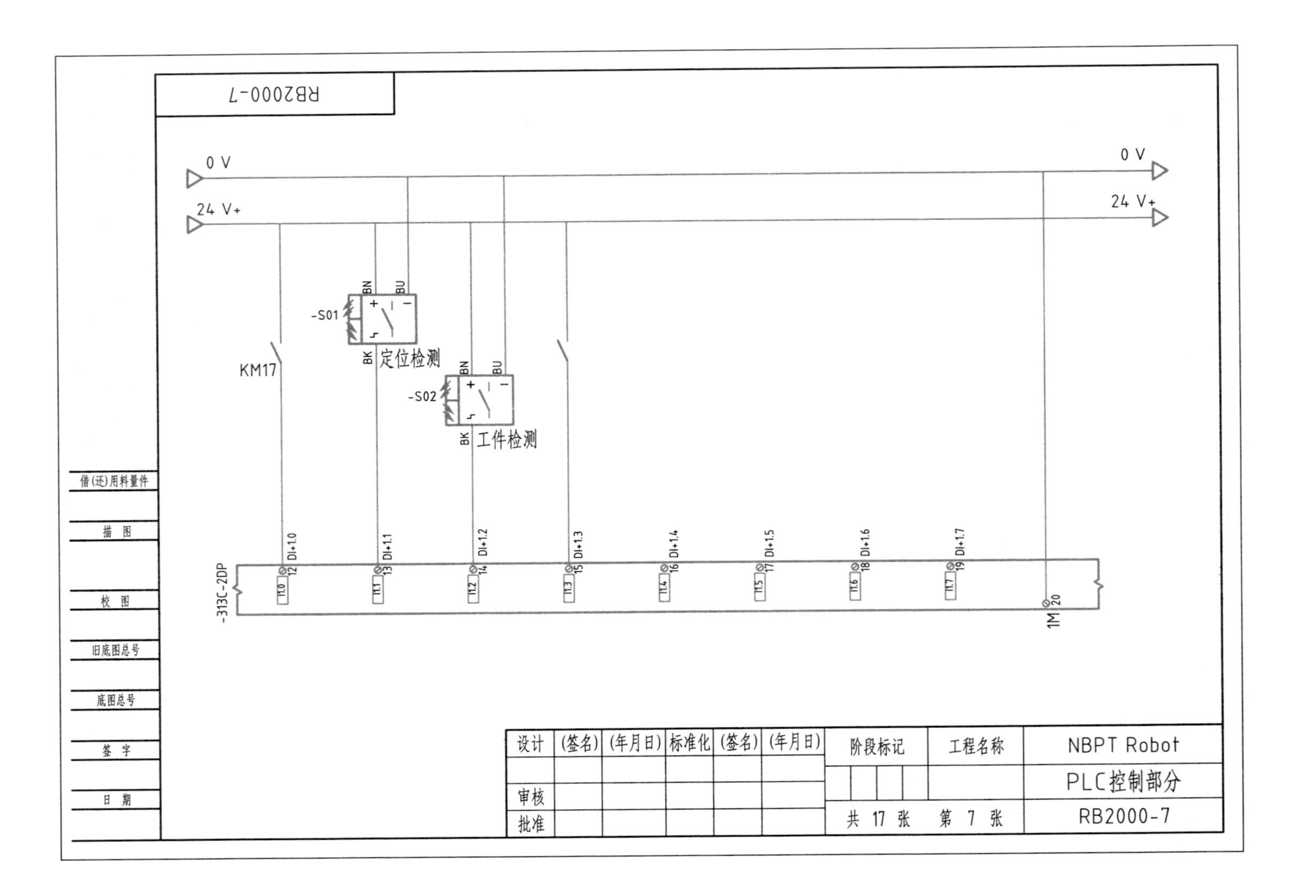
RB2000-7
0 V
24 V+
0 V
24 V+
KM17
-S01
BN
BU
BK
定位检测
-S02
BN
BU
BK
工件检测
-313C-2DP
DI+1.0
12
I1.0
DI+1.1
13
I1.1
DI+1.2
14
I1.2
DI+1.3
15
I1.3
DI+1.4
16
I1.4
DI+1.5
17
I1.5
DI+1.6
18
I1.6
DI+1.7
19
I1.7
20
1M
借(还)用料量件
描图
校图
旧底图总号
底图总号
签字
日期
设计 (签名) (年月日) 标准化 (签名) (年月日)
审核
批准
阶段标记
工程名称
NBPT Robot
PLC控制部分
共 17 张 第 7 张
RB2000-7

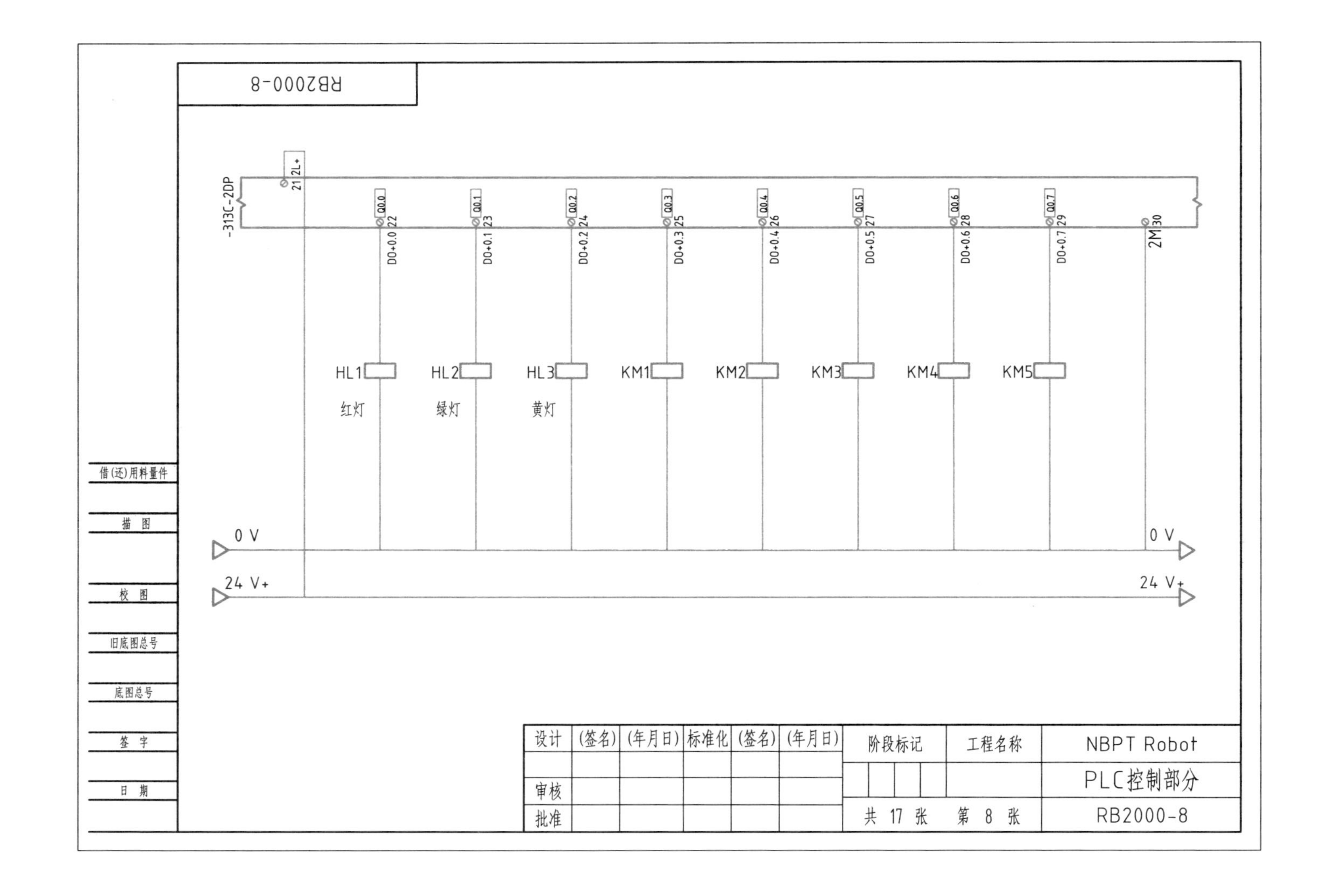
RB2000-8
-313C-2DP
21 2L+
Q0.0
22
DO+0.0
Q0.1
23
DO+0.1
Q0.2
24
DO+0.2
Q0.3
25
DO+0.3
Q0.4
26
DO+0.4
Q0.5
27
DO+0.5
Q0.6
28
DO+0.6
Q0.7
29
DO+0.7
2M 30
HL1
红灯
HL2
绿灯
HL3
黄灯
KM1
KM2
KM3
KM4
KM5
0 V
24 V+
借(还)用料量件
描图
校图
旧底图总号
底图总号
签字
日期
设计
(签名)
(年月日)
标准化
(签名)
(年月日)
审核
批准
阶段标记
工程名称
共 17 张
第 8 张
NBPT Robot
PLC控制部分
RB2000-8

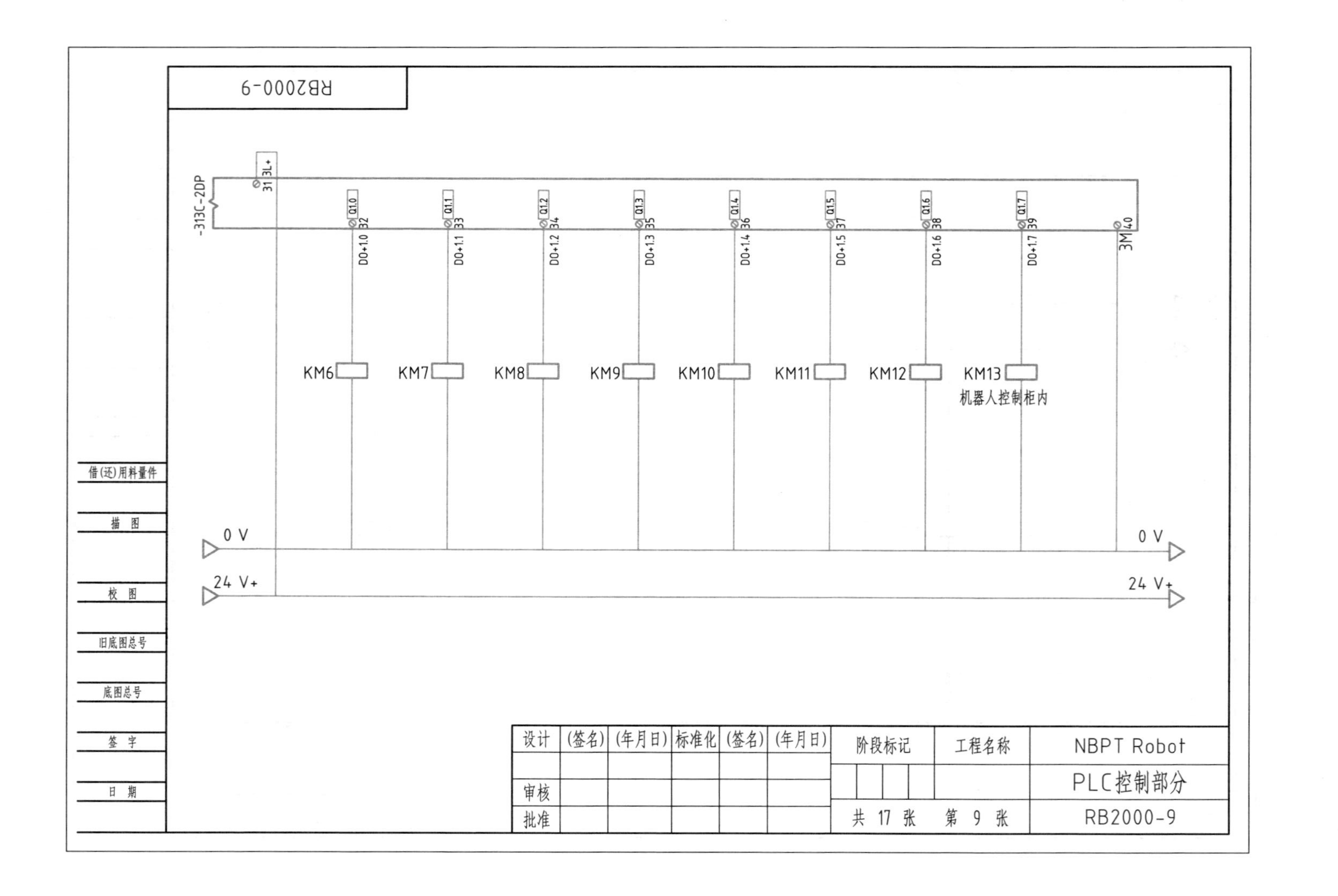

RB2000-9
-313C-2DP
31 3L+
Q1.0 32 DO+1.0
Q1.1 33 DO+1.1
Q1.2 34 DO+1.2
Q1.3 35 DO+1.3
Q1.4 36 DO+1.4
Q1.5 37 DO+1.5
Q1.6 38 DO+1.6
Q1.7 39 DO+1.7
3M 40
KM6
KM7
KM8
KM9
KM10
KM11
KM12
KM13
机器人控制柜内
0 V
0 V
24 V+
24 V+
借(还)用料量件
描 图
校 图
旧底图总号
底图总号
签 字
日 期
设计 (签名) (年月日) 标准化 (签名) (年月日)
审核
批准
阶段标记
工程名称
NBPT Robot
PLC控制部分
共 17 张 第 9 张
RB2000-9

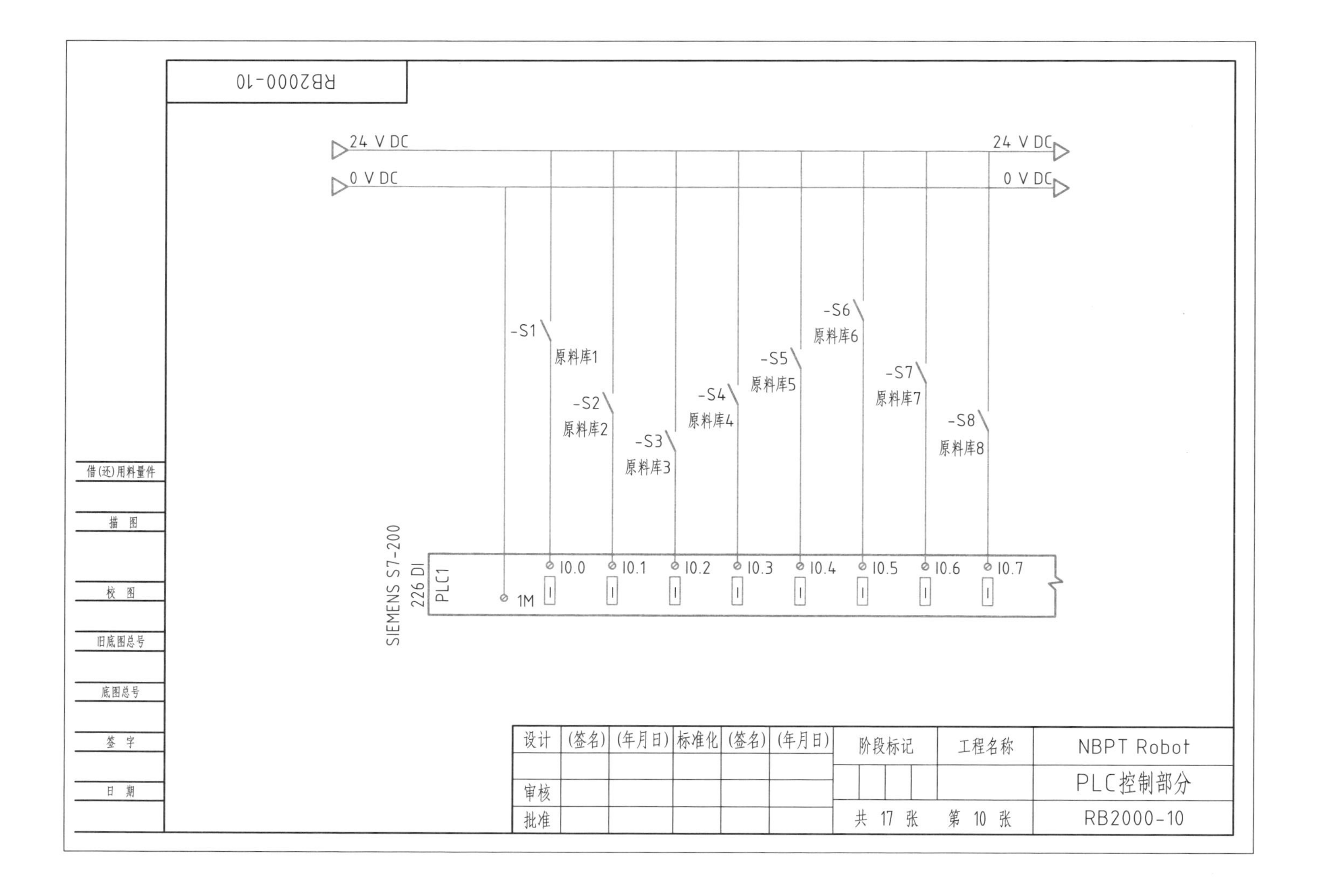
RB2000-10
24 V DC
0 V DC
24 V DC
0 V DC
-S1
原料库1
-S2
原料库2
-S3
原料库3
-S4
原料库4
-S5
原料库5
-S6
原料库6
-S7
原料库7
-S8
原料库8
SIEMENS S7-200
226 DI
PLC1
1M
I0.0
I0.1
I0.2
I0.3
I0.4
I0.5
I0.6
I0.7
借(还)用料量件
描 图
校 图
旧底图总号
底图总号
签 字
日 期
设计
(签名)
(年月日)
标准化
(签名)
(年月日)
审核
批准
阶段标记
工程名称
NBPT Robot
PLC控制部分
共 17 张
第 10 张
RB2000-10

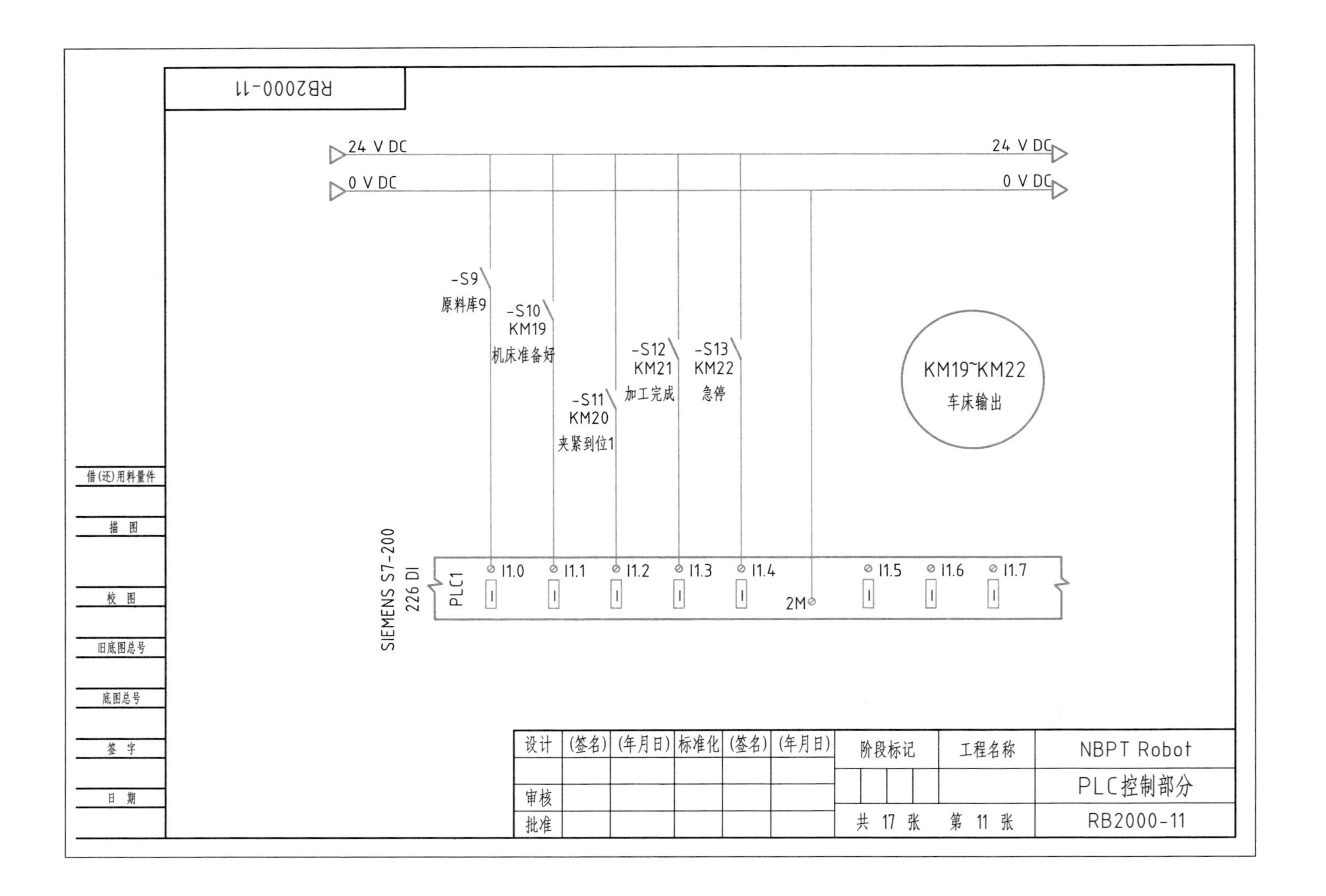
RB2000-11
24 V DC
0 V DC
24 V DC
0 V DC
-S9
原料库9
-S10
KM19
机床准备好
-S11
KM20
夹紧到位1
-S12
KM21
加工完成
-S13
KM22
急停
KM19~KM22
车床输出
SIEMENS S7-200
226 DI
PLC1
I1.0
I1.1
I1.2
I1.3
I1.4
2M
I1.5
I1.6
I1.7
借(还)用料量件
描图
校图
旧底图总号
底图总号
签字
日期
设计 (签名) (年月日) 标准化 (签名) (年月日)
审核
批准
阶段标记
工程名称
共 17 张 第 11 张
NBPT Robot
PLC控制部分
RB2000-11

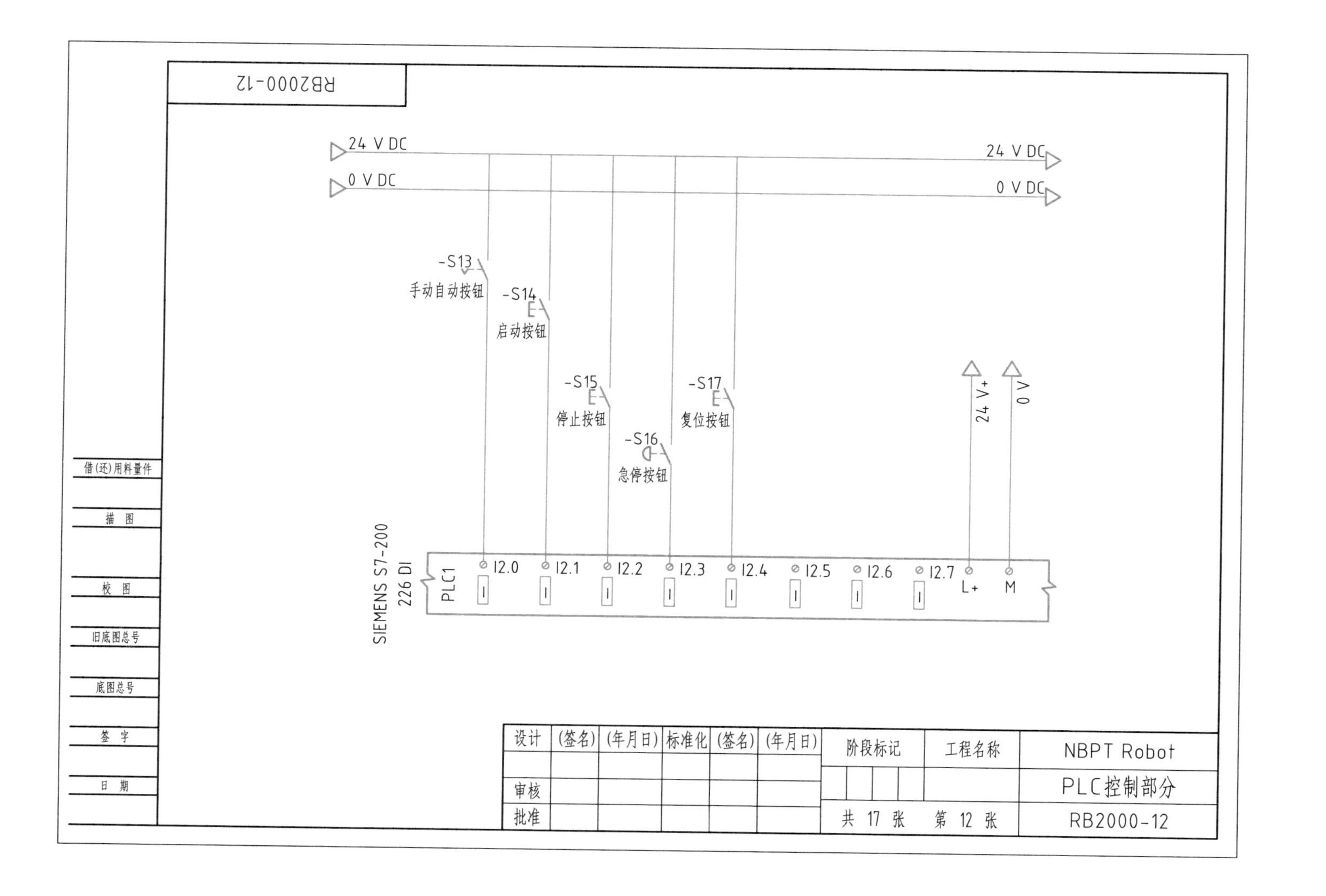
RB2000-12
24 V DC
0 V DC
24 V DC
0 V DC
-S13
手动自动按钮
-S14
启动按钮
-S15
停止按钮
-S16
急停按钮
-S17
复位按钮
24 V+
0 V
SIEMENS S7-200
226 DI
PLC1
I2.0
I2.1
I2.2
I2.3
I2.4
I2.5
I2.6
I2.7
L+
M
借(还)用料量件
描图
校图
旧底图总号
底图总号
签字
日期
设计
(签名)
(年月日)
标准化
(签名)
(年月日)
审核
批准
阶段标记
共 17 张
第 12 张
工程名称
NBPT Robot
PLC控制部分
RB2000-12

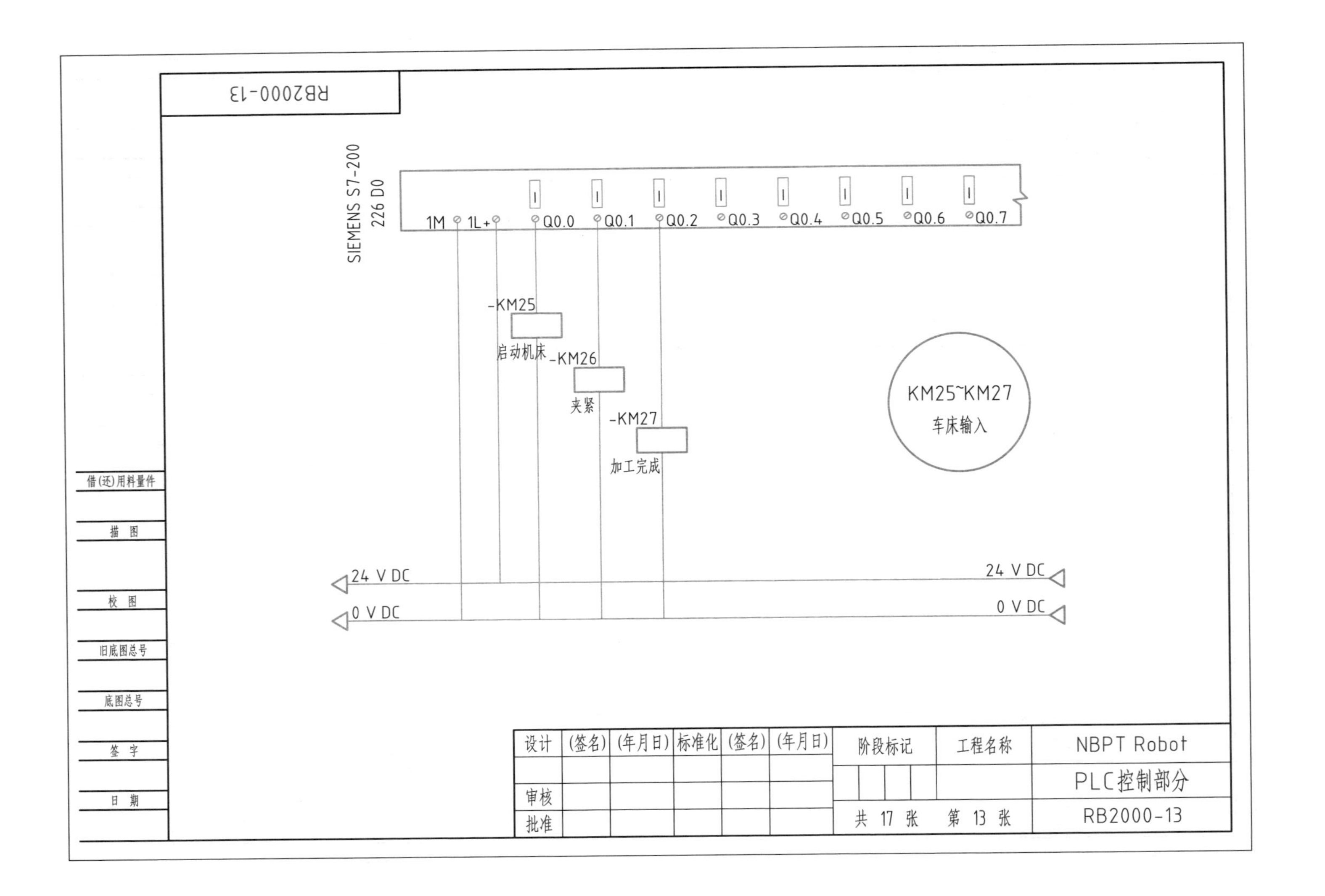
RB2000-13
SIEMENS S7-200
226 DO
1M
1L+
Q0.0
Q0.1
Q0.2
Q0.3
Q0.4
Q0.5
Q0.6
Q0.7
-KM25
启动机床
-KM26
夹紧
-KM27
加工完成
KM25~KM27
车床输入
24 V DC
0 V DC
24 V DC
0 V DC
借(还)用料量件
描图
校图
旧底图总号
底图总号
签字
日期
设计 (签名) (年月日) 标准化 (签名) (年月日)
审核
批准
阶段标记
工程名称
共 17 张 第 13 张
NBPT Robot
PLC控制部分
RB2000-13

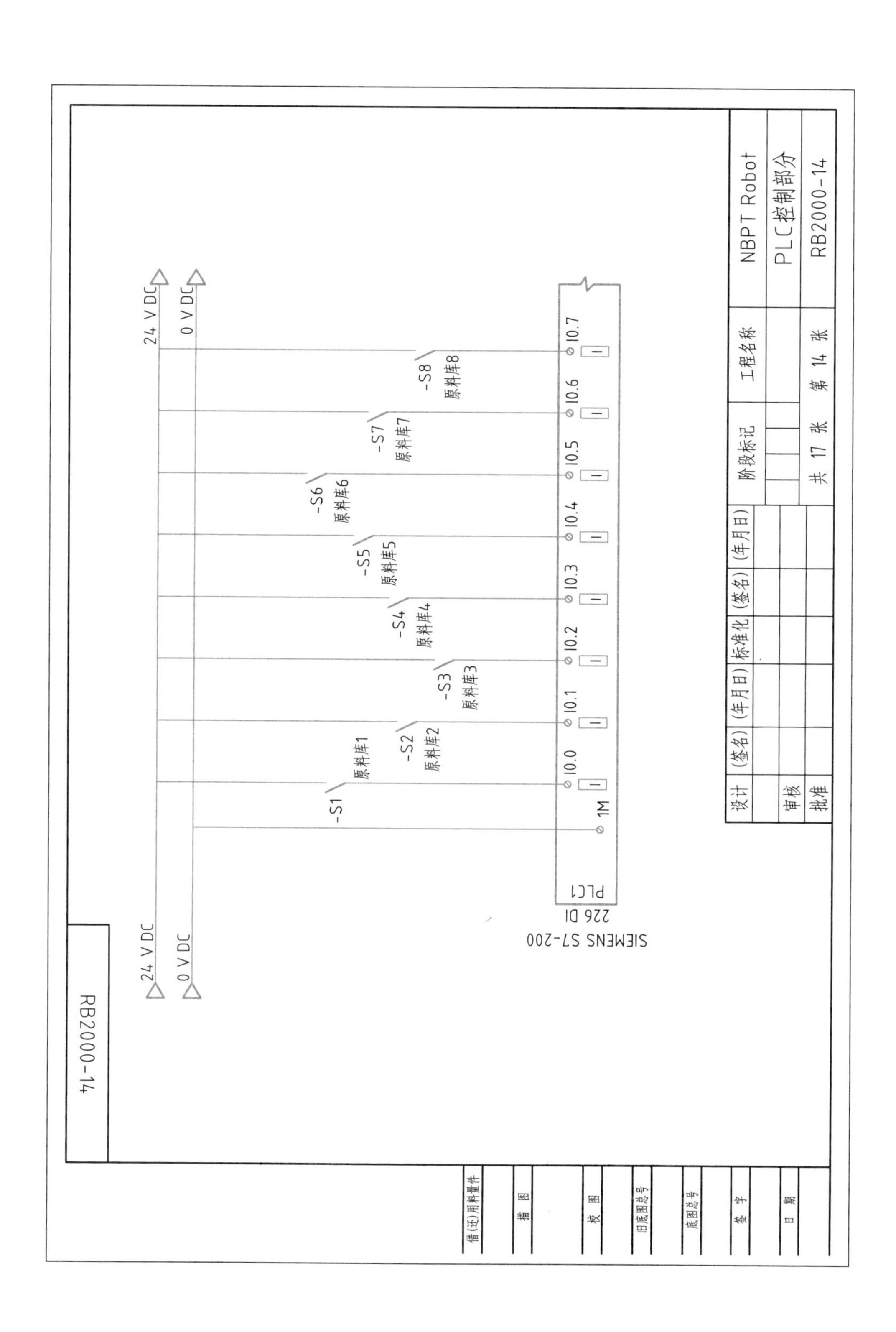
24 V DC
0 V DC
-S1 原料库1
-S2 原料库2
-S3 原料库3
-S4 原料库4
-S5 原料库5
-S6 原料库6
-S7 原料库7
-S8 原料库8
1M
I0.0
I0.1
I0.2
I0.3
I0.4
I0.5
I0.6
I0.7
PLC1
226 DI
SIEMENS S7-200
NBPT Robot
PLC控制部分
RB2000-14
工程名称
阶段标记
共 17 张　第 14 张
设计 (签名) (年月日) 标准化 (签名) (年月日)
审核
批准
描图
校图
旧底图总号
底图总号
签字
日期
RB2000-14

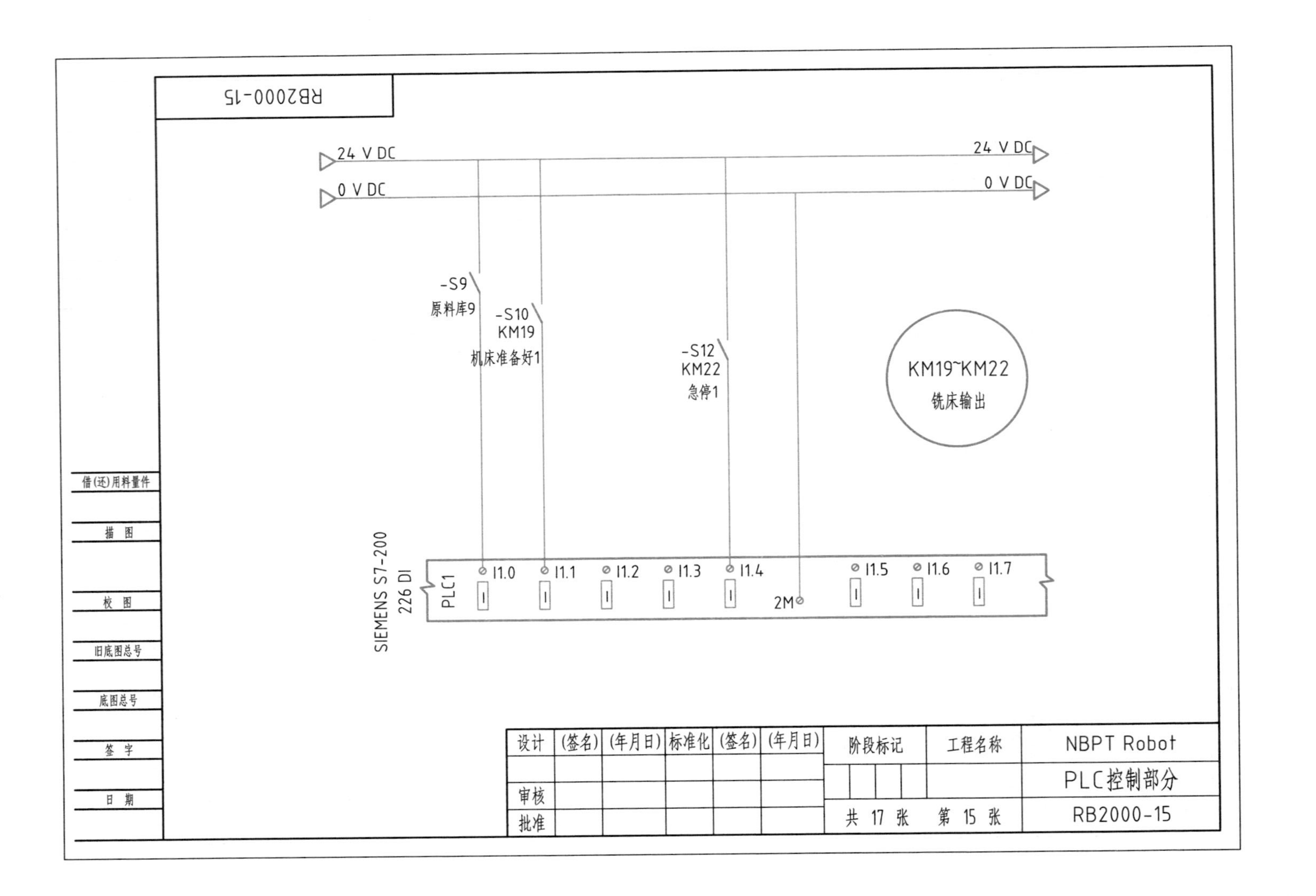
RB2000-15
24 V DC
0 V DC
24 V DC
0 V DC
-S9
原料库9
-S10
KM19
机床准备好1
-S12
KM22
急停1
KM19~KM22
铣床输出
SIEMENS S7-200
226 DI
PLC1
I1.0
I1.1
I1.2
I1.3
I1.4
2M
I1.5
I1.6
I1.7
借(还)用料量件
描图
校图
旧底图总号
底图总号
签字
日期
设计 (签名) (年月日) 标准化 (签名) (年月日)
审核
批准
阶段标记
工程名称
NBPT Robot
PLC控制部分
共 17 张 第 15 张
RB2000-15

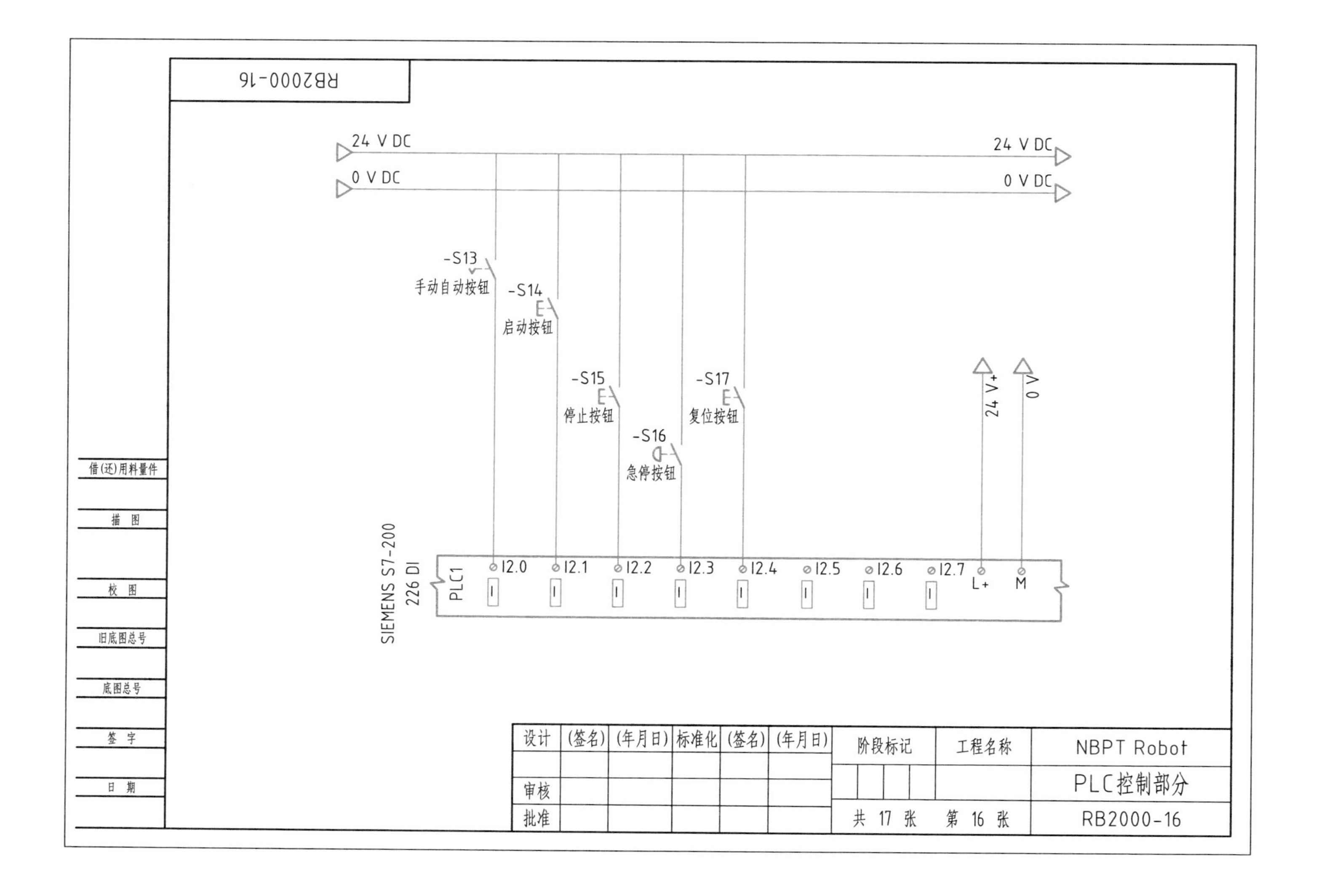

RB2000-16
24 V DC
0 V DC
24 V DC
0 V DC
-S13
手动自动按钮
-S14
启动按钮
-S15
停止按钮
-S16
急停按钮
-S17
复位按钮
24 V+
0 V
SIEMENS S7-200
226 DI
PLC1
I2.0
I2.1
I2.2
I2.3
I2.4
I2.5
I2.6
I2.7
L+
M
借(还)用料量件
描图
校图
旧底图总号
底图总号
签字
日期
设计
(签名)
(年月日)
标准化
(签名)
(年月日)
审核
批准
阶段标记
工程名称
共 17 张
第 16 张
NBPT Robot
PLC控制部分
RB2000-16

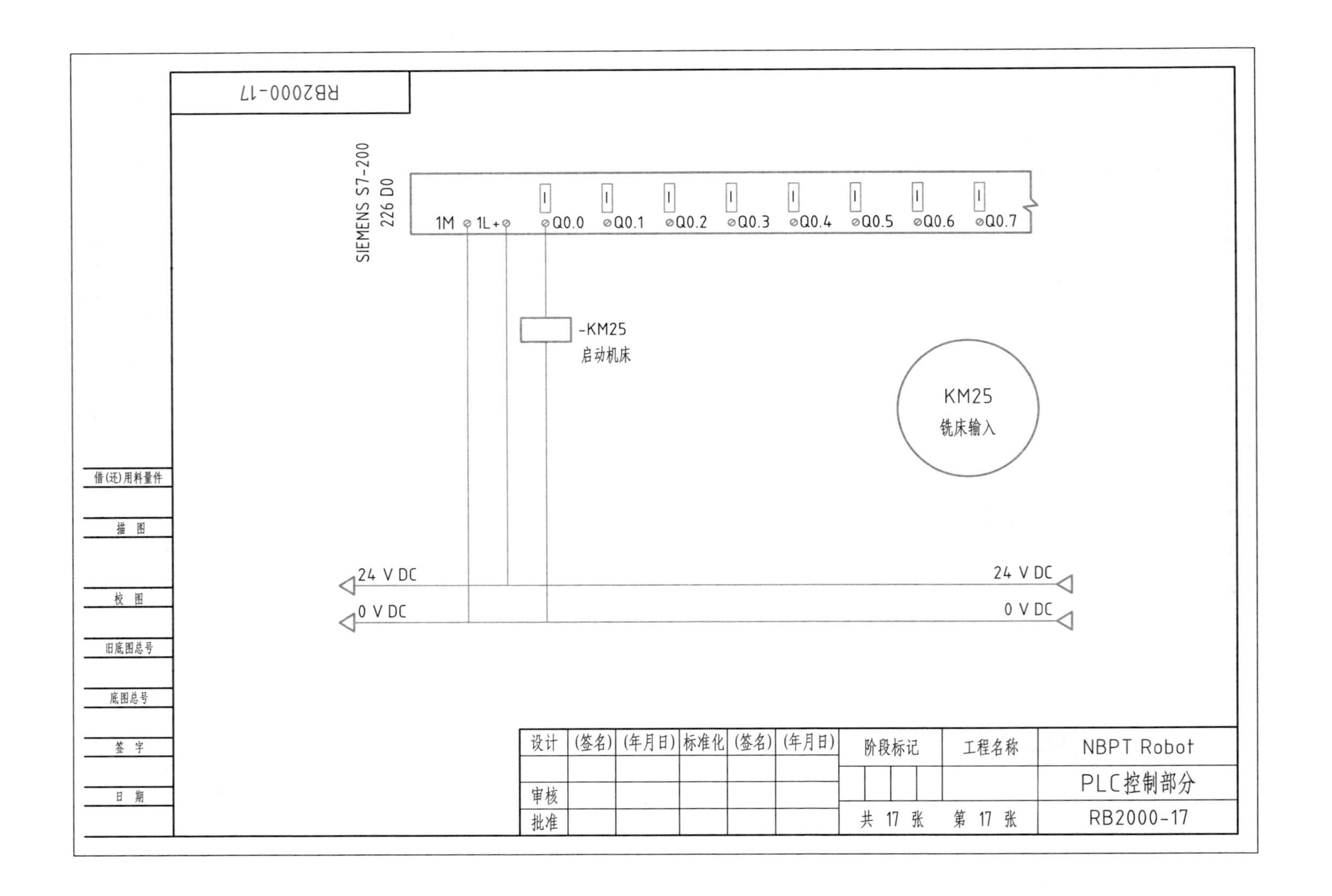
RB2000-17
SIEMENS S7-200
226 DO
1M
1L+
Q0.0
Q0.1
Q0.2
Q0.3
Q0.4
Q0.5
Q0.6
Q0.7
-KM25
启动机床
KM25
铣床输入
24 V DC
0 V DC
24 V DC
0 V DC
借(还)用料量件
描图
校图
旧底图总号
底图总号
签字
日期
设计
(签名)
(年月日)
标准化
(签名)
(年月日)
审核
批准
阶段标记
工程名称
NBPT Robot
PLC控制部分
共 17 张
第 17 张
RB2000-17

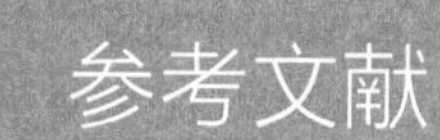

参考文献

[1] 川崎重工业株式会社. 川崎机器人 E 系列控制器操作手册 [EB/OL]. 2009. http: //www. docin. com.

[2] 川崎重工业株式会社. 川崎机器人 E 系列控制器 AS 语言参考手册 [EB/OL]. 2011. http: // www. docin. com.

[3] 蔡自兴，等. 机器人学基础 [M]. 2 版. 北京：机械工业出版社，2015.

[4] 王宝军，藤少峰. 工业机器人基础 [M]. 武汉：华中科技大学出版社，2015.

[5] Saeed B Niku. 机器人学导论：分析、控制及应用 [M]. 2 版. 孙富春，等译. 北京：电子工业出版社，2013.

[6] Craig J J. 机器人学导论 [M]. 3 版. 负超，译. 北京：机械工业出版社，2006.

[7] 蒋刚，等. 工业机器人 [M]. 成都：西南交通大学出版社，2011.

[8] 叶晖，等. 工业机器人实操与应用技巧 [M]. 北京：机械工业出版社，2014.

[9] 叶晖，等. 工业机器人典型应用案例精析 [M]. 北京：机械工业出版社，2013.

[10] 蒋庆斌，等. 工业机器人现场编程 [M]. 北京：机械工业出版社，2014.